Abigail Tucker

Katzen

Abigail Tucker

Katzen

Wie sie erst uns und dann die Welt eroberten

Aus dem Englischen von Martina Wiese, Jorunn Wissmann und Monika Niehaus

Illustrationen von Monika Steidl

wbg Paperback

Die Originalausgabe erschien 2016 unter dem Titel
The Lion in the Living Room bei Simon & Schuster, New York

Die deutsche Nationalbibliothek verzeichnet diese Publikation
in der Deutschen Nationalbibliografie;
Detaillierte bibliografische Daten sind im Internet
über www.dnb.de abrufbar.

wbg Paperback ist ein Imprint der wbg.

2. Auflage der 2017 bei wbg Theiss erschienen Ausgabe mit dem Titel
Der Tiger in der guten Stube.
Die Herausgabe des Werkes wurde durch die Vereinsmitglieder
der wbg ermöglicht.

Satz: Melanie Jungels, www.typoreich.de
Einbandabbildung: fotojagodka / iStockphoto
Einbandgestaltung: Andreas Heilmann, Hamburg
Gedruckt auf säurefreiem und alterungsbeständigem Papier
Printed in Europe

Besuchen Sie uns im Internet: www.wbg-wissenverbindet.de

ISBN 978-3-534-27520-5

Elektronisch sind folgende Ausgaben erhältlich:
eBook (PDF): 978-3-534-27538-0
eBook (epub): 978-3-534-27539-7

Inhalt

Einleitung

Im Sommer 2012 zelteten Denise Martin und ihr Mann Bob in der lieblichen Landschaft von Essex, etwa 80 Kilometer östlich von London, nahe des Badeortes Clacton-on-Sea.[1] Als sich die Abenddämmerung über den Campingplatz senkte, erspähte Denise durch den Rauch ihres Lagerfeuers plötzlich etwas Unerwartetes. Die 52-jährige Fabrikarbeiterin griff nach dem Fernglas, um sich die Sache genauer anzusehen.

„Was hältst du davon?", fragte sie ihren Mann. Auch er nahm das gelbbraune Wesen ins Visier, das sich in ein paar Hundert Metern Entfernung auf einem Feld rekelte.

„Das ist ein Löwe", sagte Bob.

Eine Zeit lang beobachteten sie das Tier und es schien sie seinerseits zu beobachten. Seine Ohren zuckten und dann fing es an, sich zu putzen. Später trottete es an einer Hecke entlang. Die beiden behielten die Ruhe und legten eine fast schon philosophische Gelassenheit an den Tag. („So etwas bekommt man in der freien Natur nur selten zu sehen", zitierte die *Daily Mail* Denise später.)

Andere Campinggäste reagierten weniger abgeklärt.

„Himmel, da ist ja ein Löwe!", schrie ein anderer Mann Berichten zufolge und suchte schleunigst Deckung in seinem Wohnmobil.

Die Katze – angeblich „so groß wie zwei Schafe" – verschwand bald darauf in der Nacht und Panik breitete sich aus. Scharfschützen der Polizei bezogen Stellung. Zoowärter mit Betäubungsgewehren rückten an. Über ihren Köpfen kreisten Hubschrauber mit Wärmebildgeräten. Der Campingplatz wurde evakuiert und Journalisten trafen ein, um die Großwildjagd zu dokumentieren. Twitter in Großbritannien explodierte geradezu mit Nachrichten über den „Löwen von Essex".

Doch der blieb spurlos verschwunden.

Der Löwe von Essex ist eine sogenannte Phantom-Katze oder, kryptozoologisch korrekt, eine ABC (*Alien Big Cat*).[2] Wie ihre vielen schwer fassbaren Brüder und Schwestern – etwa die Bestie von Trowbridge oder der Hallingbury-Panther – ist sie eine Art Katzen-UFO, eine rätselhafte Erscheinung, die vor allem in Teilen des früheren Empire – England, Australien, Neuseeland – verbreitet ist, wo Großkatzen in freier Wildbahn nicht mehr vorkommen oder nie vorgekommen sind.

Einige der Phantome haben sich als bewusst kolportierte Fabelwesen oder rechtmäßig Entlaufene aus exotischen Menagerien entpuppt.[3] Häufig erweisen sich diese frei herumlaufenden Panther und Leoparden als etwas viel Vertrauteres: die gemeine Hauskatze, verwechselt mit ihren Ehrfurcht gebietenden Verwandten, denen sie in allem gleicht außer in der Größe.

So war es auch mit dem Löwen von Essex, der so gut wie sicher nichts anderes war als ein stattliches orangefarbenes Haustier namens Teddy Bear. Teddys

Besitzer – die zur Zeit der Löwenjagd in Urlaub waren – hatten ihn sofort im Verdacht, als sie die Abendnachrichten sahen.

„Er ist das einzige dicke orangefarbene Etwas in der Umgebung", ließen sie die Journalisten wissen.

Und das war das Ende der absurden Safari.

Vielleicht waren die Camper aber gar keine Idioten, sondern Visionäre. Immerhin stellen echte Löwen keine wirkliche Gefahr mehr dar. Vielen Menschen tun die armen Kreaturen im Grunde leid – denken Sie nur an den internationalen Aufschrei der Empörung, als Cecil, der Löwe aus Simbabwe, von einem Zahnarzt aus Minnesota ins Jenseits befördert wurde. Früher die Herrscher der Wildnis, sind Löwen heute nur noch Relikte ohne Königreich: 20 000 Versprengte fristen noch mühsam ihr Leben in ein paar afrikanischen Reservaten und einem einzigen indischen Urwald, abhängig vom gespendeten Geld der Naturschutzorganisationen und unserer Gnade.[4] Ihre Habitate schrumpfen Jahr für Jahr und Biologen fürchten, dass sie bis zum Ende des Jahrhunderts ausgestorben sind.

Derweil hat sich der kleine spaßige Bruder des Löwen, einst nichts weiter als eine Fußnote der Evolution, zu einer wahren Naturgewalt aufgeschwungen. Die globale Hauskatzenpopulation beträgt 600 Millionen, Tendenz steigend;[5] jeden Tag werden allein in den USA mehr von ihnen geboren, als es Löwen in der freien Wildbahn gibt.[6] Die jährliche Menge von Frühjahrskatzen in New York City macht der Anzahl der wilden Tiger Konkurrenz.[7] Weltweit sind Hauskatzen bereits dreimal so zahlreich wie Hunde, ihre großen Rivalen um unsere Gunst, und diesen Vorsprung bauen sie immer weiter aus.[8] Die Zahl der Hauskatzen in den USA stieg zwischen 1986 und 2006 um 50 Prozent[9] und nähert sich heute der 100-Millionen-Marke.[10]

Ähnlich sprunghafte Entwicklungen sind weltweit zu verzeichnen:[11] Allein in Brasilien wächst die Zahl der Hauskatzen jährlich um eine Million Tiere. In vielen Ländern ist die Menge der als Heimtier gehaltenen Katzen jedoch nichts gegen die stetig anwachsenden Kolonien verwilderter Katzen – Australiens 18 Millionen herumstreunende Exemplare übertreffen die Zahl der Heimtiere um das Sechsfache.[12]

Ob wild oder zahm, am heimischen Herd oder als Streuner – all diese Katzen gebärden sich zunehmend als Herrscher über Natur und Kultur, den Großstadtdschungel und die echte Wildnis dahinter. Sie haben die Kontrolle über Städte und Kontinente, ja sogar über den Cyberspace an sich gerissen. Sie beherrschen uns auf vielfältige Weisen.

Durch die Rauchschwaden des Lagerfeuers erhaschte Denise Martin womöglich einen Blick auf die simple Wahrheit: Die Hauskatze ist der neue König der Tiere.

Mittlerweile ist wohl jedem klar, dass unsere Kultur – on- wie offline – in einem Katzenwahn gefangen ist. Prominente Hauskatzen unterzeichnen Filmverträge, spenden für wohltätige Zwecke und zählen Hollywood-Sternchen zu ihren Twitter-Followern. Ihre Duplikate aus Plüsch bevölkern die Regale großer Kaufhausketten; sie bewerben ihre eigenen Modelinien und Eiskaffeesorten; Bilder von ihnen überschwemmen das Internet. Hauskatzen managen sogar Katzencafés, bizarre Etablissements, die gerade in New York und Los Angeles und anderen Metropolen auf der ganzen Welt ihre Tore öffnen. Dort bezahlen Menschen Geld dafür, ihren Tee zwischen willkürlich drapierten Stubentigern zu schlürfen.

All dieser höhere Blödsinn lenkt jedoch den Blick von etwas weitaus Interessanterem ab. Trotz unserer unbestrittenen Katzenmanie wissen wir nur äußerst wenig darüber, wer diese Tiere eigentlich sind, wie sie in unsere Mitte gelangten oder warum sie – sowohl innerhalb als auch außerhalb unserer eigenen vier Wände – eine solch immense Macht über uns ausüben.

Noch spannender wird die Sache, wenn wir einmal darüber nachdenken, wie wenig wir offenkundig von dieser überfrachteten Beziehung profitieren. Menschen haben sich daran gewöhnt, domestizierte Tiere äußerst hart ranzunehmen. Wir erwarten, dass unsere Leibeigenen bei Fuß gehen, unsere Siebensachen schleppen oder gehorsam zum Schlachthaus trotten. Katzen aber bringen uns nicht die Zeitung, legen keine schmackhaften Eier oder erlauben uns, auf ihnen zu reiten. Es kommt sonst nicht oft vor, dass wir uns ratlos am Kopf kratzen und uns fragen, wieso in aller Welt wir uns diese Art von Haustier halten, geschweige denn Hunderte Millionen davon. Die Antwort liegt auf der Hand: Wir mögen Katzen – ja, wir lieben sie sogar. Aber warum? Was ist ihr Geheimnis?

Das ist umso erstaunlicher, als ebendiese verehrte Kreatur auch als eine der „einhundert schlimmsten invasiven Arten" der Welt klassifiziert wurde, weil sie eine ganze Reihe von Ökosystemen bedroht und sogar seltene Tierarten zum Aussterben bringt.[13] Kürzlich beschrieben australische Wissenschaftler streunende Katzen als größere Bedrohung für die Säugetiere des Kontinents als die globale Erwärmung oder den Verlust von Lebensräumen[14] – in einer Landschaft, die von menschenfressenden Haien und giftigen Ottern wimmelt, ist es die Hauskatze, die Australiens Umweltminister als „wilde Bestie" ausgemacht hat.[15] Manche verwirrte Tierliebhaber wissen schon gar nicht mehr, ob sie Katzen Dosenlachs mit Crème fraîche auf dem Silbertablett servieren oder ihre Herzen auf ewig vor ihnen verschließen sollen.

Die gleiche Unsicherheit durchdringt auch die US-amerikanische Gesetzgebung – in einigen Bundesstaaten ermöglichen „Haustierstiftungen", dass Hauskatzen rechtmäßige Erben von Millionen Dollar werden;[16] andernorts werden im Freien lebende Katzen als „Schädlinge" eingestuft. Vor Kurzem sperrte New York City einen großen Bereich seines gewaltigen U-Bahn-Systems, um zwei streunende Kätzchen zu retten;[17] gleichzeitig werden in den USA Jahr für Jahr routinemäßig Millionen von gesunden jungen und ausgewachsenen Katzen eingeschläfert.[18] Unser Umgang mit Hauskatzen steckt voller Widersprüche.

Die verstörende Natur der Beziehung zwischen Mensch und Katze erklärt auch, warum wir Hauskatzen hartnäckig mit schwarzer Magie in Verbindung bringen. In der Tat ist die Vorstellung von der „Hexenvertrauten" eine wunderbare Definition der Hauskatze. Hexerei könnte eine durchaus plausible Erklärung für die mysteriöse und zuweilen aufreizende Macht der Katzen über uns sein. Bezeichnenderweise taucht eine moderne Version dieser mittelalterlichen Paranoia häufig in Diskussionen über eine verbreitete von Katzen übertragene Krankheit auf, die das menschliche Hirngewebe befällt und uns angeblich in unserem Denken und Handeln beeinträchtigt.[19]

Mit anderen Worten: Wir fürchten, verhext worden zu sein.

Ich sollte gestehen, dass ich selbst seit jeher dem Zauber der Katzen erlegen bin. Ich habe nicht nur Katzen besessen – die meiste Zeit meines Lebens war ich jemand, dem man Auflaufformen mit Schnurrhaaren und dazu passende Topflappen schenkte, ich schmücke mein Heim mit Katzendecken und -kissen und fülle ganze Fotoalben mit Bildern streunender Mittelmeerkatzen. Ich habe reinrassige Katzen von gemeinnützigen Katzenrettungsorganisationen gekauft (einst munkelte man, sie seien der weltweit größte Laden für ausgefallene Katzen)[20] und verwilderte Exemplare aus Unterschlupfen und von der Straße adoptiert. Bei alldem habe ich private und berufliche Risiken auf mich genommen – kürzlich musste ich erfahren, dass die hoch allergische Mutter einer Freundin die Straßenseite wechselt, sobald sie mich kommen sieht, und einmal bei einer Recherche im Auftrag einer Zeitschrift – ich besuchte eine unter Wissenschaftlern berühmte Präriewühlmauskolonie – begann

ein Forscher wortlos Katzenhaare von meinem Pullover zu picken, damit der Geruch die zu untersuchenden Nager nicht erschreckte und die Seriosität verschiedener Experimente gefährdete. In meinen eigenen vier Wänden wähle ich Teppiche nach wie vor aus einem eng begrenzten Farbspektrum aus, das Katzenkotze möglichst unsichtbar macht.

Nur wenige Menschen können von sich behaupten, dass sie ihre Existenz Katzen verdanken. Ich bin einer von ihnen: Meine Eltern gelobten einst, erst dann Kinder zu haben, wenn sie ihre erste Katze „erzogen" hätten. (Zu guter Letzt lernte sie, einem Korken nachzujagen, was als ausreichend erachtet wurde.) Unsere Familie hat immer nur Katzen gehabt. Meine Schwester ist einmal über 600 Kilometer weit gefahren, um eine panische Russisch Blau aus dem Badezimmer eines Hundeliebhabers zu retten. Meine Mutter pflegt auf langen Autofahrten ihre Tigerkatze wie eine Pelzstola um die Schultern zu drapieren, während sie an verblüfften Zollbeamten vorbeiflitzt.

Weil ich so sehr daran gewöhnt war, Katzen um mich zu haben, machte ich mir selten Gedanken darüber, wie merkwürdig es war, diese kleinen Erz-Raubtiere zu beherbergen – das heißt, nur, bis ich Mutter wurde. Mit den gnadenlosen Ansprüchen meines eigenen Nachwuchses konfrontiert, erschien mir meine Hingabe an die Gelüste und sanitären Gewohnheiten einer fremden Spezies zunehmend töricht und sogar ein wenig verquer. Ich beobachtete meine Katzen mit neuem Argwohn: Wie genau hatten diese listigen Kreaturen es geschafft, mich in ihre Fänge zu bekommen? Warum hatte ich sie so viele Jahre lang wie meine eigenen Babys behandelt?

Doch während diese Zweifel in mir aufkeimten, machte ich auch die Erfahrung, Hauskatzen mit den Augen kleiner Kinder zu betrachten. „*Katze*" war das allererste Wort meiner beiden Töchter. Sie bettelten um Kleidung, Spielzeug, Bücher, Geburtstagspartys, die sich um Katzen drehten. Für Kleinkinder besaßen diese Haustierchen fast schon Löwengröße und das Leben mit ihnen schien in ihnen Vorstellungen von einer wilderen Welt zu wecken: „Ich möchte so sein wie Lucy mit Aslan", seufzte eine der beiden kurz nach einem Ausflug nach Narnia, während sie vom Fenster aus eine Nachbarskatze beobachtete. „Hat Gott Tiger lieb?", fragten sie beim Schlafengehen und drückten die Plüschkatzen im Kinderbett fest an sich.

Also gelobte ich, mehr über diese Kreaturen und das Wesen unserer rätselhaften Beziehung zu ihnen in Erfahrung zu bringen. Tatsächlich habe ich in meinem Berufsleben viel Zeit damit verbracht, für Zeitungen und Magazine über Tiere zu schreiben, und bin buchstäblich bis ans Ende der Welt gereist, um die Wahrheit über verschiedene Lebewesen – von Rotwölfen bis zu Quallen – herauszufinden und sie als unabhängige Organismen in einer vom Menschen dominierten Welt zu begreifen. Manchmal jedoch liegt die beste Story von allen direkt vor unseren Füßen.

Und genau dort findet man jederzeit Cheetoh, die hellorange Muse dieses Buches.

Cheetoh ist mein aktuelles Haustier; ich habe ihn in einer abgelegenen New Yorker Wohnwagensiedlung aufgelesen, wo sein Vater vermutlich Waschbären bekämpfte. Bereits vor dem Frühstück bringt er um die zwanzig Pfund auf die Waage. Seine ungewöhnliche Größe ließ den Klempner beim Eintreten in unser Wohnzimmer vor Ehrfurcht erstarren, und der Typ von der Telefongesellschaft machte gleich Fotos mit dem Handy, um sie seinen Freunden zu zeigen. Katzensitter haben sich schon geweigert, ein zweites Mal zu kommen, weil Cheetoh sie in wilder Jagd nach Essbarem mit wackelndem Bauch verfolgt hat. Dank seiner nicht alltäglichen Proportionen fühlt man sich im eigenen Heim wie Alice im Wunderland – man fragt sich ständig, ob man geschrumpft ist oder er gewachsen.

Kaum zu glauben, dass dieses am Fußende meines Bettes zusammengerollte Riesencroissant zu einer Spezies gehört, die fähig ist, ein Ökosystem auf den Kopf zu stellen. Doch biologisch gesehen unterscheidet sich eine verhätschelte Stubenkatze nicht von einem armseligen australischen Streuner oder einer Mieze in den dunklen Ecken einer Großstadt. Ob Heimtier oder verwildert, reinrassig oder Bastard, Bewohner einer Scheune oder einer mehrstöckigen Luxuswohnung – Hauskatzen sind immer die gleichen Tiere. Die Domestikation hat ihre Gene und ihr Verhalten für immer verändert, selbst wenn sie noch nie einen Menschen zu Gesicht bekommen haben. Heimtiere und Streuner paaren sich immer mal wieder und sorgen auf diese Weise wechselseitig für die Erhaltung ihres Bestands. Tatsächlich kann eine Hauskatze ihr Leben als Exemplar der einen Kategorie beginnen und als Vertreter der anderen beenden. Der einzige Unterschied liegt in den äußeren Umständen und der Semantik.

Und selbst wenn Cheetoh nicht eben den Eindruck erweckt, dass er getrennt von seinem Futternapf überleben würde, verweist seine aufdringliche „Fütter-mich"-Beharrlichkeit auf eine wichtige Tatsache: Hauskatzen sind ausgesprochen gebieterische Tiere. Und das nicht, weil sie die allerschlauesten Lebewesen wären – und auch nicht die stärksten, insbesondere im direkten Vergleich mit ihren nahen Verwandten wie Jaguar und Tiger. Abgesehen von ihrer geringen Körpergröße sind sie mit dem gleichen Körperbau und dem lästigen Bedarf an proteinreicher Kost ausgestattet, der andere Mitglieder der Katzenfamilie an den Rand des Aussterbens bringt.

Hauskatzen sind jedoch äußerst anpassungsfähig. Sie können überall leben, und da sie so viel Protein brauchen, fressen sie praktisch alles, was sich bewegt, von Pelikanen zu Heuschrecken, sowie vieles, was sich nicht bewegt, wie Hotdogs.[21] (Einige Vertreter ihrer gefährdeten Verwandten sind hingegen auf die

Jagd einer seltenen Chinchilla-Art spezialisiert.)[22] Hauskatzen sind sehr flexibel, was ihre Schlafphasen und ihr Sozialleben betrifft. Sie können sich vermehren wie die Karnickel.

Beim Erforschen ihrer Naturgeschichte konnte ich kaum umhin, diese Wesen auf immer neue und verrücktere Weise zu bewundern. Und nach Interviews mit Dutzenden Biologen, Ökologen und anderen Wissenschaftlern habe ich das Gefühl, dass viele von ihnen – manchmal gegen ihren Willen – ebenfalls Katzen verehren. Das überraschte mich ein wenig, weil sich die Kluft zwischen Katzenliebhabern und der wissenschaftlichen Zunft in den letzten Jahren vertieft hat, und das nicht nur, weil Forscher häufig mit Gruppen verbandelt sind, die Katzen als ökologisches Ärgernis betrachten. Der klinische Bereich der Forschung scheint ebenfalls das Herzstück feliner Subtilität und Rätselhaftigkeit mit Verachtung zu strafen: Für verzauberte Katzenfans mag es fehl am Platze (wenn nicht gar langweilig) erscheinen, von den „vorteilhaften Aminosäuresubstitutionen" zu lesen, die die scheinbar mysteriöse Nachtsicht ihrer Haustierchen erklären helfen.[23]

Dennoch stammen einige der eloquentesten und originellsten Katzenbeschreibungen geradewegs aus wissenschaftlichen Publikationen: Katzen sind „opportunistische, kryptische, einsame Jäger",[24] „subventionierte Raubtiere"[25] sowie „entzückende und bestens gedeihende Profiteure".[26] Und viele, wenn nicht die meisten meiner wissenschaftlichen Interviewpartner für dieses Buch – ob sie nun die bedrohte Fauna Hawaiis, das Gehirn befallende Katzenparasiten oder die angenagten Knochen unserer urzeitlichen menschlichen Vorfahren erforschen – haben selbst Katzen zu Hause.

Das sollte uns gar nicht einmal so sehr überraschen, denn der bemerkenswerteste Aspekt der Anpassungsfähigkeit von Hauskatzen und ihre größte Kraftquelle ist ihre Fähigkeit, eine Beziehung zu uns zu gestalten. Zuweilen bedeutet dies das Reiten auf der Welle globaler Trends, wobei sie das, was wir der Welt angetan haben, zu ihrem uneingeschränkten Vorteil ausnutzen. So war die Urbanisierung für sie ein Segen. Über die Hälfte der globalen Menschenpopulation lebt mittlerweile in Städten,[27] und da die platzsparenden und (angeblich) pflegeleichten Katzen für die beengten Verhältnisse des Stadtlebens besser geeignet scheinen als Hunde, kaufen wir mehr von ihnen als Haustiere. Mehr Haustiere bedeutet auch mehr Streuner, die die gleichen Gene haben, welche Menschen in ihrer näheren Umgebung für sie erträglich machen, womit sie gegenüber anderen Tieren, die in unseren lauten, stressigen Metropolen herumschleichen, im Vorteil sind.

Doch wenn es um die Beziehung zum Menschen geht, laufen Katzen uns nicht immer nur hinterher – sie können auch mutig die Initiative ergreifen, und das war schon immer so. Sie sind eine seltene Haustierspezies, von der es heißt, dass sie sich ihre Domestizierung selbst „erwählt" haben, und heute, dank einer Kombination von hübschem Aussehen und wohlüberlegtem Verhalten, halten sie Hof in unserem Heim, auf unseren Kingsize-Matratzen, sogar in unserer Fantasie. Ihre jüngste Eroberung des Internets ist nur der letzte Sieg in einem fortwährenden weltweiten Wettstreit, ohne dass ein Ende in Sicht wäre. Tatsächlich ereignen sich täglich unzählige heimische Übernahmen: Während die meisten Leute auf der Suche nach einem neuen Familienhund das Haus verlassen müssen, kommt es statistisch gesehen sehr oft vor, dass Hauskatzen eines Abends einfach so vor der Hintertür stehen und sich Einlass verschaffen.[28]

Auch wenn der spielerische Überlebenskampf der Katzen in einer vom Menschen dominierten Welt erstaunlich und einzigartig ist, hat ihre Geschichte auch globale Auswirkungen. Sie zeigt beispielhaft, wie ein einziger kleiner und scheinbar unschuldiger menschlicher Akt – es mit der Miniaturausgabe einer Wildkatze aufzunehmen und ihr die Herrschaft über unseren Herd und letztlich auch unser Herz zu überlassen – eine Lawine weltweiter Konsequenzen auslösen kann, die sich von den Wäldern Madagaskars über psychiatrische Kliniken bis zu Onlineforen erstreckt.

In gewisser Weise ist der Aufstieg der Hauskatze tragisch, weil die gleichen Kräfte, die ihnen zugutekommen, viele andere Lebewesen zerstört haben. Katzen sind Glücksritter, Emporkömmlinge, und sie gehören zu den schlimmsten Invasoren, die die Welt je gesehen hat – abgesehen von *Homo sapiens* natürlich. Es ist kein Zufall, dass bei ihrem Erscheinen in einem Ökosystem Löwen und andere Vertreter der Megafauna meist schon wieder auf dem Rückzug sind.

In der Geschichte der Hauskatze geht es aber auch um das Wunder des Lebens und die fortwährende Fähigkeit der Natur, uns zu überraschen. Das bietet uns die Chance, unsere Selbstbezogenheit beiseitezuschieben, und eröffnet einen klareren Blick auf ein Lebewesen, das wir gerne wie ein kleines Kind behandeln und beschützen möchten, dessen Horizont aber weit über unsere Wohnzimmer und Katzenklos hinausreicht. Eine Hauskatze ist keineswegs ein pelziges Baby, sondern etwas viel Bemerkenswerteres: ein winziger Eroberer mit dem gesamten Planeten zu seinen Füßen. Hauskatzen könnten ohne Menschen nicht existieren, aber wir haben sie nicht erschaffen, und ebenso wenig besitzen wir nun die Kontrolle über sie. In

unserer Beziehung geht es weniger um Besitztum als um Beihilfe.

Es mag ketzerisch anmuten, unsere anbetungswürdigen Gefährten in diesem kalten Licht zu betrachten. Wir stellen uns Katzen meist als von uns abhängige Haustiere vor und nicht als entwicklungsgeschichtlich freie Akteure. Sobald ich mit den Recherchen für dieses Buch begonnen hatte, sah ich mich mit vorwurfsvollen Kommentaren vonseiten meiner Mutter und meiner Schwester konfrontiert.

Wahre Liebe erfordert jedoch Verständnis. Und ungeachtet unserer wachsenden Faszination für die Stubentiger geben wir unseren Katzen vielleicht weniger, als ihnen zusteht.

Die angemessene Reaktion auf eine Kreatur wie Cheetoh ist wohl nicht „Ach wie süß!“, sondern „Großartig!“.

Katakomben

Auf dem Wilshire Boulevard, mitten im Stadtzentrum von Los Angeles, blubbern mit natürlichem Teer gefüllte Gruben, die La Brea Tar Pits, vor sich hin; sie sehen aus wie Tümpel voller giftiger schwarzer Karamellbonbonmasse. Früher holten sich amerikanische Siedler hier Teer, um ihre Dächer abzudichten, doch heute sind diese Vorkommen eine wahre Schatzgrube für Paläontologen, die die Fauna der Eiszeit studieren. Fantastische Tiere aller Art versanken in diesen klebrigen Todesfallen: Präriemammuts mit geschwungenen Stoßzähnen, ausgestorbene Kamele, umherziehende Adler.

Doch am berühmtesten sind die La-Brea-Katzen.

Vor rund 11 000 Jahren und noch früher gab es in der prähistorischen Region des heutigen Beverly Hills mindesten sieben verschiedene Katzentypen: enge Verwandte der modernen Luchse und Pumas, aber auch mehrere heute ausgestorbene Arten. Mehr als 2000 Skelette von *Smilodon populator* – dem größten und furchterregendsten Vertreter der Säbelzahnkatzen, der auch als Säbelzahntiger bezeichnet wird – sind aus der 90 000 Quadratmeter großen Grabungsstätte geborgen worden, was sie zur weltweit größten Fundgrube ihrer Art macht.

Es ist später Vormittag, und während die Temperaturen steigen, erwärmen sich die Gruben, und die Luft riecht wie schmelzender Straßenbelag. Schwarze Blasen steigen in der Teergrube empor und lassen es so aussehen, als atme direkt unter der Oberfläche ein Monster. Die Dämpfe beißen mir in den Augen, und als ich einen Stock in die Masse stecke, stelle ich fest, dass ich ihn nicht wieder herausziehen kann.

„Man braucht nur ein paar Zentimeter, um ein Pferd bewegungsunfähig zu machen", meint John Harris, der Oberkurator des hiesigen Museums. „Ein Riesenfaultier würde kleben bleiben wie eine Fliege an einem Fliegenfänger." Aus seiner Stimme spricht ein gewisser Stolz.

Die einzige Möglichkeit, den Teer wieder von der Haut zu bekommen, besteht darin, sie mit Mineralöl oder Butter zu massieren, wie einige einheimische Spaßvögel auf die harte Tour lernen mussten. Mit der Zeit sickert der Teer sogar in die Knochen ein, und konservierte die Überreste der Riesentiere, die dort unter Qualen starben, so gut, dass die Teergrubenexemplare nicht einmal wirklich versteinert sind. Wenn man die Rippe einer derart konservierten Säbelzahnkatze anbohrt, riecht es wie beim Zahnarzt: nach verschmortem Kollagen. Es riecht lebendig.

In der Dunkelheit der Teergruben suche ich nach Hinweisen auf die ursprüngliche Beziehung zwischen Mensch und Katze. Unsere Katzenhaltung, die uns so intuitiv erscheint, ist in Wirklichkeit eine recht junge und radikale Entwicklung. Obgleich wir die Erde seit fünf Millionen Jahren teilen, sind die Katzenfamilie und die Menschheit früher nie miteinander ausgekommen, geschweige denn, dass sie miteinander auf der Couch gekuschelt hätten. Wir konkurrieren um Fleisch und Lebensraum,[1] und das macht uns zu natürlichen Feinden. Weit entfernt davon, Nahrung zu teilen, haben Menschen und Katzen den größten Teil unserer langen gemeinsamen Geschichte damit verbracht, sich gegenseitig Beute zu stehlen und sich die zerfleischten Überreste des jeweils anderen einzuverleiben – um ganz ehrlich zu sein, in den meisten Fällen verspeisten sie uns. Es waren Katzen wie die La-Brea-Säbelzahnkatzen, kolossale Geparden und riesige Höhlenlöwen – und später ihre modernen Erben –, die den ungezähmten Planeten beherrschten. Unsere Vorfahren teilten ihren Lebensraum mit diesen Ungeheuern in Nord- und Südamerika, und in Afrika hatten wir es viele Millionen Jahre lang mit verschiedenen Arten von Säbelzahnkatzen zu tun. So mächtig war der Einfluss, dass Katzen geholfen haben könnten, uns überhaupt zum Menschen zu machen.

In einem Lagerraum zeigt mir Harris die Milchzähne einer jungen *Smilodon*-Katze, Sie haben eine Länge von fast zehn Zentimetern.

„Wie haben ihre Mütter sie gesäugt?", frage ich.

„Sehr vorsichtig!", antwortet er.

Die oberen Reißzähne der erwachsenen Tiere sind 20 Zentimeter lang, und ihre Form erinnert mich an ein Sensenblatt. Ich lasse meine Finger über die gezackte Innenkurve gleiten, und eine Gänsehaut läuft mit über den Rücken. Man weiß immer noch nicht viel über diese Tiere – Forscher bauten einmal ein Stahlmodell eines *Smilodon*-Gebisses, um zu verstehen, wie um alles in der Welt diese Tiere kauten, und „wir haben erst vor Kurzem gelernt, Männchen und Weibchen zu unterscheiden", gibt Harris zu –, aber man darf wohl ohne Übertreibung sagen, dass sie absolut Furcht einflößend waren. Diese Tiere wogen wohl an die 180 Kilogramm und benutzten ihre kräftigen Vorderpranken, um Mammuts niederzuringen, bevor sie ihrer Beute die dolchförmigen Zähne durch die dicke Haut in den Hals stießen.

Dann wandert mein Blick zu dem Skelett eines amerikanischen Löwen ganz in der Nähe, der einen Kopf größer war als die Säbelzahnkatzen und wahrscheinlich doppelt so schwer.

Das sind also die Gegner, mit denen es unsere Vorfahren zu tun hatten.

Die schiere Ungeheuerlichkeit solcher Raubtiere und das grausige Erbe unserer Auseinandersetzungen mit ihnen machen es besonders erstaunlich, dass die Menschheit heutzutage in Begriff ist, die Familie der Katzen vom Erdboden zu vertilgen. Die meisten modernen Katzenarten,[2] ob groß oder klein, sind inzwischen im Rückgang begriffen und verlieren gegenüber den Menschen täglich an Boden.

Das heißt, mit einer Ausnahme. Harris führt mich zu einer laufenden Ausgrabung in der Nähe eines Asphalttümpels nicht weit entfernt von der Tür des Museums. Während zwei Frauen in teerbefleckten T-Shirts einen *Smilodon*-Oberschenkelknochen reinigen, wischt mir plötzlich ein brauner Schatten um die Knöchel und Bob, eine schwanzlose weibliche Hauskatze mit Schmerbauch und besitzergreifendem Auftreten, tänzelt mir um die Beine. Die kichernden Ausgräberinnen erzählen mir, wie sie Bob nach einem Autounfall retteten, bei dem die Katze ihren Schwanz verlor, und sie wieder gesund pflegten. „Keine Überraschungsmäuse mehr!", meint eine der Frauen und tätschelt Bobs Rumpf mit dem amputierten Schwanz.

Was ist seltsamer, frage ich mich: die Tatsache, dass Beverly Hills ein Friedhof für riesige, hier ehemals heimische Löwen ist oder dass ein kleiner blinder Katzenpassagier, der ursprünglich aus den Nahen Osten stammt, heute hier eine Heimat gefunden hat?

Aber tatsächlich ist der Aufstieg der Hauskatze die Kehrseite des Untergangs der Löwen. Die Geschichte des fortlaufenden Niedergangs der Katzenfamilie hilft zu erklären, was Organismen wie Bob und Cheetoh und all unsere anderen geliebten Hauskatzen wirklich sind: perfekt ausgestattete Raubtiere, wie

Luchse oder Jaguare oder irgendeine andere Katzenart, aber auch extreme biologische Sonderfälle.

Wenn man von der menschlichen Zivilisation einmal absieht, könnte die Gegend um Los Angeles noch immer ein erstklassiges Habitat für heimische Katzen sein, die das Eiszeitalter (Pleistozän) überlebten. Einige Pumas streifen noch immer durch die Santa Monica Mountains, auch wenn die Population hoffnungslos isoliert und ingezüchtet ist und die wenigen Jungtiere oft dem Straßenverkehr zum Opfer fallen.[3] Ein Puma, der als P22 bekannt war,[4] wurde kürzlich fotografiert, wie er nachts unter dem Hollywood-Schriftzug stand und auf die hell erleuchtete Stadt heruntersah.

Aber heute ist es Bob, der die Teergruben regiert.

Die Säbelzahnkatzen und Riesenlöwen von La Brea starben gegen Ende der letzten Eiszeit aus – warum, wissen wir nicht. Aber wir können erklären, warum die meisten der überlebenden wilden Katzen – selbst die kleineren Arten, von denen einigen unseren geliebten Hausgenossen sehr ähnlich sehen – heute in solchen Schwierigkeiten stecken. Die Geschichte beginnt, wo so viele unserer Vorfahren endeten: im Maul einer Katze.

Die Katzen (Felidae) sind eine Familie aus der Säugetierordnung Carnivora (Fleischfresser).[5] Sämtliche Carnivora, von Wölfen bis Hyänen, ernähren sich teilweise oder überwiegend von Fleisch, und warum sollten sie das nicht tun? Fleisch ist eine wertvolle Ressource, voller Eiweiß und Fett und wunderbar leicht verdaulich. Aber es ist schwierig, an Fleisch zu kommen, daher ergänzen die meisten Tiere, darunter fast alle, die zu den Carnivora zählen, ihren Speisezettel mit anderen Nahrungselementen. In der Bärenfamilie, beispielsweise, mampfen Schwarzbären Eicheln und Wurzeln mit pflanzenzermalmenden Backenzähnen, die im Maul einer Kuh nicht fehlt am Platze wirken würden, Große Pandas ernähren sich, wie allgemein bekannt, fast ausschließlich von Bambus, und selbst die mit eindrucksvollen Reißzähnen ausgestatteten Eisbären lassen sich gelegentlich Beeren schmecken.

Nicht so Katzen. Von der nicht mal ein Kilogramm wiegenden Rostkatze bis zum Sibirischen Tiger, der 270 Kilogramm auf die Waage bringen kann, sind alle rund drei Dutzend Katzenarten Hypercarnivoren, wie Biologen es nennen.

Sie fressen kaum etwas anderes als Fleisch. Die pflanzenzerkleinernden Backenzähne (Molaren) von Katzen sind auf kümmerliche Reste geschrumpft, kaum größer als das, was ein Kind für die Zahnfee hinterlässt, und ihre übrigen Zähne sind außerordentlich lang und scharf, eine Mischung aus Steakmessern und Brechscheren. (Der Unterschied zwischen dem Gebiss einer Katze und dem eines Bären ist wie der zwischen Alpen und Appalachen.) Obwohl die Eck- oder Reißzähne als Caninen bezeichnet werden (und sich damit von lateinisch *canis*, Hund, ableiten), sind sie bei Katzen relativ größer als bei Hunden, was nicht überraschend ist: Katzen benötigen zur Ernährung dreimal soviel Protein wie

Hunde, Jungkatzen sogar viermal so viel.[6] Hunde können selbst bei veganer Ernährung überleben, doch Katzen können wichtige Fettsäuren nicht selbst synthetisieren, sondern müssen sie aus dem Körper ihrer Beutetiere beziehen. Katzenzähne haben nur einen einzigen Zweck – Beute zu töten und zu zerlegen –, und das ist der Grund, warum alle Katzengebisse selbst für Biologen ähnlich aussehen. Die Bezahnung eines insektenfressenden Malaienbärs sieht ganz anders aus als bei einem Grizzly, doch manchmal können selbst Experten nicht sagen, ob sie ein Tiger- oder ein Löwengebiss vor sich haben, weil beide demselben Zweck dienen und sich entsprechend ähneln. Das gilt auch für den übrigen Katzenkörper. Es gibt riesige, manchmal fast schon komische Unterschiede in der Größe von Katzen – manche messen von der Schnauze bis zur Schwanzspitze 35 Zentimeter, andere fast 4,20 Meter –, doch im Körperbau unterscheiden sie sich kaum. „Der wichtige Punkt bei großen und bei kleinen Katzen ist nicht, dass sie unterschiedlich sind, sondern dass sie sich so sehr ähneln", schreibt Elizabeth Marshall Thomas in *Das geheime Leben der Katzen*, ihrer Geschichte der Familie Felidae.[7] Hauskatzen und Tiger, so Thomas, sind „das Alpha und das Omega ihres Schlags".[8] Natürlich haben Tiger Streifen und Löwen Mähnen, und Pumas haben acht Brustwarzen, Langschwanzkatzen hingegen nur zwei. Doch der Bauplan bleibt derselbe: lange Beine, kräftige Vorderextremitäten, eine flexible Wirbelsäule, ein Schwanz (der manchmal halb so lang ist wie der ganze Körper) zum Balancieren und einen kurzen Verdauungstrakt, um Fleisch und nichts als Fleisch zu verdauen. Katzen besitzen rückziehbare Krallen, hochempfindliche Vibrissen (Tasthaare) an der Schnauze und drehbare Ohrmuscheln für ein schon fast unheimlich gutes Richtungshören und den größtmöglichen Hörbereich. Ihre Augen liegen vorn im Kopf und verleihen Katzen ein ausgezeichnetes räumliches Sehvermögen sowie eine gute Nachtsicht. Der Katzenschädel ist gewölbt und das Gesicht ist abgerundet und kurz mit kräftigen, fest verankerten Kiefermuskeln, eine Anordnung, die die Bisskraft vorn im Maul maximiert. Ob die Beute ein Kaninchen oder ein Wasserbüffel ist, fast alle Katzen (mit Ausnahme der ultraschnellen Geparde) jagen auf dieselbe Weise: nachstellen, auflauern, angreifen und die Mahlzeit genießen. Selbst der träge Cheetoh jagt auf diese Art, wobei sein plumpes Hinterteil in Erwartung zuckt, wenn er sich auf einen ahnungslosen Schnürsenkel stürzt. Katzen sind vorwiegend visuelle Beutegreifer und setzen auf das Überraschungsmoment, wenn sie den Tötungsbiss applizieren, indem sie ihre Reißzähne zwischen die Halswirbel ihrer Beute schieben „wie einen Schlüssel in ein Schloss"[9] (so der Verhaltensforscher Paul Leyhausen). Katzen können Beutetiere überwältigen, die dreimal größer sind als sie selbst,[10] und damit ist ihr Ehrgeiz manchmal noch nicht befriedigt: Als Kind habe ich unsere Siamkatze oft dabei beobachtet, wie sie sich an Hirsche anschlich und sich auf Felsblöcken über dem nichts ahnenden Rudel zusammenkauerte.

Die modernen Katzenartigen waren zehn Millionen Jahre lang oder länger weltweit eine überaus erfolgreiche Tiergruppe und haben ein bemerkenswertes Spektrum von Lebensräumen besiedelt.[11] Katzen haben eine Vorliebe für die asiatischen Tropenwälder,[12] doch der feline Archetypus kommt in fast allen Klimazonen vor: der Schneeleopard im Himalaja, der Jaguar im Amazonasgebiet, die Sandkatze im Herzen der Sahara. Vor vielen Tausend Jahren lebten Löwen nicht nur in Beverly Hills, sondern auch im englischen Devon und in Peru – so gut wie überall auf der Welt mit Ausnahme von Australien und der Antarktis. Löwen waren vermutlich die wilden Landtiere mit der größten Verbreitung, die es jemals gab,[13] König der Wälder und der dazwischenliegenden Wüsten, Feuchtgebiete und Bergregionen.

Was wilde Katzen brauchen, um zu gedeihen, ist Platz. Aus diesem Grund sind sie in freier Natur gewöhnlich weniger häufig als andere große Fleischfresser wie Bären und Hyänen.[14]

Selbst die kleinsten Katzenarten brauchen ein relativ großes Jagdrevier, um an die nötigen Proteine zu kommen. Eine sehr grobe Daumenregel besagt, dass 100 Pfund Beutetier nötig sind, um ein Pfund in seinem Lebensraum ansässiges Raubtier zu ernähren.[15] Bei Hypercarnivoren ist das Verhältnis jedoch noch ungünstiger. Diese Tiere haben keinen evolutionären Plan B. Sie müssen töten oder sterben. Tatsächlich töten Katzen recht häufig andere Katzen. Löwen fressen Geparde, Leoparden fressen Karakals (Wüstenluchse), Karakals fressen Falbkatzen. Katzen töten sogar Artgenossen, und diese Feindseligkeit erklärt – neben ihrer heimlichen Jagdweise und der begrenzten Tragfähigkeit eines gegebenen Ökosystems für eine große Zahl von Feliden –, warum die meisten Arten Einzelgänger sind.

Obgleich Menschen heutzutage eine erstaunliche Menge an Fleisch verzehren, gehören wir nicht zur Ordnung Carnivora. Wir sind Primaten. Unsere Verwandten, die Großen Menschenaffen, verzehren nicht viel Fleisch. Und das galt auch für unsere frühe menschenartige Verwandtschaft, die vor sechs oder sieben Millionen Jahren begann, die Bäume zu verlassen, lange nachdem Katzen ihre Stellung an der Spitze der Nahrungskette gefestigt hatten. Unsere Vorfahren aßen nicht nur kaum Fleisch, sondern spendeten es freigiebig in Form ihrer Körper und ihrer Babys. Eine ganze Palette von Geschöpfen hatte es auf unsere Vorfahren abgesehen:[16] riesige Adler, Krokodile, Schlangen, so lang wie ein Bus, archaische Bären und vielleicht auch Riesenotter. Aber selbst unter solch furchterregender Gesellschaft waren Katzen höchstwahrscheinlich unsere gefährlichsten Prädatoren.

Die frühen Vorfahren der Menschheit entwickelten sich in Afrika während der „Blütezeit der Katzen", schreibt der Anthropologe Robert Sussman, dessen Buch *Man the Hunted* (etwa: Der gejagte Mensch) unsere Geschichte als Beutetier schildert.

In Regionen, in denen sich unsere Verbreitung mit derjenigen von Katzen überschnitt „hatten sie vollständig die Oberhand“, erklärte er mir – sie zerrten uns in Höhlen, verschlangen uns auf Bäumen, schleppten unsere ausgeweideten Körper in ihre Speisekammer. Tatsächlich wüssten wir vielleicht nicht annähernd so viel über die menschliche Evolution, wenn diese Großkatzen nicht so häufig Menschen erbeutet hätten.[17] Der weltweit älteste, vollständig erhaltene Schädel der Gattung *Homo*, bekannt als Schädel Nr. 5, wurde in einer Höhle in Dmanisi, in Georgien, entdeckt, die ausgestorbenen riesigen Geparden wahrscheinlich als eine Art Picknickplatz diente. In Höhlen in Südafrika wunderten sich Paläontologen lange Zeit über Stapel von Hominiden- und anderen Primatenknochen und versuchten, die Ursache für dieses Gemetzel zu finden. Hatten unsere Vorfahren einander umgebracht? Dann fiel einem der Wissenschaftler auf, dass die Löcher in manchen Schädeln perfekt zu den Reißzähnen von Leoparden passten.

Auch heutzutage noch gibt es Hinweise auf den Tribut, den Katzen von unseren Vorfahren forderten. Sussman und seine Kollegin Donna Hart werteten Daten darüber aus, wie oft Primaten zum Opfer von Raubtieren werden, und stellten fest, dass die Katzenfamilie noch immer für ein Drittel aller Primatentötungen verantwortlich ist (Hunde und Hyänen hingegen nur für sieben Prozent). Eine Studie in den kenianischen Lavahöhlen von Mount Suswa ergab, dass die Leoparden dort Paviane fressen und praktisch nichts anderes. Selbst unsere stärksten und klügsten heute lebenden Primatenverwandten können Katzen zum Opfer fallen, die nur halb so groß sind wie sie: Wissenschaftler fanden im Kot von Leoparden die kurzen schwarzen Zehen von Tieflandgorillas, und im Kot von Löwen Schimpansenzähne.

Wissenschaftler beginnen gerade erst, unser eigenes Erbe als Beute offiziell zu erforschen,[18] und stellen beispielsweise fest, dass sich unsere Fähigkeit zum Farbensehen und unsere Tiefenwahrnehmung entwickelt haben könnten, um uns das Erkennen von Schlangen zu erleichtern. Wie Experimente gezeigt haben, können selbst Kleinkinder Formen von Schlangen besser erkennen als diejenigen von Eidechsen; sie entdecken Löwen auch leichter als Antilopen.[19] Gegen Fressfeinde gerichtete Strategien lassen sich noch heute in vielen menschlichen Verhalten nachweisen; das reicht von unserer Tendenz, unseren Nachwuchs in den dunkelsten Nachtstunden zu gebären (viele unserer Prädatoren jagten bevorzugt in der Abend- zw. Morgendämmerung), vielleicht bis zu unserer besonderen Wertschätzung für Landschaftsmalerei des 18. Jahrhunderts, deren weite Ausblicke uns das angenehme Gefühl verleihen, eine drohende Gefahr rechtzeitig kommen zu sehen. Die Gänsehaut, die ich in La Brea verspürte, als ich den Reißzahn einer Säbelzahnkatze in Händen hielt, stammt aus einer Zeit, als sich meine Körperhaare beim Näherkommen eines Raubtiers aufgerichtet hätten – was mich hätte größer und, so hoffe ich, auch Furcht einflößender hätte aussehen lassen.

Der Raubtierdruck hat wahrscheinlich auch unsere Körpergröße und unsere Haltung (ein hochgewachsener aufrechter Körper erlaubte unseren Vorfahren, weiter zu schauen), unsere Vorliebe für Gemeinschaft und Geselligkeit (ein Euphemismus für „Sicherheit liegt in der Zahl") und unsere komplexen Formen der Kommunikation beeinflusst. Selbst weniger sprachbegabte Verwandte wie Grüne Meerkatzen haben eine Lautäußerung, die „Leopard" bedeutet.[20] (Aber wie um sich nicht übertrumpfen zu lassen, ahmen die kleinen, im Amazonasgebiet heimischen Langschwanzkatzen beim Jagen gelegentlich die Rufe von Affenkindern nach.[21])

Möglicherweise basierte der wichtigste Beitrag von Katzen zur Evolution unserer Art jedoch nicht auf der Beziehung von Beutegreifer und Beute, sondern von Beutegreifer und Aasfresser. Dieses Geschenk war unsere erste schicksalhafte Begegnung mit dem Geschmack von Fleisch.

Die frühesten Belege für unseren Fleischkonsum datieren rund 3,4 Millionen Jahre zurück.

Schnittspuren auf Huftierknochen, die in der Nähe von Dikika, Äthiopien, gefunden wurden, zeigen, wie hart unsere weitgehend vegetarischen Vorfahren arbeiteten, um das Fleisch von den Knochen zu lösen; an anderen Fundorten hämmerten sie die Knochen auf, um an das nahrhafte Mark zu gelangen. Aber woher kamen diese ersten schmackhaften Knochen? Es sollte noch Millionen Jahre dauern, bis unsere Vorfahren Jagdtechniken entwickelten.

Nach Ansicht von Briana Pobiner, einer Expertin für menschliche Carnivorie (Fleischverzehr) am National Museum of Natural History, hetzten unsere unbewaffneten, auf Fleisch versessenen Vorfahren einige ihrer ersten Beutetiere möglicherweise einfach zu Tode oder steinigten sie, bis sie starben. Pobiner – die in ihrem Büro unter den fotografierten Blicken zweier sehr großer Löwinnen arbeitet – hält es jedoch für wahrscheinlicher, dass wir schamlose Diebe und Aasfresser waren, sogenannte Kleptoparasiten. Unsere wenig freundlichen Wirte waren demnach die großen Katzen, die Huftiere erlegten, sich satt fraßen und dann fortwanderten, um später zu ihrem Riss zurückzukehren. Das war der Zeitpunkt, an dem unsere raffinierten Vorfahren heranschlichen und stahlen, was sie tragen konnten. Vielleicht haben wir Antilopen aus den Bäumen geholt, wo Leoparden sie versteckt hatten (möglicherweise, um sie vor noch mächtigeren Katzen, wie Löwen, in Sicherheit zu bringen). Doch die Säbelzahnkatzen haben wohl die besten Überreste zurückgelassen, wie der Anthropologe Curtis Marean betonte, denn ihre mächtigen Zähne waren hervorragend zum Töten geeignet, jedoch nicht unbedingt zum Kauen, sodass viel Fleisch am Knochen blieb. Einige Wissenschaftler vermuten sogar, dass die Überbleibsel von der Tafel der Säbelzahnkatzen so reichlich und so wesentlich für die Ernährung der frühen Menschen waren, dass wir den Katzen von Afrika nach Europa folgten, die erste echte Wanderung unserer Art.[22]

Nachdem unsere Vorfahren einmal Geschmack an Fleisch gefunden hatten, so reich an Nährstoffen und Aminosäuren, wollten sie mehr davon. Einige Paläoanthropologen sind der Meinung, dass es der Fleischkonsum war, der uns letztlich zum Menschen machte. Es war sicherlich ein entscheidender Schritt.

„Fleischessen war so wichtig, dass wir bei der Herstellung von Steinwerkzeugen immer geschickter wurden", erklärt Pobiner. „Es war eine Rückkopplungsschleife. Mehr Fleisch zu erbeuten, verlangt eine gute Kenntnis des Lebensraums, Kommunikation und Planung. Wir hätten nicht denselben evolutionären Weg eingeschlagen, wenn es nicht ums Fleischessen gegangen wäre."

Tatsächlich könnte es sein, dass Fleischkonsum buchstäblich unseren geistigen Horizont erweitert hat, so die „Expensive-Tissue"-Hypothese (Hypothese vom teuren Gewebe), bei der es um die Entwicklung unseres Gehirns geht.[23] Da vegetarische Primaten große Mengen an zähem Pflanzenmaterial verdauen müssen, haben sie einen sehr langen, viel Energie verbrauchenden Verdauungstrakt. (Darum sehen ansonsten schlanke Affen auch so aus, als hätten sie einen Bierbauch.) Tiere mit einem ständigen Zugang zu leicht verdaulichem Fleisch könnten jedoch den evolutionären Spielraum haben, ihren Darmtrakt zu verkürzen und die damit gesparte Energie in etwas Raffinierteres zu investieren: in ein enorm großes Gehirn. Dieses Kronjuwel von *Homo sapiens* ist energetisch außerordentlich kostspielig, es macht nur zwei Prozent unseres Körpergewichts aus, verbraucht aber in Ruhe 20 Prozent unserer Kalorienaufnahme.[24] Möglicherweise können wir uns diesen Luxus nur leisten, weil wir Fleisch essen.

Der größte Sprung beim Hirnvolumen unserer Vorfahren ereignete sich vor rund 800 000 Jahren – nicht lange, nachdem wir gelernt hatten, mit Feuer umzugehen, das uns erlaubte, Fleisch zu erhitzen, sodass es länger haltbar blieb und sich besser transportieren ließ. Ein paar hunderttausend Jahre später fanden wir heraus, wie wir Großtiere aus eigener Kraft erlegen konnten. Noch ein paar weitere hunderttausend Jahre vorgespult, und vor rund 200 000 Jahren spaltete sich schließlich die *Homo-sapiens*-Linie vom Stammbaum ab.

An diesem Punkt wich die ursprüngliche, schiefe Machtbalance zwischen Menschen und Großkatzen einem fragilen Gleichgewicht, bei dem unser aufgebauschtes Gehirn ihre Muskeln austarierte. Mit unseren neuen Jagdwaffen konnten wir Großkatzen wahrscheinlich manchmal von ihrem Riss vertreiben und sogar einige töten, wenn es wohl auch die beste Strategie war, sich gegenseitig aus dem Weg zu gehen. Dennoch konnten wir offenbar nicht anders, als unsere eleganten und mächtigen Gegner zu bewundern. 30 000 Jahre alte Malereien in der südfranzösischen Chauvet-Höhle, die zu den ältesten Kunstwerken der Welt gehören, zeigen großartige ockerfarbene Leoparden und Löwen, gezeichnet mit einem Auge für biologische Details, bis zu den Spitzen der Tasthaare.

Diese uralte Pattsituation zwischen Katzen und Menschen, in der beide Parteien schwer bewaffnet und mehr oder minder gleich stark waren, was dem Kampf um Fleisch betraf, hielt bis vor rund 10 000 Jahren an,[25] als die Menschen irgendwo im Nahen Osten auf die Idee kamen, wie sich unser unstillbarer Fleischhunger auf einfache Weise sättigen ließ: Tiere selbst züchten und töten. Die Domestikation von Herdentieren und Pflanzen, ein evolutionsgeschichtlicher Coup, der als Neolithische (jungsteinzeitliche) Revolution bezeichnet wird, erlaubte Jäger-und-Sammler-Gesellschaften, sesshafte Gemeinschaften zu bilden, was schließlich zur Geburt von Kultur und Geschichte und der Welt führte, wie wir sie kennen.

Für viele andere Geschöpfe, vor allem Katzen, läutete das Auftauchen unserer ersten Herden und Pflanzungen den Anfang vom Ende ein.

Wir glauben häufig, die Notlage von wilden Groß- und Kleinkatzen sei ein relativ neues Phänomen, und Europäer, allen voran die Briten, nehmen oft einen Großteil der Schuld für ihr Verschwinden auf sich. Es stimmt, dass die Kolonialherren Gewehre nach Indien und Afrika brachten und für Katzenfelle gut bezahlten. Bei einem Gelage 1911 erlegte die Jagdpartie des englischen Königs George V. innerhalb von zwei Wochen 39 indische Tiger. Die Viktorianer füllen die Londoner Zoos mit afrikanischen Löwen, die in Gefangenschaft dahinsiechten und gewöhnlich innerhalb weniger Jahre starben (wenn es auch einigen gelang, vor ihrem Ableben den einen oder anderen Karrengaul mitzunehmen).[26] Die imperialen Feldzüge gegen Großkatzen sind in Jagdgeschichten festgehalten, eine singuläre Literaturgattung, die ein Biologe mir gegenüber als „die harte Zeit der Säugetierforschung" bezeichnete. In dem Klassiker *The Man-Eaters of Tsavo* schildert der britische Kolonialoffizier James Henry Patterson mit eisiger Gelassenheit seinen Zusammenstoß mit zwei mähnenlosen, offenbar heruntergekommenen afrikanischen Löwen. Doch trotz all ihrer kühlen Effizienz beschleunigten die Briten lediglich einen Prozess, der mit dem Aufkommen der Agrikultur begann.

„Katzen sind sehr empfindlich", erklärt mir der Katzengenetiker Steve O'Brien. „Wenn sie nicht genügend zu fressen haben, verhungern sie, einfach so. Es ist nicht die Jagd, die problematisch ist. Es ist die Errichtung von Farmen und Siedlungen."

Katzen kommen biologisch einfach nicht mit dem allgegenwärtigsten Muster menschlicher Zivilisation zurecht.

Und das war so von Anfang an: Ägypten, die erste große Agrarkultur, verlor nach und nach den größten Teil seines Löwenbestands.[27] Die Römer – die Großkatzen bei ihren Prozessionen und Kolosseum-Spektakeln einsetzten – berichteten bereits um 325 v. Chr. von einem Mangel an Großkatzen in bestimmten Regionen.[28] Ab dem 12. Jahrhundert gab es in Palästina, wo sie einst häufig waren, keine Löwen mehr. Schon vor Ankunft der Europäer in Indien fragmentierten Mughal-Herrscher den Lebensraum von Tigern und damit ihre Population, indem sie Wälder abholzten. Und so erging es wilden Katzen aller Art.

Es ist nicht die Zeit oder die Jagdmethode, sondern der Ort, der die britischen Jagdgeschichten so informativ macht, denn sie illustrieren genau die Art von Plätzen und Situationen, an denen es zu Konflikten zwischen Menschen und Großkatzen kommt – nicht tief im Dschungel, sondern an den frisch gepflügten Rändern der Zivilisation: Zuckerrohr- und Kaffee-Plantagen, die an den indischen Dschungel angrenzen, Schienenwege, die sich durch den kenianischen Busch ziehen. An solchen Rändern dringen wir tiefer ins Territorium von Katzen vor und die Katzen wandern in unseres ein.

Je weiter wir vorrücken, desto schwieriger, ja fast unmöglich wird die Koexistenz mit wilden Katzen. Erst roden wir das Land, dringen immer tiefer in den Regenwald oder die Steppe vor und essen oder verscheuchen die Beutetiere. Das schadet den dort heimischen Katzen, von den Löwen und Tigern, die direkt mit uns um die großen Pflanzenfresser konkurrieren, die uns schmecken, bis zu hauskatzengroßen Feliden wie der Afrikanischen Goldkatze, deren kleinere Beute ausgerottet oder als Bushmeat verkauft wird.

Nachdem wir die Wälder abgeholzt und die heimischen Beutearten restlos verputzt haben, bringen wir unsere eigenen Nutztiere mit, wie Rinder, Schafe, Hühner und Fische – die die wilden Katzen aller Größen, die nun ohne Fleischquelle dastehen, natürlich als Beute ansehen. Nun sind sie an der Reihe, sich als Kleptoparasiten zu betätigen, und die Bauern lassen sich diesen felinen Diebstahl nicht gefallen.

Dazu kommt, dass die größten Katzen manchmal noch immer Geschmack an uns finden. Selbst im 21. Jahrhundert kommt es an der Grenze von Regionen, an denen sich ausbreitende menschliche Gemeinden auf Katzenreviere treffen, zu Todesfällen durch Raubkatzen. Ein einsamer Waldläufer kann in Russlands riesigen Birkenwäldern ein ganzes Leben lang jagen, ohne auf einen Sibirischen Tiger zu treffen, doch im indischen Sundardance Delta, in dem vier Millionen Menschen leben, sind menschenfressende Tiger durchaus ein Problem, und im tansanischen Ruffii-Distrikt mit seiner boomenden Landwirtschaft können Löwen pro Jahrzehnt Hunderte Dorfbewohner töten.[29]

Nur haben heutzutage Schädlingsbekämpfungsmittel Gewehre als unsere Waffe der Wahl ersetzt. Man vergifte einen Giraffenkadaver mit Pestiziden, und man eliminiert nicht nur den menschenfressenden Löwen, sondern das ganze rastlos umherstreifende Rudel, und entledigt sich des Königs der Tiere wie jedes anderen Schädlings. Wenn gerade kein Gift zur Hand ist, greifen die Dörfler auch zu anderen Mitteln.

Indische Tiger, die außerhalb von Schutzgebieten angetroffen wurden, wurden einfach zu Tode geknüppelt.

Es ist einfach, Menschen in fernen Ländern die Schuld für den Niedergang der Großkatzen in die Schuhe zu schieben, bis man sich vorstellt, was es bedeutet, einen siebenjährigen Hirtenjungen auszuschicken, um eine von Löwen unsicher gemachte Weide zu bewachen, oder einen Leoparden in seiner Latrine zu entdecken. Und wenn das Problem zu Hause auftritt, verhalten sich Amerikaner nicht anders.[30] Ein Großteil von Amerika war schließlich früher Großkatzenland, doch die Siedler machten schon vor langer Zeit mit Jaguaren im Süden und Pumas östlich des Mississippis kurzen Prozess – ausgenommen blieb nur der Florida-Panther, eine Unterart des Pumas, ingezüchtet und krank, die sich in einem entlegenen Zipfel der Everglades-Sümpfe von Gürteltieren ernährt

Die Neigung von wilden Katzen, die Wildtiere, die wir jagen, die Nutztiere, die wir züchten, und im Fall ihrer größten Vertreter auch uns selbst zu töten, macht sie weitgehend inkompatibel mit menschlichen Siedlungen. Als unsere Bevölkerungsdichte wuchs, mussten ihre Populationen schrumpfen, und da die überlebenden Katzen in ungeeignete Habitate abgedrängt werden, beginnen auch andere Kräfte, die mit menschlichen Besiedlungsmustern zusammenhängen, ihren Tribut zu fordern: Verkehrsunfälle, Staupeausbrüche, Trophäenjagd, Fallenstellen wegen der Felle, Dürren, Hurrikans, Grenzbefestigungen, illegaler Tierhandel usw. Gegenwärtig nehmen einige Menschen ihren neuen Status als Spitze der Nahrungskette wörtlich: Sie essen die Großkatzen, die einst uns verspeist haben. Der asiatische Markt für traditionelle Medizinprodukte boomt: Krallen und Tasthaare und Gallenflüssigkeit, aber vor allem pulverisierte Knochen werden zu Stärkungsmitteln verarbeitet.[31] Und Löwenlende gilt bei einigen

amerikanischen Gourmands, einschließlich einer in New York ansässigen Gruppe, die sich die „Gastronauten" nennt, als der letzte Schrei. Diese Delikatesse wird offenbar am besten in der Pfanne scharf angebraten, dann langsam geschmort und mit Koriander und Karotten serviert.[32]

Da so viele wilde Katzen inzwischen viel leichter tot als lebendig zu finden sind, habe ich die Lagerräume der Smithsonian Institution aufgesucht (die abseits vom Museum in einem vorstädtischen Einkaufsgebiet in Maryland liegen), um sie mir anzusehen. Diese riesigen Gebäude beherbergen all die konservierten Delfine und Gorillas, die nicht in das Museum in der Innenstadt passen; eine Halle ist mehr oder weniger ein Hangar für die Knochen flugzeuggroßer Walskelette.

Ein Wachmann inspiziert meine Handtasche; auf diesem sterilen Friedhof ist keinerlei Essen erlaubt, und ich entferne diskret meinen Kaugummi. Bald folge ich dem Schlüsselgeklingel des Säugetierkurators des Smithsonian, während er durch Gänge voller Metallschränke schreitet. Dieses spezielle Gebäude beherberge nichts als „Häute, Schädel und Skelette", erklärt mir Kris Helgen über die Schulter. Er zieht eine Schublade auf und zeigt mir die verschrumpelte Haut einer Giraffe, die 1909 von Teddy Roosevelt geschossen wurde, nur ein paar Wochen bevor er aus dem Amt schied; die langen Wimpern sind noch immer da und kokett nach oben gebogen. Wir untersuchen die gelblichen Vibrissen einer Mönchsrobbe, und blicken in die Stoßzahnhöhlen eines der größten Elefantenbullen, der aktenkundig wurde. Diese riesige Sammlung toter Tiere ist de facto eine Zeitmaschine, die uns einen Blick auf einen sich verändernden Planeten und auf Lebensformen erlaubt, die sich im Fluss befinden. Es erinnert mich ein wenig an La Brea, abgesehen davon, dass es Menschen waren, die die meisten dieser Tiere töteten und sorgfältig konservierten und so das ewige Werk der Asphaltgruben selbst erledigten.

„So", meint Helgen, „sollen wir uns nun einige Katzen anschauen?"

Er öffnet einen Schrank zu unserer Linken und setzt mit sicherem Griff Unterkiefer und Schädel eines Sibirischen Tigers zusammen, von denen inzwischen nur noch rund 500 Exemplare in freier Wildbahn leben. Helgen weist mich auf die Breite der Wangenknochen und die Länge des Knochenkamms auf dem Schädel hin, was das lebende Gesicht zu einem fast perfekten orangefarbenen Kreis wie die Sonne gemacht hätte. Für mich sieht es so aus, als würde der Schädel die Zähne zusammenbeißen. Helgen rollt das Fell eines seltenen schwarzen afrikanischen Leoparden auseinander, ich streichele einen cognacfarbenen Puma aus Guyana und befühle das dichte Unterfell eines Schneeleoparden. Ich halte ein Stück Musselin, auf das das kleine Fell eines Pumajungtiers aufgenäht ist, wahrscheinlich eines der letzten, das im Staat New York geboren wurde, und befingere das Fell an den Ohren eines Pardelluchses. Die langen schwarzen Pinselhaare sind weich wie Seide.

Helgen ist ein junger Mann, und statt des von seinen älteren Kollegen bevorzugten Vollbarts trägt er einen Stoppelbart. Als wir uns trafen, stand er kurz vor einem dreimonatigen Trip in die Wildnis, von Kenia nach Burma, um in den Wäldern Bestandsaufnahmen zu machen und nach bislang unbekannten Säugerarten zu suchen. Er ist kein Schwarzseher, sondern wirkt auf mich eher wie ein Umweltoptimist.

Aber nicht, wenn es um die Familie Felidae geht. „Der Trend ist stets in eine Richtung gegangen – Menschen haben wilde Katzen ersetzt", meint er. „Und dieser Trend schwächt sich weder ab noch kehrt er sich um, und für einige Tiere ist das Ende der Linie absehbar" – einschließlich vieler Großkatzen, aber auch einiger Kleinkatzen. Wissenschaftler seiner Generation befürchten, Zeugen der ersten wirklich großen Aussterbewellen von Katzen zu werden; vom Aussterben bedroht sind vor allem der Pardelluchs und der Tiger – nicht irgendwelche Unterarten, sondern alle Tiger. Punkt. Zurück am Tigerschrank, zeigt er mir Felle (viele mit Kugellöchern) von Exemplaren aus dem 19. Jahrhundert, die aus Regionen stammen, wo es heute keine Tiger mehr gibt, wie Pakistan, während spätere Felle von Plätzen stammen, an denen es natürlicherweise nie Tiger gab, wie Jackson, New Jersey, Sitz eines großen Safari-Parks. „Ab Ende des 20. Jahrhunderts stammt fast alles aus Zoos", erklärt er mir.

Während er den Schrank mit den exotischen Fellen wieder verschließt, schreitet Helgen weiter durch die Gänge und zieht den Schädel einer letzten Katze hervor, diesmal einer kleinen Art, aber einer, die dem Etikett nach zu urteilen, ein modernes Verbreitungsgebiet hat, das sich von Indien bis Indiana erstreckt: in etwa das Streifgebiet der prähistorischen Löwen, und noch etwas mehr. Es handelt sich um *Felis catus*, die gemeine Hauskatze.

„Und schauen Sie", meint Helgen und öffnet die kleinen Kiefer, sodass wir in das Maul schauen können, „ein kleiner Tiger. Und auf ihre Weise genauso furchterregend. Sehen Sie sich nur diese Zähne an."

Angesichts der Geschichte, die ich gerade erzählt habe, könnte ein selbstgefälliger Mensch diese unglaublich zahlreichen kleinen Feliden – die wir uns meist als Haustiere vorstellen – als eine Art lebende Trophäe ansehen. Genau so, wie die Römer Löwen im Kolosseum zur Schau stellten und mittelalterliche Könige sie in ihren Menagerien hielten, umgeben wir uns vielleicht als Beweis für unseren jüngst errungenen Triumph über die Katzenfamilie, den ältesten und ein-

flussreichsten Feind der Menschheit, mit unseren Stubentigern. Wir amüsieren uns über die Wildheit dieser Miniaturtiger, bewundern ihre Zähne und Klauen – aber erst jetzt, wo wir gewonnen haben.

Vielleicht erinnert uns ein Tiger, der auf unserem Schoß schnurrt oder in unserem Wohnzimmer herumtobt, daran, dass wir uns die Natur untertan gemacht haben, sie vollständig kontrollieren. Vielleicht ist es aufschlussreich, dass einer der wenigen Plätze auf der Welt, wo Hauskatzen *keine* populären Hausgenossen sind, Indien ist, gleichzeitig auch eine der seltenen Regionen, wo Großkatzen noch immer wirklich Schaden anrichten.[33]

Es gibt jedoch auch durchaus Argumente, die dafür sprechen, dass die Familie Felidae tatsächlich unbesiegt bleibt und Katzen noch immer an der Spitze stehen und das Sagen haben. Ja, menschenfressende Löwen haben abgedankt, doch die bescheidene Hauskatze hält im neuen Jahrtausend denselben königlichen Anspruch aufrecht.

Denn trotz all ihrer Kraft und ihres Muts haben es Löwen niemals auch nur annähernd so weit in der Welt gebracht. Die Hauskatze hat Fuß gefasst von der Arktis bis nach Hawaii, hat Tokio und New York übernommen und den gesamten australischen Kontinent erstürmt. Und irgendwo unterwegs hat sie das kostbarste und bestgehütete Territorium auf diesem Planeten eingenommen: die Festung des menschlichen Herzens.

Katzenwiege

Ich holte mir Cheetoh – oder vielleicht holte er mich – um die Osterzeit. Wir schrieben das Jahr 2003 und ich war eine frischgebackene Zeitungsreporterin im Hinterland von New York. Mein jüngster Auftrag hatte mich zu einem ramponierten Sofa geführt, auf dem ich neben einer tränenüberströmten jungen Frau und ihrer Mutter hockte. Ich sollte über einen kürzlich begangenen Mord in ihrer Wohnwagensiedlung berichten und wusste nicht recht, wo ich beginnen sollte.

Plötzlich spürte ich einen leichten Schlag gegen meinen Knöchel. Ich sah nach unten und erblickte den stattlichsten, breitbrüstigsten Kater, der mir je unter die Augen getreten war und sich nun anschickte, mir seinen riesigen roten Kopf ein zweites Mal gegen das Bein zu rammen. Reflexartig reichte ich nach unten und kraulte das flaumige Fell unter seinem Kinn.

„Er mag Sie", sagte die Mutter mit einem Anflug von Anerkennung in der Stimme. „Er mag sonst niemanden."

Bald entwickelte sich unser düsteres Interview zu einer angeregten Unterhaltung über die Dutzenden von Katzen in der Umgebung. Diese waren eine Art Gemeingut; sie gehörten zu niemand Bestimmtem und wanderten von einem Haushalt zum nächsten, wo man sie mit mal mehr, mal weniger Enthusiasmus willkommen hieß.

Die Frauen führten mich in den hinteren Bereich des Wohnwagens, wo sich eine schlanke dreifarbige Streunerin zum Werfen ihrer Jungen niedergelassen hatte. Nun maunzten zwei orange Neugeborene an ihrer Seite und der spärliche Rest meines professionellen Auftretens schmolz dahin.

Eines der Kätzchen hatte einen weichen Pfirsichton. Das Fell des zweiten war von einem lebhaften Orangerot – oder sogar noch ein wenig heller. Es hatte die Farbe von künstlichem Käsepulver – dem Zeug, das in der Cheetos-Packung zurückbleibt, wenn man alle Chips aufgefuttert hat. Die Färbung der Kleinen legte die Vermutung nahe, dass der aufdringliche Kater, der um uns herumstrich, an ihrer Geburt nicht ganz unbeteiligt war. Ich nahm das orangerote Kätzchen auf – es rekelte sich in meiner Handfläche, die Babyohren an den Spitzen noch nach unten gebogen. Seine kleinen trüben Augen hatten sich gerade erst geöffnet: Ich war eines der ersten Dinge, die Cheetoh zu Gesicht bekam.

Als ich später wieder im Auto saß, meinen Auftrag unvollendet, aber mit der Aussicht, in sechs Wochen mein neues Kätzchen abholen zu dürfen, sah ich Cheetohs imposanten Vater aus dem offenen Fenster des Wohnwagens springen, auf dem Weg zu seiner nächsten geschnorrten Mahlzeit oder leidenschaftlichen Eroberung. Ich hatte noch nie Katzen zu Gesicht bekommen, die sich so frei bewegen durften – sie waren weniger separierte Haustiere als unabhängige Geschäftspartner, die ihren Lebensunterhalt über gespendetes Katzenfutter und offene Mülleimer sicherten und verwegen kamen und gingen, wie es ihnen passte. Damals erschien mir dies als geradezu aufgeklärtes, fast schon futuristisches Arrangement – wie eine abgefahrene Katzenkommune in Kalifornien.

Aber vielleicht hat sich die Beziehung zwischen Mensch und Katze tatsächlich unter ähnlichen Bedingungen entwickelt, wenn auch zwischen eng gedrängten Lehmhütten statt Wohnwagen. Die lange, rätselhafte und höchst unwahrscheinliche Geschichte der Katzendomestikation wird wohl kaum einen anderen Ursprung gehabt haben.

Das 11 600 Jahre alte Dorf Hallan Çemi lag am Ufer eines Zuflusses des Tigris, im Gebiet der heutigen Türkei.[1] In den Lehmhütten wohnte nur eine Handvoll Steinzeitfamilien. Und doch begann vermutlich in solch winzigen Siedlungen die monumentale Entwicklung der Menschheit zu Landwirten. Unsere Wandlung vom Jäger und Sammler zum Farmer bedeutete letztlich weltweit den Untergang für viele Hypercarnivoren, aber auch eine Reise ins Glück für einige domestizierte Tiere der Zukunft, darunter die Wildkatzen, die zu modernen Hauskatzen werden sollten.

Hallan Çemi wurde 1989 von Archäologen ausgegraben und gilt als eine der ersten permanenten Siedlungen im Osten des Fruchtbaren Halbmonds: ein primitives Basislager für Nomaden, die dank kürzlich erfolgter ökologischer Veränderungen keine weiten Strecken mehr zurücklegen mussten, um Nahrung zu finden. Mit dem Rückgang der Eiszeit hatte sich das lokale Klima stabilisiert und es gab eine Überfülle an natürlichen Ressourcen; das ermöglichte ihnen eine abwechslungsreiche Ernährung. Die Anrainer fischten im Fluss, plünderten den nahe gelegenen Pistazienwald und jagten Großwild in den Hügeln und auf den Ebenen. Sie aßen praktisch alles, was ihnen über den Weg lief: Schwäne, Muscheln, Eidechsen, Eulen, Rotwild, Wildschweine, Schildkröten. Insgesamt hinterließen die Dorfbewohner aus dem Neolithikum rund zwei Tonnen an Tierknochen.

Die Archäologin Melinda Zeder hat Jahre damit zugebracht, sich durch diese Grillreste zu wühlen, die von der Ausgrabungsstätte zu ihrem Smithsonian-Labor in Washington verbracht wurden, nur ein paar Schritte von der Sammlung an Großkatzenskeletten im Museum entfernt.[2] Zeder, in deren Augen zuweilen das Licht lange erloschener Feuerstellen aufzuflackern scheint, ist eine Expertin für die Domestizierung von Tieren und den schicksalsschweren Übergang des Menschen zu einem sesshaften Lebensstil. Die prähistorischen Bewohner von Hallan Çemi hielten noch keine Nutztiere – zu jener Zeit waren nur Hunde bereits domestiziert worden, schon Tausende Jahre zuvor, als alle Menschen noch Nomaden waren –, doch es ist denkbar, dass die Dorfleute bereits begonnen hatten, örtliche Populationen von Beutetieren wie Wildschweinen bewusst zahmer zu machen. Überdies glaubt Zeder, in Hallan Çemi Hinweise dafür gefunden zu haben, wie sich diese Protofarmer *unbewusst* gewisse andere Arten kleiner, pelziger Bestien heranzogen.

Während wir uns unterhalten, lässt ein Doktorand einen kleinen Frischhaltebeutel auf Zeders Schreibtisch fallen, der etwas wie Zimtstangen enthält. Die urzeitlichen braunen Beinknochen fühlen sich so zerbrechlich an wie gebrannter Ton. Diese mageren Überreste stammen vom wilden Vorfahren der Hauskatze.

Die bisher identifizierten 58 Wildkatzenknochen von Hallan Çemis Frühstücksbüfett künden vermutlich nicht von unseren allerersten Hauskätzchen – zu meinem Kummer werden wir sie wohl wie alles andere verspeist haben. (Ein kleiner, aber äußerst plastischer Apparat an wissenschaftlicher Literatur beschreibt Neandertaler und Jäger-und-Sammler-Menschen, die sich als Katzenliebhaber in ausschließlich kulinarischem

Sinne hervorgetan haben.)[3] Zeder und ihre Studenten haben jedoch gewisse Vorstellungen davon, wie dieser schrullige kleine Fleischfresser – dessen lateinischer Name *Felis silvestris* „Katze der Wälder" bedeutet – den Wald verlassen und den Entschluss gefasst haben könnte, sein Schicksal mit dem unseren zu teilen. Wie sich gezeigt hat, war die Sesshaftigkeit des Menschen eine Lebensführung, mit der sich Cheetohs Urahnen von Anbeginn an bestens arrangieren konnten.

„Wie wirkt sich Sesshaftigkeit auf eine Umwelt aus?", fragt Zeder. „Wie verändert sie den Evolutionsverlauf anderer Tiere?"

Der neue Lebensstil des Menschen beeinflusste viel mehr Arten als nur Katzen – zusätzlich zu Wildkatzen zog Hallan Çemi zahlreiche andere kleine Fleischfresser an, wie Dachse, Marder und Wiesel sowie insbesondere Füchse, deren Anzahl ihre natürliche Verbreitung im Nahrungsnetz proportional weit überstieg. Eine solche Flut an mittelgroßen Beutegreifern ist eigentlich ein Merkmal heutiger Stadtgebiete: Unsere kleinen und großen Städte sind voll von Waschbären, Stinktieren und anderen fleischfressenden Plagegeistern;[4] im modernen London sind vor allem Rotfüchse ein Ärgernis.[5]

Ein Populationsmaximum kleiner Fleischfresser bezeichnet man als „Zunahme von Mesoprädatoren"; diese Art von Überschuss scheint zu erfolgen, wenn Menschen die Spitzenprädatoren in einem Ökosystem dezimieren. In der Tat legen Leoparden- und Luchsknochen aus Hallan Çemi nahe, dass die Dorfbewohner erfolgreich Großkatzen jagten, was den kleinen Fleischfressern, die sonst verdrängt oder gar verspeist worden wären, das Leben erleichterte. Es mag sein, dass die Menschen diese Füchse und Dachse und kleineren Katzen auch nicht mochten, aber vielleicht befanden sie es nicht der Mühe wert, sich darüber Gedanken zu machen – ganz wie bei den Waschbären in unseren Vorstädten von heute.

So boten die ersten permanenten menschlichen Siedlungen einen sicheren Hafen, darüber hinaus aber auch eine sensationelle neue Nahrungsquelle. Die Wiesel, Dachse und Katzen, die in Hallan Çemi einfielen, waren vermutlich hungrig. Viele der dort gebratenen großen Tiere scheinen nicht mit allzu großer Sorgfalt geschlachtet worden zu sein – wahrscheinlich lag eine Menge an verrottendem Fleisch herum, das man stibitzen konnte. („Das muss zum Gotterbarmen gestunken haben", wie Zeder bemerkt.) Für die putzigen kleinen Fleischfresser war dieser Abfall wohl ein Geschenk des Himmels, der ihr Leben von Grund auf umkrempelte. Manchmal wurden die herumstreunenden winzigen Raubtiere auch eingefangen und dienten selbst als Gang eines Menüs, oder ihnen wurde das Fell abgezogen, aber dieses Risiko gingen sie gerne ein.

Auf diese Weise boten die Menschen unwillentlich einer ganzen Reihe kleiner Räuber ein Willkommen. Warum aber haben wir dann heute keine Dachse oder Füchse in unserem Wohnzimmer? Warum waren es von all den kleinen Wildtieren, die in Hallan Çemi über unsere Schwelle schlichen, einzig und allein die Katzen, die sich häuslich niederließen und domestiziert wurden? Und warum in aller Welt ließen wir sie gewähren, ungeachtet aller Feindseligkeiten zwischen der Familie der Katzen und der unseren?

Wissenschaftler beschreiben den Prozess der Domestizierung von Tieren oft als einen jahrhundertelangen Pfad, den Tiere einschlagen – oder häufig auch entlanggeführt werden –, wobei sie eine Reihe grundlegender genetischer Veränderungen durchlaufen.[6] Typischerweise handelt es sich um eine Einbahnstraße: Ist eine wilde Art erst einmal domestiziert, führt kein Weg mehr zurück, selbst wenn einige Individuen letztlich wieder in freier Natur leben. Ein „verwildertes" Tier ist kein wildes Tier, sondern ein domestizierter Streuner, und seine Jungen ähneln biologisch den Tieren, die nie den heimischen Hof verlassen haben. (Denken Sie an Cheetohs lange verschollenen orangen Bruder aus demselben Wurf – selbst wenn er schließlich allein im Freien lebte, unterschied sich sein genetisches Rohmaterial in nichts von dem seiner verwöhnten und verhätschelten Geschwister, und seine Jungen sind – für unzählige weitere Generationen – dafür prädestiniert, wunderbare Haustiere zu werden.) Dagegen kann ein wildes Tier im Laufe seines Lebens zwar gezähmt, aber nicht domestiziert werden – das Gefühl des Komforts, das es im Zusammensein mit Menschen zu schätzen lernt, kann es nicht an seine Nachkommen weitergeben. Wir haben Unmengen an wilden Katzenarten zahm gemacht, sogar Löwen und Tiger und Geparden. Aber Hauskatzen sind die einzigen *domestizierten* Vertreter der Familie der Katzen.

Die Vorzüge der Domestizierung sind gewaltig. Mit dem Zugang zu unserem reichen Nahrungsangebot und mächtigen Schutz erfreuen sich domestizierte Tiere eines nie dagewesenen Fortpflanzungserfolges, wobei einige sogar uns Menschen übertreffen: Heute gibt es auf der Erde etwa dreimal so viele Hühner (Nachkommen des Bankivahuhns) wie Menschen, und Schafe sind in manchen Ländern siebenmal so zahlreich wie wir.[7]

Als Gegenleistung opfern Nutztiere ihr Fleisch, ihr Fell oder ihre Arbeit für uns wie auch ihre Freiheit und erfahren häufig eine extreme physische Metamorphose, um sich an das Leben in der Menschenwelt anzupassen. Haustiere sehen meist ganz anders aus als ihre wilden Pendants. Manches davon ist bewussten menschlichen Eingriffen geschuldet – wir züchten Tiere auf Merkmale hin, die uns gefallen, wie ein dickeres Fell oder mehr Fleisch. Anderes jedoch ergibt sich zufällig aus dem Zusammenleben mit uns. Aus Gründen, die wir bald erforschen werden, ähneln Haustiere juvenilen Versionen ihrer wilden Vettern und Cousinen oder besitzen sonderbare Merkmale wie Flecken und Hängeohren. Wir können die Zeitleiste der Domestikation bei den meisten Haustieren zurückverfolgen, indem wir einfach auf die deutlichen Unterschiede in ihren Fossilien achten. So suchen Archäologen nach verräterischen Domestikationszeichen wie Rückbildung der Backenzähne bei urzeitlichen Schweinen oder kürzeren Hörnern bei Rindern. Hunde – als die ersten domestizierten Tiere – wurden unter unserer Fürsorge so vollständig umgemodelt, dass es für Wissenschaftler kaum zu bestimmen ist, von welcher Abstammungslinie des Wolfes sich die moderne Diversität von Chihuahuas, Golden Retrievern und Pitbulls herleitet und wann sich diese Linie auseinanderentwickelt hat.[8]

Bei Hauskatzen haben die Wissenschaftler jedoch das umgekehrte Problem. Katzen haben sich während ihrer Zeit unter Menschen physisch so wenig verändert, dass Experten selbst heutzutage oft getigerte Hauskatzen nicht von Wildkatzen unterscheiden können.[9] Das verkompliziert die Erforschung der Katzendomestizierung sehr. Anhand urzeitlicher Fossilien, an denen kaum Unterschiede zum heutigen Knochenbau festzustellen sind, den genauen Zeitpunkt festzulegen, ab dem Katzen am Leben der Menschen teilgenommen haben, ist einfach unmöglich. „Man findet ja keine Katzenhalsbänder oder Glöckchen“, gibt Zeder zu bedenken.

Weil Katzen mit ihrem Eigensinn schon immer einen anderen Weg beschritten haben als andere Lebewesen, haben die meisten Forscher sie schlichtweg ignoriert – Charles Darwin widmet gerade einmal ein paar Seiten seines Buches über Domestikation diesen äußerst komplizierten Kreaturen, während Tauben zwei ganze Kapitel erhalten.[10] Allerdings ist nach wie vor in der Tat strittig, ob Hauskatzen schon als domestizierte Tiere gelten können, auch wenn sie die gleichen evolutionären Vorteile einheimsen wie Schafe und Hühner.[11] Haben Katzen bereits das Ende dieser Entwicklung erreicht oder sind sie noch unterwegs?

Ziemlich lange konnten sich Wissenschaftler nicht einmal entscheiden, von welcher wilden Katze die Hauskatze abstammt. Sie vermuteten, in unseren Stubentigern seien urzeitliche Spuren verschiedener Katzentypen zu finden: Ein bisschen Pallaskatze hier, ein paar Spritzer Rohrkatze da und vielleicht auch ein Hauch Steppenkatze in der unverwechselbaren Siamkatze.[12] Es schien sehr wahrscheinlich, dass *Felis silvestris* irgendwo in den Genen der fünf Unterarten steckte, aber in welcher oder vielleicht sogar in allen?

Zu Beginn des 21. Jahrhunderts beschloss Carlos Driscoll, ein Doktorand der Oxford University, das Rätsel zu lösen. Er bestieg sein Motorrad mit dem ambitionierten Ziel, genetisches Material von 1000 Katzen auf der ganzen Welt zu sammeln, um eine gemeinsame Herkunft festzumachen. In Israel köderte er Katzen mit lebenden Tauben in Fallen, freundete sich in der Mongolei mit verwilderten Katzen an, schnitt überfahrenen Katzen in Schottland die Ohren ab und überredete sogar Züchter von Modekatzen in Amerika, die DNA ihrer Lieblinge testen zu dürfen.

Das Projekt nahm fast zehn Jahre in Anspruch, aber die Ergebnisse lohnten das Warten: Es stellte sich heraus, dass alle Hauskatzen, von blaublütigen Perserkatzen bis zu räudigen Streunern, von Manhattans gewieften Straßenkatzen bis zu den verwilderten Exemplaren in Neuseelands Wäldern, nicht etwa aus einem genetischen Mischmasch zahlreicher Arten hervorgegangen sind, sondern allesamt von *Felis silvestris* abstammen.[13] Noch verblüffender ist, dass sie einzig und allein Nachkommen der Unterart *lybica*, der Falbkatze, sind, deren nahöstliche Heimat im Süden der Türkei, im Irak und in Israel liegt, wo sie noch heute vorkommt.

Driscoll glich seine genetische Analyse mit den spärlichen archäologischen Nachweisen ab. Dazu gehörten ein 9500 Jahre altes Kätzchengrab auf Zypern, das nahelegt, dass die Menschen damals schon ihr Herz für Katzen entdeckt hatten, und ägyptische Kunst von 1950 vor Christus, die Katzen als festen Bestandteil des menschlichen Haushalts zeigt. Sein Schluss lautete, dass unser vertrauter Umgang mit Hauskatzen zur gleichen Zeit an den gleichen Orten begann wie unsere Beziehung zu Schafen und Kühen und fast allen anderen unserer tierischen Leibeigenen: vielleicht vor 10 000 oder 12 000 Jahren irgendwo im Fruchtbaren Halbmond und möglicherweise in einer Region unweit von Hallan Çemi, obwohl es sich höchstwahrscheinlich um einen Prozess handelte, der über einen längeren Zeitraum an mehreren Orten erfolgte. Von dort breiteten sich die Hauskatzen dann irgendwie über die ganze Welt aus und nahmen sie in Besitz.

So wissen wir zumindest ungefähr, wann und wo die Domestikation der Katzen ihren Anfang nahm. Rätselhaft bleibt, warum und wie – und letztlich, wer dafür verantwortlich war, denn wie viel der Mensch dabei zu sagen hatte, ist unklar.

Objektiv gesehen eignen sich Katzen nicht im Geringsten zur Domestizierung.[14] Das augenscheinlichste Problem ist ihr Sozialleben oder besser, ihr nicht vorhandenes. Die Standardstrategie des Menschen, um die Kontrolle über andere Spezies zu erlangen, besteht typischerweise darin, sich deren Dominanzhierarchien zu eigen zu machen und die Rolle des Leitbullen oder Alpha-Männchens zu übernehmen, sodass sich die untergeordneten Tiere ihm fügen und er sie nach Gutdünken züchten, befehligen und töten kann. Aber wie fast alle Katzen (außer Löwen und zuweilen Geparden) kennt *Felis silvestris lybica* keine soziale Hierarchie. Sie hat keinen Anführer. In freier Wildbahn duldet sie abgesehen von der Paarung nicht einmal die Gegenwart anderer ausgewachsener Katzen.

Eine Katzenherde zu hüten, ist eine verflixt schwierige Aufgabe.

Was ihre Eignung zur Domestikation betrifft, ist das eingeschränkte Sozialleben von Katzen nicht der einzige Minuspunkt. Die wilde *Felis silvestris lybica* ist, wie die meisten Katzen, nachtaktiv, zeigt Territorialverhalten, ist äußerst agil und schwer in Schach zu halten. Das alles passt ganz und gar nicht zu einem planvollen Zusammenleben mit Menschen an einem begrenzten Ort. Bei der Partnerwahl ist sie sehr wählerisch – Domestikation bedeutet normalerweise, die besten Tiere zu paaren, um erwünschte Merkmale zu verstärken, aber Driscoll glaubt, dass wir das Sexleben von Katzen in höchstens 100 der letzten gut 10 000 Jahre beeinflusst haben und selbst heute nur einen verschwindend geringen Anteil von (meist reinrassigen) Paarungen kontrollieren.

Und natürlich ist *Felis silvestris lybica* ein fürchterlich pingeliger Esser. Viele unserer domestizierten Tiere (etwa Schweine und Ziegen) verdrücken klaglos jeden Fraß, doch Katzen sind samt und sonders Fleischfresser und verspeisen nur qualitativ hochwertiges Fleisch. Auch bei den Hauskatzen von heute sind diese Ansprüche noch lästig, wie jeder weiß, der um 23 Uhr feststellen muss, dass der Vorrat an Putenfleisch und Innereien aufgebraucht ist. In früheren Jahrtausenden, als die Fleischressourcen noch viel kostbarer waren, werden Katze und Halter darum wohl erbittert konkurriert haben. (In einigen Teilen der Welt besteht diese stillschweigende Konkurrenz nach wie vor. So vertilgt die durchschnittliche australische Heimkatze im Jahr mehr Fisch als der durchschnittliche Australier.)[15]

Selbst wenn unsere Urahnen, die sich noch Hungersnöten und Leoparden erwehren mussten, mit all dem zurechtgekommen wären, bleibt die Frage, warum sie sich die Mühe hätten machen sollen. Unsere Motive für Domestizierung liegen meist klar auf der Hand: Wir begehren Körperteile eines Tieres, seine Nebenprodukte oder Arbeitskraft. Was genau Hauskatzen uns

bieten können (darauf kommen wir im nächsten Kapitel zurück), ist sehr viel weniger klar umrissen.

Zum Glück für *Felis silvestris lybica* besaßen zumindest einige Individuen dieser Spezies offenkundig ein entscheidendes „häusliches" Merkmal, das ihnen in die Karten spielte: ihr Temperament. Sich im Prinzip beim Menschen wohlzufühlen, ist die bei Weitem wichtigste Voraussetzung für alle Domestikationskandidaten.[16] Ängstliche Tiere paaren sich in Gefangenschaft nicht und sterben vielleicht sogar an Stress. Den Umstand nutzend, dass sich unsere Kaninchen wie die Karnickel vermehren, haben Menschen stets – bewusst oder mangels Alternative – gelassene Exemplare gezüchtet, die sich mit unserem chaotischen Umfeld arrangieren. Das Sonderbare an Hauskatzen ist, dass sie dieses Merkmal anscheinend selbstständig kultiviert haben.

Fast alle Wildkatzen, selbst diejenigen Arten, die groß genug sind, um Menschen zu verschlingen, sind (mit ausgesprochen gutem Grund) scheu, leben zurückgezogen und haben oft Todesangst vor uns – und das gilt auch für mehrere nicht domestizierte, doch nahezu identische Unterarten von *Felis silvestris*. In den 1930er-Jahren beschrieb die Tierfotografin Frances Pitt ihren Versuch, die Europäische Wildkatze (*Felis silvestris silvestris*) zu umwerben, eine enge Verwandte des Hauskatzen-Urahns. „Beelzebina …, Prinzessin der Teufel", wie sie das gefangene Tier nannte, war „eine halb erwachsene Jungkatze, die in äußerst erbitterter Ablehnung spuckte und kratzte. Ihre blassgrünen Augen funkelten den Menschen voller Hass an, und alle Versuche, eine freundschaftliche Beziehung zu ihr aufzubauen, schlugen fehl."[17]

Die aus dem Nahen Osten stammende Falbkatze hingegen ist eine bemerkenswerte Ausnahme. Untersuchungen von heutigen Exemplaren der wilden *Felis silvestris lybica*, die mit Senderhalsbändern ausgestattet waren, legen nahe, dass die meisten zwar dem Menschen aus dem Weg gehen, jedoch ab und zu ein besonderer Vertreter uns folgt, um Taubenschläge herumschleicht und mit unseren Hauskatzen rumschmust, wobei es immer mal wieder zu Paarungen kommt.[18] Das soll nicht heißen, dass eine wagemutige *lybica* zu solch zutraulichem Verhalten wie unsere Stubentiger in der Lage wäre – diese wilden Tiere werden nicht mit Ihnen am Sonntagmorgen gemütlich kuscheln oder auf Ihrer Schulter sitzen oder es genießen, am Bauch gekrault zu werden. Wie Driscoll erläutert, ist die Persönlichkeitsstruktur jedoch ein Merkmal, das vererbt wird, so, wie auch Milchleistung oder Muskelbeschaffenheit weitergegeben und zuweilen durch die DNA verstärkt werden. Und irgendeine Laune im natürlichen Genpool von *Felis silvestris lybica* verleiht bestimmten Individuen die Disposition zu einem gewissen naturgegebenen Draufgängertum – eine Eigenschaft, die letztlich die Grundsubstanz für die Bindung zwischen Mensch und Katze bildet. Was wir bei unseren Heimkatzen als „Freundlichkeit" bezeichnen, ist zum Teil einfach fehlende Aggressivität. Zugleich ist es aber auch ein Fehlen von Angst sowie angeborene Kühnheit.

Demnach waren es nicht die lieben und sanften Kätzchen, die sich als Erste an den Lagerfeuern von Hallan Çemi und andernorts zu uns gesellten – es waren diejenigen mit Löwenmut. Waren die furchtlosesten erst einmal in unseren Kreis vorgedrungen, stärkten sie sich an unseren schmackhaften Speiseresten und paarten sich mit anderen wagemutigen Katzen in der Nähe, wobei noch kühnere Nachkommen entstanden. Diese waren keine domestizierten Söldner, sondern Eindringlinge. Und während sich andere kleine Raubtiere wie Füchse und Dachse damit zufriedengaben, am Rand der Zivilisation herumzustreifen, wie sie es noch heute tun, bahnten sich die verwegenen Katzen einen Weg bis hinein in unsere Betten und vollzogen dabei selbstständig einen sonst vom Menschen gesteuerten Selektionsprozess.

Eigentlich, so erfahre ich von Driscoll, „haben sich Hauskatzen selbst domestiziert". Und damit ich mir ein Bild davon machen kann, wie sich die wichtigsten kätzischen Persönlichkeitsmerkmale durch den Stammbaum bis zu unseren modernen Haustieren fortgepflanzt haben könnten, schlägt er vor, dass ich mit ihm ein spezielles Untergeschoss besuche.

Als ich Melody Roelke-Parker zum ersten Mal sah, war sie gerade dabei, das gefrorene Herz eines Pumas in einem Labor der National Institutes of Health (NIH) zu zerlegen. Als weltbekannte Veterinärin für Großkatzen hat sie einen Ausbruch von Staupe bei Löwen in der Serengeti diagnostiziert und Indizien für einen genetischen Flaschenhals bei Geparden geliefert; ihre persönliche Sammlung gefrorener Gewebeproben von Wildkatzen aus aller Welt ist unerreicht.

Ich war jedoch an einer anderen Sammlung interessiert – einer lebenden in ihrem Haus.

Jahrelang leitete Roelke ein Projekt mit einer Kolonie wilder Bengalkatzen, kleiner gefleckter Katzen, die im Dschungel Südasiens beheimatet sind; die Forscher kreuzten sie mit normalen Hauskatzen, um Aspekte wie Fruchtbarkeit oder die Bildung bestimmter Fellfarben zu untersuchen. Als die Finanzierung dieser Experimente versiegte, beschloss Roelke-Parker – deren Herz sehr viel weicher ist als die in ihren Gefrierschränken –, Dutzende dieser hybriden Labortiere zu adoptieren, selbst wenn sie zu Exorzismus-würdigem Verhalten neigten und etwa kopfüber an den Drahtdecken ihrer Käfige entlangspazierten. Aufgrund mangelnder Erziehung und ihrer Bengalkatzengene waren die meisten mehr oder weniger wild – „absolute Teufelsbraten", wie sich Roelke-Parker liebevoll erinnert. Sie kreuzte die Tiere miteinander und mit normalen Hauskatzen.

Ein Jahrzehnt und zahlreiche Würfe von Katzen später ähnelt Roelke-Parkers Kellergeschoss in Maryland einem Miniaturzoo, mit Käfigen bis zur Decke, die festlich mit baumelnden Ästen und Hängematten ausgestattet sind. Als Besucher fühlt man sich den prüfenden Blicken unzähliger schräger gelber Augen ausgesetzt. Das entschlossene Brummen der Waschmaschine untermalt das Miau aus vielen Kehlen.

Die Kreuzungen aus Bengal- und Hauskatze sehen überwiegend wie ganz normale Haustiere aus – es sind rauchfarbene, gestromte und Tuxedo-Katzen (sogenannte „Katzen im Smoking"). Was Roelke-Parker und ihren früheren Laborkollegen Driscoll nun interessiert, verbirgt sich unter der Oberfläche: das Verhalten der Tiere, das festgelegten genetischen Pfaden zu folgen scheint.

„Ich möchte Ihnen gern die Familien vorführen", sagt Roelke-Parker. „Beginnen wir mit Kiwi." Sie führt mich zu einem Käfig voller Katzen mit angelegten Ohren und wütenden Gesichtern. Wasserschüsseln klappern, als Kiwi, eine Katze mit getupftem Fell, und ihre ausgewachsenen Jungen in wildem Durcheinander versuchen, sich so weit wie möglich von uns zurückzuziehen. „Das ist die böse Familie", sagt sie. „Kiwi mag mich nicht, sie will mich nicht ansehen. Die meisten ihrer Jungen sind wirklich unausstehlich. Alles an ihnen sagt: ‚Ich bin stinksauer und könnte dich umbringen!'"

Einige von Kiwis Jungen sind wunderbar silbrig gefärbt, was für potenzielle Käufer besonders attraktiv sein mag, aber das Temperament der Katzen macht dem einen Strich durch die Rechnung. „Diese dort heißt Snow Witch", sagt Roelke-Parker und zeigt auf das angriffslustigste Exemplar. Snow Witch war ein solch hübsches Kätzchen, dass eine Mitarbeiterin des NIH-Labors so dumm war, sie mit nach Hause zu nehmen. In der ersten Nacht in ihrem neuen Zuhause riss sie den Ventilator von der Badezimmerdecke. Snow Witch kehrte postwendend in Roelke-Parkers Keller zurück.

Am anderen Ende des Spektrums finden wir Poppy. Poppy und Kiwi haben sich teilweise mit denselben Männchen gepaart, aber aus einem unerfindlichen Grund sind Poppys Junge meist freundlich und werden mit jeder neuen Generation zutraulicher. Zu ihnen gehören Pistachio, Pecan und Pyro, die ich näher in Augenschein nehme. „Manchmal entwickelt sich ein ausgesprochen anhängliches Exemplar, das gerne auf meiner Schulter sitzt", erzählt Roelke-Parker.

Fast aufs Stichwort ertönt ein flehentliches Miau und zu meinem Schrecken springt ein rotbrauner Kater namens Cyprus, einer von Poppys Nachkommen, aus seinem Käfig. Roelke-Parker hat ihm die Tür geöffnet – er ist die einzige Katze hier, der dieses Privileg zuteil wird. Er verspeist sein ganz privates Dosenfutter neben der Waschmaschine und erhält viele Streicheleinheiten extra. Roelke-Parker wirft ihm sogar Luftküsse zu, und er scheint sie zu lieben und sucht den Augenkontakt mit ihr. Es würde mich durchaus nicht wundern, wenn sich diese Katze zu guter Letzt den Weg aus dem Keller und hinaus in ihr Wohnzimmer erschmeicheln würde – obwohl er mit der übrigen Kolonie zusammenhaust, ist Cyprus im Grunde ein Heimtier. Was aber macht ihn so anders?

Wie sich herausstellt, bin ich nicht der erste interessierte Besucher von Roelke-Parkers Untergeschoss. Vor Kurzem hat sie Wissenschaftler von der berühmtesten Domestikationsstudie aller Zeiten zu Gast gehabt – dem noch andauernden Experiment auf einer russischen Fuchsfarm. Vor über 50 Jahren begannen sibirische Forscher, Silberfüchse zu züchten, doch statt auf Fellqualität oder Körpergröße oder ein anderes standardmäßiges Körpermerkmal hin zu selektieren, auf das man bei gezüchteten Füchsen Wert legen könnte, konzentrierten sie sich allein auf ihr Temperament.[19] Die Ergebnisse waren eine Sensation: Nach nur wenigen Generationen, in denen immer die zutraulichsten Tiere miteinander gekreuzt worden waren, leckten die zuvor knurrenden Silberfüchse – eine Spezies, die niemals domestiziert worden war – die Forscher ab wie Hunde. Heute werden die Silberfüchse als Haustiere verkauft.

Die russischen Gäste wollten sehr gerne mehr über die verträgliche Poppy und die reizbare Kiwi und ihre jeweiligen Clans erfahren. Eines Tages möchten Wissenschaftler die Gene identifizieren, die solche Temperamentsunterschiede formen und möglicherweise dem rätselhaften Prozess der Domestizierung unterliegen.

Dennoch ist Roelke-Parkers Kellergeschoss ein äußerst künstliches, von Menschen kontrolliertes Szenario. Die wahre Geschichte der Katzendomestikation – in der Wildkatzen vor allem zentrale Persönlichkeitsveränderungen erlebten – ist eine faszinierende Parallele aus der realen Welt zu dem berühmten Fuchsexperiment. In der Natur und unserer gemeinsamen Geschichte erfuhren überwiegend Katzen, die sich selbst überlassen waren und immer wagemutiger in unseren Siedlungen räuberten und sich paarten, diese Veränderungen. Nicht die Menschen hielten die Zügel in der Hand.

Weil es sich um einen natürlichen Prozess handelte, erfolgte die reale Metamorphose der Hauskatze vom wilden Tier zum kuscheligen Gefährten sehr, sehr langsam. Die Persönlichkeitsveränderung des Silberfuchses vollzog sich in wenigen Jahrzehnten und die vor langer Zeit abgeschlossene Domestizierung der meisten gewöhnlichen Nutztiere erforderte nur wenige Jahrhunderte – auch wenn die unerfahrenen Hirten von vor 10 000 Jahren sehr viel weniger Fachkenntnisse besaßen als die modernen russischen Wissenschaftler. Dagegen ist die Wandlung zur Hauskatze wahrscheinlich selbst heute noch nicht abgeschlossen. Als Forscher von der Washington University in St. Louis kürzlich das Genom von Hauskatzen mit dem ihrer wilden Verwandten *Felis silvestris lybica* verglichen, entdeckten sie nur eine Handvoll genetischer Unterschiede, was in Relation zu den Veränderungen, die zahme Hunde durchlaufen haben, nicht gerade beeindruckend war. „Die Zahl der

Genabschnitte mit eindeutigen Hinweisen auf Selektion seit der Domestizierung der Katzen", so die Autoren, „scheint sehr überschaubar zu sein".[20]

Dafür spricht auch der Körperbau der modernen Hauskatze. Die meisten domestizierten Tiere weisen eine gemeinsame Menge spezieller körperlicher Merkmale auf; dazu gehören fleckige Fellpigmentierung, kleine Zähne, jugendlich aussehende Gesichter, Schlappohren und Ringelschwänze. Wissenschaftler bezeichnen diese noch wenig durchschaute Merkmalspalette als „Domestikationssyndrom". Darwin, der es als Erster beschrieb, verblüfften insbesondere die Schlappohren, die bei domestizierten Hunden, Schweinen, Ziegen und Kaninchen so verbreitet sind, bei wilden Tieren – abgesehen von Elefanten – jedoch nie vorkommen.[21] Als die russischen Füchse zahmer wurden, entwickelten sie plötzlich ebenfalls dieses Markenzeichen, gemeinsam mit weißen Fellflecken, die ihnen eine große Ähnlichkeit mit Collies verliehen. (Selbst die Schuppen von Karpfen in Zuchtfarmen können weiß gesprenkelt sein.) Der Grund für den markanten und etwas albernen domestizierten „Look" ist eines der großen Rätsel der Evolutionsbiologie.

Seltsamerweise sehen Hauskatzen nicht so aus. Sie haben keine Schlappohren. Sie haben keine Ringelschwänze. Verglichen mit ihren wilden Pendants sind ihre Zähne nicht winzig, und ihr Gesicht – und überwiegend auch ihr Körper – sieht nicht kindlich aus. Im Grunde sind sie beinahe mit einer ausgewachsenen wilden *lybica* zu verwechseln.

Hauskatzen weisen durchaus Anomalien in der Pigmentierung auf, die sich in einem weißen Bauch, einer Blesse und anderen ungewöhnlichen Fellzeichnungen äußern. Doch diese Form des Körperschmucks ist anscheinend noch recht neu. So gibt es Hinweise darauf, dass Variationen im Fell der Hauskatzen erst etwa im letzten Jahrtausend aufgetreten sind.[22] Davor waren Katzen offenbar noch einfarbig. Altägyptische Grabreliefs beispielsweise zeigen keine Tuxedo-Katzen – die Hauskatzen sind allesamt braun getigerte Tabbys wie die wilde *lybica*, obgleich Katzen sich damals bereits Tausende von Jahren in menschlicher Gesellschaft befanden. Der erste Beleg für veränderte Fellfarben stammt laut Driscoll von einem Verfasser medizinischer Texte, der sie um 600 nach Christus erwähnt.

Neben diesen neuen Fellfarben passt sich die moderne Hauskatze noch in einigen anderen Aspekten der Domestikationsschablone an. So durchlaufen manche Exemplare mehr Fortpflanzungszyklen als ihre wilden Pendants, was bedeutet, dass ganzjährig Kätzchen geworfen werden und ihre Züchter sich auf diese Weise die goldene Nase verdienen können, die die Domestizierung ermöglicht.[23] Und sie weisen das unverzichtbarste und prägnanteste körperliche Kennzeichen aller domestizierten Tiere auf: Hauskatzen haben gegenüber *lybica* eine um ein Drittel geschrumpfte Hirnmasse.[24]

Dieser statistische Wert ließ mich sogleich an einige meiner geistig schwerfälligeren Stubentiger denken. Die Hirnreduktion ist jedoch ein standardmäßiges Merkmal domestizierter Tiere – von Truthähnen bis zu Lamas. Sie bedeutet nicht, dass die Tiere dumm sind; vielmehr ermöglicht sie ihnen, in unseren Siedlungen zu überleben. Die Reduktion betrifft typischerweise das Vorderhirn, das unter anderem die Sinneswahrnehmungen steuert; zu ihm gehören auch die Amygdala und andere Komponenten des limbischen Systems, die das Empfinden von Angst kontrollieren. Eine reduzierte Kampf-oder-Flucht-Reaktion hat zur Folge, dass ein Tier besser mit Stress zurechtkommt – das ist der entscheidende Faktor des Haustierdaseins. Insbesondere aufgrund dieser geringeren Angst sind Hauskatzen Draufgänger und können – sofern sie in ihren ersten zwei Lebensmonaten ausreichend Kontakt zu Menschen gehabt haben – das sanftmütige und sogar freundliche Verhalten an den Tag legen (Knöchel reiben, Gesicht lecken), das ihren Haltern von heute das Herz erwärmt.

Doch da der Mensch diesen Prozess nicht direkt steuerte, dauerte es ewig, bis das Katzenhirn schrumpfte.[25] Die Untersuchung von ägyptischen Katzenmumien, die nur einige Tausend Jahre alt sind, hat erbracht, dass das Hirn dieser Tiere nach wie vor so groß war wie das ihrer wilden Verwandten.

Nun vermuten Wissenschaftler, dass das Domestikationssyndrom auf einer leichten Schädigung von embryonalen Stammzellen beruht, die man als Neuralleistenzellen bezeichnet.[26] Diese beeinflussen das Größenwachstum des Vorderhirns von Tieren und daneben eine bemerkenswerte Menge an Faktoren, wie Schädelform, Knorpelbildung und Fellfärbung, wenn sie während der Entwicklung des Fetus in verschiedene Körperregionen wandern. Indem Menschen bei Spezies von Karpfen bis Kühen zahmeren Tieren mit einem kleineren Vorderhirn und verminderten Schreckreaktionen den Vorzug gegeben haben, haben sie vielleicht unabsichtlich zur Selektion dieser beschädigten Neuralleistenzellen und der damit verbundenen unzähligen Auswirkungen beigetragen – eigenartige Färbungen, Schlappohren und Ringelschwänze inklusive.

Die Tatsache, dass Hauskatzen einige, aber nicht alle entscheidenden Merkmale des Domestikationssyndroms aufweisen, bedeutet möglicherweise, dass die Degenerierung ihrer Neuralleistenzellen und damit auch ihr Weg zur Domestikation noch lange nicht abgeschlossen ist. Als die Genetiker der Washington University kürzlich das Hauskatzengenom untersuchten und mit dem von *lybica* verglichen, stellten sie in der Tat fest, dass diejenigen Gene, die mit den Neuralleistenzellen assoziiert sind, zu den wenigen Bereichen gehörten, die eine

Änderung durchlaufen haben.[27] Eines Tages werden wir wohl wirklich Katzen mit Hängeohren und Ringelschwänzen bewundern können, aber leider noch nicht so bald.

Es gibt nur noch wenige andere messbare Unterschiede zwischen Hauskatzen und ihren wilden Verwandten. Die Beine unserer Stubentiger sind etwas kürzer.[28] Ihr Miau klingt ein wenig niedlicher.[29] Ihr Sozialleben haben sie ein ganz klein bisschen moduliert – viele Hauskatzen bevorzugen nach wie vor eindeutig ein Dasein als Einzelgänger, doch anders als die wilde *lybica* können sie auch familienbasierte Kolonien, ähnlich wie Löwenrudel, bilden.[30] Hauskatzen bringen es fertig, mit nicht verwandten Katzen zusammenzuleben (wenn auch häufig längst nicht so harmonisch, wie wir Halter es uns wünschen), und scheinen es zuweilen sogar zu genießen: Die Burmakatze und die Siamkatze meiner Eltern liebten es, sich gemeinsam zusammenzurollen, um ein pelziges Yin und Yang zu bilden.

Und vielleicht sollte es uns auch nicht überraschen, dass Hauskatzen einen längeren Darm entwickelt haben – das Zugeständnis eines Hypercarnivoren an die vielfältigeren, schwer verdaulichen Proteinquellen, die in Menschensiedlungen zur Verfügung stehen.[31]

Nachdem also die ersten unerschrockenen Vertreter der Katzenfamilie ganz allmählich in unsere Gemeinschaften eingedrungen waren – viel langsamer, als es mit menschlichem Zutun über die Bühne gegangen wäre –, entwickelten sich die Nachfahren bestimmter wilder Katzen zu immer häufigeren und furchtloseren Gästen. Mit den Jahrhunderten schrumpfte ihr Gehirn, sodass sie unsere Gegenwart ertrugen, und ihr Darm vergrößerte sich, sodass sie mehr von unseren Fleischabfällen verspeisen konnten. Und im Laufe der Zeit bekamen sie ein paar hübsche weiße Flecken.

Aufseiten der Katzen war das eine außerordentliche Entwicklung: Nach nur ganz wenigen kosmetischen Operationen konnte eine Katzenart, die sich aus so vielen anderen Gründen nicht zur Domestizierung eignete, die Vorzüge der Verbrüderung mit dem Menschen genießen. Und heute kommen diese angeborenen Vorteile nicht nur den privilegierten Heimkatzen zugute, die mit uns unsere Daunenkissen und gut gefüllten Vorratskammern teilen, sondern auch den Streunern, die in dunklen Gassen, der Wildnis oder an noch schlimmeren Orten hausen und vielleicht noch nie mit einem Menschen auf Tuchfühlung gegangen sind, aber trotzdem gedeihen, weil ihre Urahnen einst beschlossen, sich an uns heranzumachen.

Abgesehen von diesen spärlichen Veränderungen haben Hauskatzen jedoch kaum einmal ein Schnurrhaar gerührt, um sich an die Menschheit anzupassen – damals nicht und ganz sicher auch nicht heute.

Und damit stellt sich erneut die Frage: Warum nur haben wir sie in unserer Nähe geduldet?

Wenn die Katze im Haus ist, tanzen die Mäuse

Zu den größten Geheimnissen der Hauskatze gehört, womit sie ihre Zeit verbringt. Selbst der verwöhnteste Hund geht irgendwann mal ansatzweise seinen urzeitlichen Pflichten nach – er kläfft Fremde an, apportiert und transportiert, rennt neben seinem Halter her und hält vergebens Ausschau nach Gelegenheiten, sich als Jagd- oder Hirtenhund zu betätigen oder uns anderweitig zu Diensten zu sein. Cheetohs Leben hingegen scheint aus einem einzigen ausgedehnten Sonnenbad zu bestehen, unterbrochen nur von eiligen Sprints zur Trockenfutterschüssel, unmittelbar bevor der automatische Timer eine Knabbermahlzeit ausspuckt. Fressen und Ruhen – plus einigen Streicheleinheiten (widerwillig entgegengenommen) und der gelegentlichen Promenade rund um den Hinterhof – machen sein gesamtes Tagewerk aus. Zu behaupten, dass dieses Tier in letzter Zeit nicht besonders viel für mich getan hat, wäre eine lächerliche Untertreibung.

Vielleicht ist Cheetoh aber auch nur ein außerordentlich träges Exemplar seiner Zunft. Oder Katzen waren nie etwas anderes als eine Art pelziges Beiwerk oder lebendes Luxusgut. Aber Katzen sind so kryptisch – irgendetwas muss ich übersehen haben. Immerhin leben diese Kreaturen bereits seit Jahrtausenden in unserer Mitte. Nachdem sie sich erst einmal in den menschlichen Dunstkreis geschlichen hatten, müssen sie einen höheren Daseinszweck oder zumindest so etwas wie eine erkennbare Funktion gefunden haben, die erklärt, warum wir sie unter uns duldeten.

An einem Septembermorgen finde ich mich bei der Ausstellung *Meet the Breeds* (etwa „Stelldichein mit den Rassen") im Jacob Javits Center in New York ein. Dieses jährliche Haustierfest bietet seinen Gästen die Vorstellung verschiedener reinrassiger Heimtiere: Ist der Dandie Dinmont Terrier der richtige Hund für Sie? Wie unterscheidet sich eine Türkisch Angora von einer Türkisch Van? Es dient aber auch als Einführung in die wichtigsten Unterschiede zwischen Katzen und Hunden, und das Tagesprogramm präsentiert die artspezifischen Talente und Einsatzmöglichkeiten jedes tierischen Begleiters kompakt und umfassend zugleich.

Im Hundebereich herrscht pausenlos geschäftiges Treiben. Polizeihunde führen tadellose Manöver in geschlossenen Reihen vor, US-amerikanische Zoll- und Grenzschutzhunde erschnüffeln Rauschgift in Gepäckstücken, Behindertenbegleithunde navigieren Rollstühle. Eine Amerikanische Eskimohündin mit Namen Atka the Amazing Eskie tollt durch ihre Tricks und Shetland Sheepdogs tanzen eine Polonaise.

Drüben in der Katzenabteilung hingegen ist herzlich wenig los. Die ausgestellten Katzen schnurren, putzen sich und starren ins Leere. Mit Pokergesicht lassen sie sich vom Conférencier in die Höhe stemmen, damit er ihre Niedlichkeit zur Schau und quizmastermäßig belanglose Fragen stellen kann wie: „Welche Farbe hat meine Katze?" (Für diese intensive öffentliche Debatte ist mindestens eine halbe Stunde des Showprogramms reserviert.) Während die dicht gedrängten Scharen ihrer menschlichen Bewunderer „I'm a Mean Ol' Lion" aus dem Musical *The Wiz* singen, bleiben die Katzen stumm.

Alles in allem fällt es schwer, Beiträge von Katzen zum Wohle der Gesellschaft zu präsentieren. Es gibt keine Katzen, die Sprengsätze entdecken, Ertrinkende retten oder Blinde führen. Warum tapsen dann heutzutage so viel mehr Katzen als Hunde über die Erde? Warum leben in amerikanischen Haushalten rund 12 Millionen mehr Katzen als Hunde?[1]

Warum wir die Gesellschaft von Hunden kultiviert haben, liegt auf der Hand. Die Geschichte des Hundes ist einzigartig, denn offenkundig haben wir uns schon Tausende – vielleicht sogar zehn- oder fünfzehntausend – Jahre vor der Domestizierung anderer Arten mit ihnen zusammengetan. Damals waren wir noch Jäger und Sammler, und der „beste Freund des Menschen" veränderte unser Leben schon bald ebenso wie wir das seine. Von Anfang an bellte er, um uns zu warnen,[2] schleppte Vorräte, ging mit auf die Jagd. Als wir zu Farmern wurden, blieben die Hunde treu an unserer Seite und entwickelten sich im Gleichschritt mit unserer Lebensweise. Und während Katzen jahrtausendelang nur dürftige, fast unsichtbare Änderungen an ihrem störrischen Katzenkörper vollzogen, gingen Hunde – unter unserer Führung – immer aufs Ganze und brachten eine endlose Palette passender Erscheinungsbilder und Temperamente hervor, die bei unzähligen menschlichen Unternehmungen von Vorteil waren.[3] Dem Windhund ähnliche Jagdhundrassen gab es schon bei den Ägyptern.[4] Die Römer nutzten vermutlich Blindenhunde,[5] Hirtenhunde,[6] doggenähnliche Kriegshunde[7] und winzige Schoßhündchen, die feine Damen im Ärmel mit sich herumtrugen (in späteren Epochen wurden sie dann anscheinend als Wärmflaschen zweckentfremdet).[8] Eine Liste mit alten Hunderassen aus der Tudorzeit verrät ihre zahllosen Verwendungen: *Stealer* („Dieb"), *Setter* (Vorstehhund), *Fynder* („Finder"), *Comforter* („Tröster"), *Turnspit* („Bratenspießwender"), *Dancer* („Tänzer").[9]

In jüngerer Zeit haben wir Hunde mit schusssicheren Westen ausgestattet und sie per Fallschirm in Kriegsgebieten abgesetzt.[10] Hunde trösten die Hinterbliebenen von Amokläufen,[11] helfen beim Aufspüren von Osama bin Laden,[12] machen die Exkremente seltener Tiere für wissenschaftliche Studien ausfindig,[13] entdecken die Gräber verschollener Bürgerkriegssoldaten[14] und unterstützen Kinder mit Lernschwächen. „Hunde können Tumoren im Anfangsstadium aufspüren sowie Typ und Grad zahlreicher Krebserkrankungen unterscheiden – manchmal nur am Atemgeruch ihrer Besitzer", schreibt der Autor David Grimm in seinem Buch über die Tierrechtsbewegung, *Citizen Canine*. „Hunde erschnüffeln auch gefährliche Bakterien wie *E. coli* in der öffentlichen Wasserversorgung und multiresistente Erreger auf Krankenhausstationen."[15]

Und Katzen? „Das Schnurren von Katzen", mutmaßt Grimm, „kann zur Verdichtung der Knochenmasse anregen und Muskelschwund vorbeugen – ein ernsthaftes Problem für Astronauten, obwohl sich bisher noch niemand für Katzen im Weltraum eingesetzt hat." Für diese Anwendungsmöglichkeit beruft er sich auf „anekdotische Evidenz".[16]

Die Vorstellung einer Schnurrtherapie für Astronauten bezauberte mich, und so legte ich eine Datei mit dem Titel „Verwendungsmöglichkeiten für Katzen" an, in der ich unsere erfolgreichsten Versuche auflistete, im Lauf der Jahrhunderte einen praktischen Nutzen aus diesen Tiere zu ziehen. Um Regen heraufzubeschwören, ließen Indonesier Katzen um ihre Felder stolzieren.[17] Japanische Musiker aus dem 17. Jahrhundert setzten auf Katzenhaut zur perfekten Bespannung der Shamisen, einer Laute mit quadratischem

Korpus (mit der offenbar nicht einmal moderner Kunststoff mithalten kann).[18] Die Chinesen schätzten anhand der Pupillenerweiterung von Katzen die Tageszeit – ein beeindruckter französischer Missionar namens Père Évariste Huc schilderte seinen europäischen Lesern diese „chinesische Entdeckung" mit „einigem Zögern ... da dies unzweifelhaft den Interessen des Uhrmacherhandwerks zuwiderliefe".[19]

Zudem waren Katzen unverzichtbarer Bestandteil verschiedener europäischer Foltermethoden. Im Mittelalter wurden Mörder zuweilen gemeinsam mit zwölf Katzen in einem Sack verbrannt, um die Qual zu maximieren. Bei einer Bestrafung namens „Katzenzerren" wurde eine Katze am Schwanz der Länge nach über den Körper des Missetäters gezogen.[20]

Im Hightech-Zeitalter haben die Katzenhaare, die an so vielen Menschen haften, zumindest schon einmal in einem Mordprozess zur Überführung des Täters durch DNA-Spuren gedient.[21] Auf der anderen Seite des Gesetzes haben Häftlinge Katzen als Drogenkuriere eingesetzt.[22] Neben ihrer recht grausigen Rolle als Versuchstiere in der medizinischen Forschung sind Katzen ein wichtiger Indikator für die seltene Tropenkrankheit Ciguatera gewesen: Weil manche riffbewohnenden Fische nach dem Verzehr bestimmter Algen in ihrem Körper toxische Stoffe anreichern, lässt man vorsichtshalber zunächst eine hochempfindliche Katze den Tagesfang prüfen.[23] Katzenfleisch selbst wird in manchen Winkeln der Erde immer noch verzehrt, obwohl es gar nicht so gut schmecken soll,[24] und Katzenfelle werden selten getragen,[25] auch wenn in Japan mit wachsender Begeisterung ausgefallene Katzenhaare gesammelt werden, die man zum Filzen verwendet.[26]

Fantasievolle Heerführer haben zuweilen davon geträumt, Katzen als Kriegshelfer einzusetzen (das „Feuerwerkbuch", ein deutsches Artillerie-Handbuch aus dem 16. Jahrhundert, enthält ausgesprochen lebhafte Darstellungen von Katzen mit brennenden Rucksäcken, die in belagerte Städte eingeschleust werden sollten), doch nur wenige haben diese Vision in die Tat umgesetzt.[27] In den 1960er-Jahren versuchte es die CIA mit der Operation Acoustic Kitty, bei der Katzenspione mit implantierten Mikrofonen, Sendern und Antennen als Lauscher entsandt wurden. Doch das Programm scheiterte bereits in seinen Anfängen – offenkundig hatte die erste Spähkatze das unauffällige Anschleichen so perfektioniert, dass ein Taxifahrer sie zu spät bemerkte und nicht rechtzeitig ausweichen konnte.[28]

In unserem langen Katalog feliner Aufgabenbereiche liegt einer auf der Hand und wird oft glorifiziert: Katzen sollen Mäuse und Ratten für uns töten. Einige behaupten sogar, dies sei noch besser, als einen Terroristen zur Strecke zu bringen. „In der Stille, im Verborgenen und häufig zur Nacht hat die uralte Fehde zwischen Katze und Nager, dem größten natürlichen Feind der Menschheit, die Jahrhunderte überdauert", schreibt der Historiker Donald W. Engels in *Classical Cats: The Rise and Fall of the Sacred Cat.* „Domestizierte Katzen waren das Bollwerk zur Verteidigung der abendländischen Gesellschaften. ... Die Anwesenheit einer Katze auf dem heimischen Hof bedeutete über Jahrtausende hinweg für viele Bauernfamilien oft den Unterschied zwischen Hungertod und Überleben."[29]

Diese Schädlingsbekämpfung scheint die einzige überzeugende Dienstleistung zu sein, die Katzen im Austausch gegen ihren weltweit privilegierten Status für uns erbringen. Nagetiere und insbesondere die von ihnen übertragenen Krankheiten bleiben ein globales Problem. Es ist in gewisser Weise befriedigend, dass Katzen, die dieselbe Agrarrevolution nach oben katapultiert hat, die für die meisten ihrer wilden Verwandten den Untergang bedeutete, zu den treuen Wächtern von Scheune und Silo – und erst recht des menschlichen Immunsystems – wurden.

Doch stimmt das überhaupt? Halten Katzen tatsächlich Schädlinge in Schach? Auf der Suche nach der Wahrheit beschließe ich, einem Rattenforscher auf den Zahn zu fühlen.

Einblick in das Gebiet der „Katzen-Ratten-Interaktionen" erlangte ich erstmals, als ich in einer übel riechenden Seitengasse von Baltimore herumstiefelte, um über ein Projekt zur Ökologie von Nagetieren zu berichten, das die Johns Hopkins University School of Public Health durchführte.[30] Die Versuchsobjekte dieser seit 50 Jahren laufenden Studie sind Wanderratten – die zahlenmäßig größte invasive Rattenart Amerikas und weiter Teile der Welt. Es sind eklige Kreaturen, Überträger der Pest, des Hantavirus, der Leptospirose und zahlreicher anderer gravierender und unaussprechlicher Krankheiten. Zu Beginn der 1980er-Jahre ging ein ambitionierter junger Doktorand der Johns Hopkins University eine Frage an, für die sich bislang kaum jemand interessiert hatte: Welche Auswirkungen hat Baltimores große Straßenkatzenpopulation auf die dortigen Ratten?

An einem Wintertag treffe ich jenen Doktoranden in seiner Wohnung in New Haven, Connecticut, wo er mittlerweile an der Yale University als Forschungsgruppenleiter arbeitet. Jamie Childs sitzt auf einer Liege mit Leopardenmuster, während der Schnee auf die Dachfenster über unseren Köpfen fällt. Seit seiner Zeit in Baltimore haben ihn seine epidemiologischen Studien durch die ganze Welt geführt – seine Wohnung ist voll von Schädeln, teils auch menschlichen.

Als wir auf seine alten Katzen-Ratten-Arbeiten zu sprechen kommen, verschwindet Childs für einen Moment und kehrt mit etwas zurück, das wie ein Telefonbuch mit schwarzem Einband aussieht – es ist das Original seiner Doktorarbeit. Er schlägt sie auf, um mir eine Reihe von Fotografien zu zeigen.[31]

Es sind Schwarz-Weiß-Bilder. Vielleicht weil es sich um Nachtaufnahmen handelt, wirken sie wie Zeugnisse eines konspirativen Treffens – und in gewisser Weise handelt es sich genau darum. Aus den Schatten treten Katzen und Ratten hervor, die sich *miteinander* herumtreiben. Auf einem Foto ignoriert „das Bollwerk zur Verteidigung der abendländischen Gesellschaften" demonstrativ „den größten natürlichen Feind der Menschheit", der nur wenige Zentimeter entfernt herumwuselt. Kätzchen und ausgewachsene Ratten stehen nur eine Nasenlänge voneinander entfernt da.

Wie Childs erklärt, waren solche schockierenden Szenen durchaus keine Seltenheit. Die beiden Spezies kamen sich kaum einmal ins Gehege. „Ich habe nie gesehen, dass eine Katze eine Ratte tötete. In dieser Umgebung sind sie einfach keine natürlichen Feinde. Sie teilen sich eine gemeinsame Ressource." Und diese Ressource ist so überreichlich vorhanden, dass sie nicht einmal darum konkurrieren müssen. Die Ressource ist Müll.

Wie Childs entdeckte, bevölkern in Baltimore Katzen die Ratten-Hotspots – genau das würde man ja auch von einem Tier erwarten, das alles dafür tut, jedwede Unbill von unserer Zivilisation abzuwenden. In Wahrheit jedoch schleichen die Katzen in Rattennähe umher, weil sich dort die meisten Abfälle befinden. „Was Ratten satt macht, macht auch Katzen satt", sagt Childs. Und selbst in unseren modernen Zeiten mit Müllabfuhr und Abwasseranlagen liegt immer noch mehr als genug Unrat herum. In drei Jahren Feldarbeit entdeckte Childs – anhand sterblicher Überreste von Ratten –, dass nur in ganz wenigen Fällen Katzen Ratten gefressen hatten, und dabei handelte es sich ausschließlich um Jungtiere mit weniger als 200 Gramm Gewicht.

Eigentlich sollte uns die Tatsache, dass Katzen Müllschlucker sind, nicht allzu sehr schockieren. In Hallan Çemi und anderen frühen Ansiedlungen wurden sie höchstwahrscheinlich ebenfalls von Abfällen angelockt. Füchse, ihre prähistorischen Doppelgänger, fressen auch heute immer noch so viele Hausabfälle, dass bei einem Experiment die Fuchspopulation in denjenigen Bereichen, wo der Müll schnell abgeholt wurde, in den Keller ging, und in anderen, wo er in Ruhe vor sich hingammelte, prächtig gedieh.[32] Warum sollte ein Tier mit der Jagd auf Nager Energie verschwenden und Verletzungen riskieren, wenn viel leichtere Beute zur Verfügung steht?

Um eines klarzustellen: Hauskatzen sind hervorragende Jäger und töten durchaus Nagetiere – manchmal zum Fressen, manchmal zum Vergnügen, so wie sie halt Kleintiere aller Art töten. Katzenhalter wissen von der gelegentlich auf dem Teppich abgelegten kopflosen Maus ein Lied zu singen, und Katzengeruch allein genügt zuweilen schon, um Schädlinge fernzuhalten. Ich hatte einmal eine schwarz-weiße „Smoking"-Katze namens Sylvester, die ein fast perverses Vergnügen daran hatte, Mäuse zu foltern: Oft wachte ich mitten in der Nacht auf und hörte sie schnurren, während gleichzeitig aus der Küche ein schauerliches Quieken ertönte. Dann zog ich mir die Decke über den Kopf und konnte mich nicht entscheiden, ob ich das arme versehrte, über den Linoleumboden gedroschene Opfer retten oder meine sadistische Mäusefängerin ihren Job erledigen lassen sollte, was qualvolle zehn Minuten oder noch länger dauern konnte.

Höchstwahrscheinlich verspeisten Katzen in Hallan Çemi und an ähnlichen Orten auch Nagetiere; mittels Isotopenanalyse wurden in 4000 Jahre alten Überresten von Katzen aus Zentralchina Spuren von Hirse nachgewiesen, was darauf schließen lässt, dass Katzen die Mäuse fraßen, die die Hirse fraßen (obwohl es auch sein kann, dass die Katzen mit ihrem verlängerten Darm die Hirse auf direktem Wege

verkosteten).[33] Die Wanderratten von heute sind ziemlich furchterregende Tiere, viel größer als etwa die im mittelalterlichen Europa vorherrschende Hausratte, die möglicherweise ein handlicheres Beutetier abgegeben hätte. Noch im 20. Jahrhundert vermieteten Kammerjäger Katzen zur Schädlingsbekämpfung.[34]

Die Frage ist jedoch nicht, ob Katzen manchmal Nager fressen – es geht darum, ob sie so viel fressen, dass es Auswirkungen auf die menschliche Zivilisation hat.

Abgesehen von dem noch laufenden Baltimore-Projekt befassten sich nur wenige Studien mit dem Problem, wie gut Katzen unsere Vorratskammern bewachen.[35] Eine geht auf das Jahr 1916 zurück. Damals kam das Massachusetts State Board of Agriculture nach einer Reihe von Untersuchungen auf Bauernhöfen zu dem Schluss, dass es auf vielen von Katzen bewachten Höfen eine Menge Ratten gab und nur ein Drittel der Katzen aktiv Jagd auf Ratten machte. 1940 wurde ein britischer Wissenschaftler mit der Aufgabe betraut, für die Wehrkraft wichtige Lebensmittellager zu schützen. Er überprüfte einige Bauernhöfe in Oxfordshire und stellte fest, dass die abschreckende Wirkung von Katzen Ratten tatsächlich davon abhalten kann, sich in einem Gebäude häuslich niederzulassen – allerdings nur, wenn man der bestehenden Population zuvor mit Gift den Garaus gemacht hat. Damit die Katzen nicht in ertragreichere Jagdgründe abwanderten, musste man ihnen zudem täglich einen Viertelliter Milch kredenzen – so viel zur Bewahrung der Kriegsrationen. Und eine neuere Studie aus Kalifornien legte nahe, dass Katzen in Stadtparks lieber einheimische Arten wie Wühlmäuse jagen als invasive Schädlinge wie die Hausmaus.[36]

Tatsächlich kam dieselbe Studie zu dem Ergebnis, dass Stadtkatzenpopulationen mit einer größeren Anzahl von Hausmäusen korrelieren, die sich, wie die Autoren hervorheben, möglicherweise in Koevolution mit Katzen entwickelt und dabei gelernt haben, sie auszutricksen. Dieser wichtige Punkt hilft, das Schicksal gut gedeihender invasiver Arten, wie Wanderratten und Hausmäuse, von den sehr viel empfindlicheren wilden Nagetieren zu unterscheiden, die (genauso wie viele andere endemische Lebewesen, wie wir im nächsten Kapitel sehen) regelmäßig von Hauskatzen bedroht werden. Auch wenn diese allgegenwärtigen nagenden Invasoren selbst nicht domestiziert wurden, sind sie eine weitere Abart unserer pelzigen Mitläufer, die ihre Biologie an den menschlichen Lebensstil angepasst haben. Wissenschaftler nennen solche anhänglichen Kreaturen „Kommensalen". (Eine kommensale Anpassung an das Stadtleben ist beispielsweise ein hochgefahrener, ganzjähriger Fortpflanzungszyklus, der eine atemberaubende Zahl kleiner Nager hervorbringt.)[37]

Was ihre Mankos bei der Schädlingsbekämpfung betrifft, lässt sich nicht behaupten, dass Hauskatzen Schwächlinge sind. Vielmehr sind Ratten und Mäuse verblüffend robust. Doch selbst wenn Katzen die Rattenpopulationen nicht vollständig zu unterdrücken vermögen – könnten sie uns denn gegen einige von Nagern übertragene Krankheiten schützen, indem sie in unseren Häusern mal den einen oder anderen wegschnappen? Traurigerweise hat Childs' Erkenntnis, dass Katzen nur junge Wanderratten erlegen, bedeutende epidemiologische Folgen: Diese mickrigen Jungspunde sind nicht die Hauptüberträger. Das sind meistens die dicken alten Ratten – Überlebende mit einem äußerst widerstandsfähigen Immunsystem.

Was aber war im mittelalterlichen Europa, als wir von der schmackhafteren schwarzen Spezies der Hausratte heimgesucht wurden? Insbesondere erfuhr ich aus Volksbüchern (und von einigen Tierschützern), dass Katzen eine entscheidende Waffe gegen die mittelalterliche Beulenpest waren, die von den Hausratten und ihren Flöhen übertragen wurden. Es gibt sogar die Theorie, dass die katholische Kirche die Verheerung durch den Schwarzen Tod entfachte, indem sie die Ausrottung der Katzen Europas betrieb.[38]

Die Geschichte lautet folgendermaßen: Anno 1233 verfasste Papst Gregor IX. *Vox in Rama*, eine päpstliche Bulle. Darin beschrieb er Orgien von Hexen, die sich mit Luzifer in Gestalt einer schwarzen Katze verbrüdert hätten. Obgleich in dem Dokument auch von Fröschen und Enten die Rede war, schwappte eine Katzenhasserwelle durch Europa und unzählige Katzen wurden wegen des Verdachts auf Teufelswerk verfolgt und exekutiert. Schon im darauffolgenden Jahrhundert geriet die von den Ratten übertragene Pest außer Kontrolle und tötete zig Millionen Menschen.

Zu behaupten, ein von der Kirche erzeugter Katzenmangel habe diese Tragödie heraufbeschworen, ist allerdings ein wenig töricht. Erstens weiß niemand, wie viele Katzen die Hexenjäger umbrachten. Im Gegensatz zu ihren gefährdeten wilden Verwandten, ob groß oder klein, sind Hauskatzen unglaublich anpassungsfähige und robuste Kreaturen, schwer zu fangen, großenteils dank ihrer Verbrüderung mit dem Menschen schockierend zahlreich und in ihrem Fortpflanzungseifer fast so rasant wie Ratten. Wie viele Katzen auch immer von Glockentürmen geschleudert und auf Scheiterhaufen verbrannt wurden (so die spektakulären, doch nicht allzu effizienten Methoden der Inquisitoren) – dies kann nur eine winzige Delle in den Katzenpopulationen im riesigen Gebiet des europäischen Festlands verursacht haben.[39]

Zweitens mutmaßen Wissenschaftler, teils aufgrund neuer archäologischer Funde, dass der Schwarze Tod gar nicht von Rattenflöhen verbreitet wurde.[40] Die Epidemie wütete auch in Regionen wie Skandinavien, wo die Hausrattenpopulationen klein waren, und man vermutet zunehmend, dass die Pest zumindest an manchen Orten durch Husten oder Menschenflöhe übertragen wurde, womit Ratten ganz aus der Gleichung gestrichen würden.

Und schließlich können auch Katzen wichtige Pestüberträger sein.[41] Sollten sie tatsächlich kranke Hausratten vertilgt haben, steckten sie sich dabei wahrscheinlich selbst an und schleppten die Krankheit in unsere Dörfer und Häuser ein. Laut Kenneth Gage, einem Pestexperten bei den Centers for Disease Control and Prevention („Zentren für Krankheitskontrolle und Prävention"), einer US-Gesundheitsbehörde mit Sitz in Georgia, ist dies ein verblüffend verbreitetes modernes Szenario. Laut Gages Studien über Pestausbrüche, die noch heute in einzelnen verstreuten Flecken im Westen der USA auftreten, stecken sich fast zehn Prozent der Pestkranken direkt bei ihren Hauskatzen an. Das muss nicht heißen, dass Hauskatzen schuld am Schwarzen Tod waren, dass sie seine Ausbreitung jedoch auch nicht verhindert und sie gelegentlich sogar gefördert haben – immerhin sind es Katzen und nicht Ratten, mit denen wir gerne kuscheln.

Noch eine letzte Bemerkung dazu: Die mittelalterlichen Hexenjäger verdächtigten eine ganze Menagerie von Tieren – einschließlich Krebsen, Igeln und Schmetterlingen – dämonischer Umtriebe. Katzen waren jedoch die am häufigsten beschuldigten „Bösewichte". Das verrät uns eine Untersuchung von über 200 englischen Hexenprozessen, in der viele Dorfbewohner bezeugen, dass Katzen von Hexen sie „gefoltert" und ihre Kinder krank gemacht hätten.[42] Es gibt verschiedene Theorien, die dieses Vorurteil erklären – etwa die Tatsache, dass Katzen nachtaktiv sind und demnach für einen mitternächtlichen Hexensabbat eher zur Verfügung stehen. Der Zoologe James Serpell von der University of Pennsylvania hat jedoch auch eine überzeugende medizinische Erklärung anzubieten: Katzenallergien. Durch Haut- oder Haarschuppen von Katzen hervorgerufene Atemwegserkrankungen sind ausgesprochen häufig und manche leiden schwer darunter.[43] Es mag nicht allzu weit hergeholt gewesen sein, dass Hexerei die beängstigenden Attacken von „hektischem Fieber und Schwindsucht" verursachte, an denen viele Menschen in der Gegenwart von Katzen litten.[44] Möglicherweise verdienten die Katzen ja ihren Ruf als bösartige Macht.

Die finanzielle Unterstützung der Forschung über die Interaktion zwischen Katzen und Nagetieren wurde zweifellos spärlicher, als in den 1960er-Jahren wirksame Rattengifte auf den Markt kamen, die, wie jeder bestätigen wird, sehr viel effektiver sind als Katzen. Derzeit „ist der Einfluss von Katzen auf kommensale Nagerpopulationen vermutlich zu vernachlässigen, angesichts der Reproduktionsfähigkeit dieser Arten und der Tatsache, dass sie Habitate wie die Kanalisation oder Hohlräume in Gebäuden bevölkern, die nicht leicht zugänglich sind", wie die Autoren eines neueren Buches über urbane Raubtiere folgern.[45]

James Childs hat sich im Laufe seines Lebens von der Katzen-Ratten-Forschung abgewandt und sich als Experte für Ausbrüche von Ebola, hämorrhagischem Fieber und anderen fatalen Krankheiten einen Namen gemacht. Und wenn er auf seinen Reisen mit wild gewordenen Ratten konfrontiert wird – was ihm häufiger passiert als den meisten anderen Menschen –, schwört Childs auf die Dienste eines Rat Terriers, der Unmengen von Ratten nacheinander zu Tode schüttelt, ohne sich Zeit zum Fressen oder für ein Sonnenbad zu nehmen.

Doch obwohl Childs Zeuge von Ereignissen in dunklen Gassen wurde, die im Grunde artübergreifendem Hochverrat gleichkamen, adoptierte er zu guter Letzt eine der Streunerkatzen aus seinem Forschungsgebiet.

„Eine weiß-graue – ich hab ihn Boots genannt", sagt er mit liebevollem Lächeln. „Einfach ein großartiges Tier."

Wie es scheint, sind Katzen über das Profane erhaben. Sie zu domestizieren, war wohl so aussichtslos, dass wir es vermutlich nie versucht haben. Sobald sich die Katzen selbst um ihre Domestikation geküm mert hatten, leisteten sie uns nur wenige handfeste Dienste. Sie bewahrten uns weder vorm Verhungern, noch war ein Katzenmangel auf dem europäischen Kontinent verantwortlich für den Schwarzen Tod. Dennoch überdauerten sie die Zeiten – geduldet von steinzeitlichen Dorfbewohnern, verehrt von den Ägyptern und digitalisiert von der Generation Y des neuen Jahrtausends. Viele von uns gestehen ein, ihre Gegenwart ungemein zu genießen. Irgendwie scheinen sie uns doch verhext zu haben.

Den Siegeszug der Hauskatze haben im Wesentlichen menschliche Marotten und Neigungen befördert. „Wir gehen gemeinhin davon aus, dass Menschen immer sehr zielgerichtet vorgehen und alles in voller Absicht tun", sagte der Domestikationsexperte Greger Larsen zu mir. „Nun, das ist Blödsinn. Es gibt nicht immer einen praktischen Nutzen oder einen logischen Hintergrund. Es sind Mythen und Argwohn und der Drang, mit den Nachbarn gleichzuziehen, die uns antreiben. Alles dreht sich um Kultur und Ästhetik – und Zufälle."

Ein sehr bedeutsamer Zufall ist, dass Katzen, obgleich der letzte gemeinsame Vorfahr von Mensch und Katze vor rund 92 Millionen Jahren gelebt hat, uns auf unheimliche Weise ähnlich sehen.[46] Noch besser: Sie sehen wie unsere Babys aus. Ihre oft zitierte „Niedlichkeit" zeugt nicht von Willkür oder Sanftmut, sondern ist das Resultat ganz spezifischer und mächtiger Körpermerkmale, mit denen sich Wissenschaftler akribisch auseinandergesetzt haben. Hauskatzen sind mit einer todsicheren Waffe ausgestattet, die der österreichische Verhaltensforscher Konrad Lorenz als „Kindchenschema" bezeichnet: Körperliche Merkmale, die uns an Menschenjunge erinnern und eine Hormonkaskade auslösen. Zu diesen Merkmalen gehören ein rundes Gesicht, Pausbacken, eine hohe Stirn, große Augen und eine kleine Nase.

Als ich die Liste meiner eigenen Haustiere durchgehe, stelle ich fest, dass ich für diesen Look wohl ganz besonders empfänglich bin. „Wow", meinte meine Schwägerin, als sie Cheetoh zum ersten Mal erblickte. „Er hat ein richtiges Menschengesicht!" Und das hat er in der Tat.

Wie bei unseren eigenen hilflosen Neugeborenen löst das bei anderen Tieren vorhandene „Kindchenschema" in erwachsenen Menschen einen angenehm warmen Oxytocinschub aus und bewirkt eine Reihe fürsorglicher Verhaltensmerkmale,[47] darunter eine verbesserte Feinmotorik,[48] die uns befähigt, ein Baby zu wiegen. Demzufolge hat man das Halten eines Haustiers auch als „fehlgeleitete Elterninstinkte" bezeichnet.[49] Oder wir werden, wie der Evolutionsbiologe Stephen Jay Gould gesagt hat, „in die Irre geführt durch eine evolutionär bedingte Reaktion auf unsere eigenen Babys und übertragen unsere Reaktion auf die gleiche Merkmalsmenge bei anderen Tieren."[50]

Natürlich sind viele Tiere bezaubernd, vor allem Tierbabys, und insbesondere domestizierte Tiere behalten meist kindliche Züge, auch wenn sie ausgewachsen sind. Dieses jugendliche Aussehen ist eine Folge unserer Züchtungen eines gutmütigen Temperaments, spiegelt aber auch unsere Neigungen wider. Mit ihrem länglichen Gesicht und der spitzen Schnauze sind Wölfe nicht niedlich, im Gegensatz zu vielen Hunderassen, und unsere Schwäche für das Kindchenschema muss die Entwicklung von Tieren wie dem Mops beeinflusst haben. Und einige Modehunde, wie der Zwergspitz, sehen tatsächlich sehr nach einer Katze aus.

Hauskatzen jedoch, einschließlich ausgewachsener Exemplare und sogar der ursprünglichen wilden *lybica*, ähneln von Natur aus zufällig dem menschlichen Nachwuchs, ganz ohne künstliches Zutun. Da wäre etwa ihre Größe, die – bei einem Durchschnittsgewicht von etwa acht Pfund – exakt einem neugeborenen Kind entspricht.[51] (Ich pflege meine duldsameren Katzen wie ein Baby in meinen Armen zu tragen.) Dann ihre Stimme – das Miau einer Katze erinnert an das Schreien eines Babys, und laut Untersuchungen könnten Katzen ihre Lautäußerungen mit der Zeit so moduliert haben, dass es diesem Schreien noch ähnlicher geworden ist.[52] Und dann sind da noch die entscheidenden Gesichtszüge, die sich eigentlich der todbringenden Anatomie der Katzen verdanken – ihre kurzen, kräftigen Kiefer formen das süße runde Gesichtchen, und sie haben kleine Stupsnasen, weil sie sich beim Jagen nicht so wie Hunde am meisten auf ihren Geruchssinn verlassen.

Ihr wahres Geheimnis aber sind wohl ihre Augen.

Mit ihren schlitzartigen Pupillen und den hypersensitiven Netzhäuten, die nachts wie Monde glühen, sind Katzenaugen den unseren nicht sehr ähnlich.[53] In wichtiger Hinsicht ähneln sie unseren aber doch. Zum einen sind die Augen von Katzen riesig – bei einer ausgewachsenen Katze sind sie fast so groß wie Menschenaugen,[54] und im kleinen Gesicht eines Kätzchens wirken sie noch überwältigender. Vermutlich wegen der unbewussten Assoziation mit den Kulleraugen unserer eigenen Nachkommen bedingt die Größe der Augen eines Tieres seine Werbewirksamkeit: Mit den schwarzen Augenflecken, die seine relativ kleinen Knopfaugen hundertmal größer machen, ist der Panda das ideale Aushängeschild für den World Wildlife Fund.[55] Doch Hauskatzen – obwohl sie kaum als gefährdet einzustufen sind – wären wohl ein harter Konkurrent für den Panda, wenn es um das Eintreiben von Spendengeldern geht.

Können die Augen der Katzen schon durch Größe punkten, so ist ihre Position noch vorteilhafter. Bei vielen anderen knuddeligen Tieren, etwa Kaninchen, sitzen die Augen an den Seiten des Kopfes, was ihnen ein größeres Gesichtsfeld verschafft; selbst Hundeaugen sind ein wenig dezentrierter. Katzen sind jedoch Ansitzjäger, die sich aus dem Hinterhalt auf ihre Beute stürzen. Um ein flinkes Beutetier, insbesondere bei Nacht, zu erwischen, müssen sie gut im Einschätzen von Entfernungen sein, und so haben sie das beste binokulare Sehvermögen aller Fleischfresser entwickelt.[56] Da diese visuelle Jagdstrategie überlappende Gesichtsfelder erfordert, sind die Augen nach vorne gerichtet und sitzen in der Mitte des Gesichts.

Genauso sind auch unsere Augen angeordnet. Primaten sind keine Ansitzjäger, sondern überwiegend Vegetarier, und wir haben unsere mittig sitzenden Augen zu ganz anderen Zwecken genutzt – zum Absuchen von Sträuchern nach reifen Früchten aus kurzer Entfernung und, noch viel später, zum Lesen der Gesichtsausdrücke unserer Artgenossen.[57] Dennoch bewirkt die Position der Katzenaugen großenteils, dass wir ihre Gesichter als so menschenähnlich empfinden. (Eulen, ebenfalls auf Nachtsicht spezialisierte Räuber, haben ähnlich angeordnete Gesichtszüge, was vielleicht erklärt, warum wir sie lieber mögen als etwa Geier.)

Die Gesichtszüge von Katzen sind demnach ein perfekter Cocktail der Niedlichkeit, und doch ähneln sie immer noch sehr denjenigen Tieren, die einst unsere Urahnen abgeschlachtet haben. Das Gesicht einer Katze ist das eines überragenden Beutegreifers und zugleich das eines Kindes, und dieser spannende Widerspruch zieht uns in seinen Bann.

Insbesondere Frauen, wie es den Anschein hat. Tatsächlich kommt der durch das Kindchenschema ausgelöste Oxytocineffekt offenbar besonders bei gebärfähigen Frauen zum Tragen. Dass der harte Kern der Perserkatzenliebhaber und Katzenrettungsgruppen im Wesentlichen aus Frauen besteht, war nun wahrlich nichts Neues, aber ich war ganz und gar nicht darauf vorbereitet, wie ausgesprochen mütterlich er ist. Selbst in den höheren Gefilden der Katzenausstellungen werden die Preisträger mit seitenlangen Namen und Stammbäumen schlicht als „Jungchen" und „kleines Mädchen" betitelt, wie in: „Es ist nicht zu fassen, wie dieser russische Preisrichter mein kleines Mädchen niedergemacht hat!" Von kontrolliert biologischem Fleischpüree zu hochwertigen Buggys haben zahlreiche Babyartikel kätzische Pendants, und die Gründerin des höchst erfolgreichen ultracoolen Katzen-Onlinemagazins *Hauspanther* begann ihre Karriere als Marketingleiterin eines Babymarktes.[58]

Das soll nicht heißen, dass die Steinzeitdamen im Nahen Osten auf ihren Knien Katzen gewiegt hätten – diese Mutterinstinkte sind die sonderbaren Auswüchse einer langen, bedächtigen, komplexen und oftmals unergründlichen Geschichte. Doch krude Niedlichkeit gepaart mit angeborener Kühnheit erklärt ein Stück weit, wie es der Katze gelang, ihre Pfote durch den Türspalt zu schieben, während so viele andere Spezies draußen im Kalten bleiben mussten.

Welchen Sinn und Zweck Fake-Babys (Evolutionspsychologen sprechen von „fiktiven Verwandten") für den Menschen erfüllen, ist unklar. Manche Wissenschaftler mutmaßen, dass wir vom gespielten Bemuttern eines Fellbabys profitieren – wir üben für das Aufziehen unserer eigenen Kinder und demonstrieren potenziellen Partnern unsere Fähigkeiten auf diesem Gebiet.[59] Andere behaupten, eine Katze ähnele mehr einem „Sozialschmarotzer", der unsere Fürsorgeinstinkte ausnutze und unserem eigentlichen Nachwuchs Zeit, Aufmerksamkeit und andere Ressourcen stehle.[60]

Für den Moment genügt es festzuhalten, dass es Hauskatzen dank einer Kombination aus langfristig entwickeltem Verhalten und von Natur aus gutem Aussehen gelungen ist, eine gewisse subtile Kontrolle über uns auszuüben. Wir wurden ebenso sehr ihre Geschöpfe wie sie die unseren. Sie verspeisten unsere Nahrung, ohne viel an Gegenleistung anzubieten. Und dennoch konnten sie mit noch weitaus bedeutsameren Eroberungen aufwarten.

Denn obgleich Katzen sich beim Menschen einschmeicheln, brav in unseren Siedlungen sitzen, Abfälle verschlingen und Kanalratten aus dem Wege gehen, haben sie es nicht *nötig*, bei uns zu bleiben. Sie sind Katzen, nach wie vor. Sie können sich jederzeit in den Rest verbliebener Wildnis zurückziehen. Nun aber sind sie keine Mittelklassejäger mehr, sondern die Spitzenprädatoren einer menschengemachten Welt.

Die Katze lässt das Jagen nicht

Schon oft habe ich irgendeine Nachbarskatze durch einen Vorgarten stolzieren oder um eine Ecke schleichen sehen und mich über ihre verblüffende Ähnlichkeit mit Cheetoh gewundert … um dann mit wachsendem Entsetzen festzustellen, dass es tatsächlich Cheetoh *war*, der es irgendwie geschafft hatte, seinen massigen Körper zwischen den Latten der hinteren Veranda durchzuquetschen und nun im Begriff war, sich davonzumachen. Wie viel kostbare Freizeit habe ich schon damit vergeudet, die Einfriedungen diverser Terrassen und Dachgärten ausbruchsicher zu machen, um meine kostbaren Schützlinge vor der bösen weiten Welt dahinter zu schützen!

Und doch gibt es auf der Erde immer häufiger Orte, wo Zäune nicht hochgezogen werden, um geliebte Katzen am *Weglaufen* zu hindern, sondern ihnen in einem letzten verzweifelten Versuch das *Eindringen* zu verwehren. An diesen Orten gelten Katzen nicht als Haustiere, sondern als grausige Invasoren, die in der Lage sind, ganze Ökosysteme zugrunde zu richten und schwächere Lebensformen, die ihnen in die Quere kommen, auszumerzen.

Nachdem ich an der ersten Tankstelle in Key Largo den letzten Regenschirm erstanden habe, treffe ich bei prasselndem

Regen im Crocodile Lake National Wildlife Refuge ein. Es ist kein idealer Tag, um die Wälder Floridas nach der stark gefährdeten Unterart eines Nagers zu durchforsten, aber die drei Jungs in ihrem Wohnwagen scheinen den Wolkenbruch gar nicht zu bemerken. Jeremy Dixon, der Leiter des Schutzgebiets, hat sogar eine Panoramasonnenbrille dabei. Der Doktorand Mike Cove lässt dicke Regentropfen in seinen Becher mit dem Frühstückskaffee klatschen. Ralph DeGayner, ein Rentner aus Michigan, der den Winter im Süden verbringt, treibt sich schon seit vier Uhr morgens im Monsun herum, um seine Katzenfallen zu überprüfen, und das ist erst der Anfang seines Tages.

Dieses Trio entschlossener Optimisten ist vielleicht alles, was noch zwischen *Neotoma floridana smalli* – einer Unterart der Östlichen Buschratte – und dem Fluss des Vergessens steht. Walt Disney und Jane Goodall vermochten den Hauskatzen nicht Einhalt zu gebieten, die die letzten Vertreter jener seltenen Buschratte gierig verschlingen, doch diese drei Männer wanken und weichen nicht. Und zurzeit sind sie auf der Suche nach den besten Katzenaussperrzäunen, die für Geld zu haben sind.

Ich zucke ein wenig zusammen, als ich meinen neuen Schirm mit Tigerstreifenmuster aufspanne, und folge den Männern in den Regen.

Die KLWR, wie *Neotoma floridana smalli* als Abkürzung für *Key Largo wood rat* in offiziellen Dokumenten kurz und bündig heißt, ist eine niedliche kleine zimtfarbene Kreatur mit großen, ängstlichen Augen. Im Gegensatz zur Wanderratte und anderen höchst anpassungsfähigen, mehr oder weniger katzensicheren Schädlingen, die praktisch überall überleben, ist die KLWR ein einheimisches Tier, das auf einen ganz speziellen Typ von Trockenwald mit dichtem Kronendach geprägt ist, den es nur in Florida gibt: den Hardwood Hammock. Hier frönt die Buschratte nur einer einzigen Leidenschaft – sie baut riesige, hoch komplexe Nester aus Stöcken, die sie mit Schneckenhäusern, Kappen von Permanentmarkern und anderen Schätzen verziert.

Einst war *smalli* in ganz Key Largo verbreitet, doch nun findet man sie nur noch in einigen wenigen öffentlichen Reservaten, die insgesamt einige Tausend Morgen Waldgebiet ergeben.[1] Ihr Elend nahm vermutlich schon im 19. Jahrhundert seinen Anfang, als Farmer von Key Largo den Hardwood Hammock rodeten, um Ananasbäume zu pflanzen. Im 20. Jahrhundert verschlimmerte sich ihre Lage noch, als Bauprojekte im großen Stil das frühere Korallenriff völlig ummodelten.

Dann kamen die Urlauber mit ihren Katzen und der Rest ist fast schon Geschichte.

Dixon, der Leiter des Schutzgebiets, ist ein nüchterner Mann aus Nordflorida, der früher im Wichita Mountains Wildlife Refuge gearbeitet hat, wo staatliche Wissenschaftler den fast ausgestorbenen Bison wieder heimisch gemacht haben. Hier im Crocodile-Lake-Schutzgebiet ist Dixon der Hüter verschiedener unbekannter und gefährdeter einheimischer Tiere – des Schmetterlings *Papilio aristodemus* und der Schnecke *Orthalicus reses* –, doch er kam vor allem hierher, um für die Buschratten einzutreten. Eine seiner ersten Aktionen bestand darin, an der Landstraße 905 ein blinkendes Schild mit der Aufschrift „KEEP CATS INDOORS“ anzubringen, das mahnend aus dem ruhigen Grün des Schutzgebiets hervorsticht.

DeGayner, der ehrenamtliche Helfer, ist schlank und weißhaarig und hat ein ausgezeichnetes Auge für verletzte Wasservögel. (Manchmal pflegt er in seiner Freizeit welche gesund.) Er hat zwar keine akademischen Meriten vorzuweisen, aber der pensionierte Poolbau-Unternehmer setzt sich schon länger als fast jeder andere für die Buschratten ein. Er ist der ausgefuchsteste Fallensteller des Schutzgebiets, fängt Dutzende Katzen und bringt sie dann lebend zu einem ortsansässigen Tierheim.

Dennoch haben die Katzen immer noch die Oberhand. Obwohl der fragile Lebensraum der Buschratte mittlerweile großenteils für Menschen nicht mehr zugänglich ist, hat die Population rapide abgenommen, seit die Unterart in den 1980er-Jahren im Eilverfahren unter staatlichen Naturschutz gestellt wurde. Die Erklärung von Dixon und seinem Team lautet, dass sich die heimischen Katzen nicht um Schutzgebietsgrenzen oder Artenschutzgesetze scheren. Die aktuellen Schätzwerte gehen von etwa tausend verbliebenen Exemplaren von *smalli* aus, und es war auch schon mal von nur noch einigen Hundert die Rede. Die belagerten Buschratten gaben sogar den Bau ihrer typischen Nester auf – vielleicht weil es selbstmörderisch war, mit so vielen Hauskatzen im Umkreis mühsam große Stöcke durch die Gegend zu ziehen.

„Die Buschratten lebten in einem Habitat der Angst", sagt Cove, der Doktorand, der sich zuvor mit Jaguaren und Ozelots in Südamerika beschäftigt hat und einen Spitzenprädator erkennt, wenn er ihn sieht.

Doch trotz ihrer engen Verwandtschaft mit Löwen und Tigern ähneln Hauskatzen auch Plattwürmern und Quallen und anderen einfachen Organismen, die sich auf nichts anderes verstehen, als Ökosysteme zu erobern. Die Internationale Union zur Bewahrung der Natur (IUCN) zählt Hauskatzen zu den 100 *Worst Invasive Species* weltweit, also zu den besonders problematischen invasiven Arten. Zu der gefürchteten Liste gehören nur wenige Fleischfresser, von Hypercarnivoren ganz zu schweigen. Doch die extreme Anpassungsfähigkeit der Hauskatze, ihr Fortpflanzungseifer, ihre fein justierte domestizierte Physis und ihre ganz besondere Beziehung zum Menschen machen sie zu einem äußerst eindrucksvollen Invasor. Und auch wenn man gerne so täte, als *wären* nur wild lebende Katzen Problemtiger, sind in Wahrheit unsere knuddeligen Schoßtierchen doch ebenso verdächtig wie die räudigsten Streuner.

Zehntausend Jahre nachdem ihre Urahnen in unsere Siedlungen im Fruchtbaren Halbmond eingedrungen waren, haben sich Hauskatzen ausgebreitet wie die Samen von Pusteblumen. Heute gibt es weltweit rund 600 Millionen dieser einst dahergelaufenen Wilden; einige Wissenschaftler sprechen sogar von nahezu einer Milliarde. In den USA allein existieren fast 100 Millionen Heimkatzen – eine Zahl, die sich in den letzten 40 Jahren offenbar verdreifacht hat[2] – und möglicherweise ebenso viele Streuner.[3] (Diese verfügen über ein bemerkenswertes Talent, sich unsichtbar zu machen. Als ich in Washington D.C. lebte, entdeckte ich die Katzenkolonie in meiner Nachbarschaft erst, als ich mit meinen Kindern in den Seitengassen auf Safari ging.)

Hauskatzen haben jedes erdenkliche Habitat besiedelt, vom schottischen Heideland über Afrikas Tropenwälder bis zu den Wüsten Australiens.[4] Sie bevölkern städtische Krippenspiele, Raketentestgelände der Navy sowie das Tiger Stadium der Louisiana State University und fühlen sich in Sumpfgebieten ebenso zu Hause wie in Brooklyns Weinschänken. Nicht nur in den Zentren unser größten Metropolen haben sie ihre Reviere abgesteckt, sondern auch in der entlegensten Wildnis, die nur per Hubschrauber erreichbar ist und wo selbst der Mensch nicht wagen würde, seine Zelte aufzuschlagen.

In all jenen Nischen fressen sie praktisch alles, was lebt[5] – Sternnasenmaulwürfe, Prachtfregattvögel, Taranteln, Kakapos, Laubheuschrecken, Süßwasserkrebse, Blattwespenlarven, Purpurstärlinge, Kurznagelkängurus und Fledermäuse und Lesueur-Bürstenkängurus (alias Lesueur-Rattenkängurus) und Fächerschwänze und Pillendreher und Kleinfische und Rubinkehlkolibris und Hühner und Tasmanische Langnasenbeutler und

Mortadella und Jungtiere des Braunpelikans. Sie machen sogar Jagd auf (kleine) Tiere im Zoo.

„Beefsteak und Küchenschaben", heißt es in einem Text aus dem 19. Jahrhundert, in dem der Speisezettel einer orangen Hauskatze beschrieben wird. „Motten und Verlorene Eier, Austern und Regenwürmer ... ihr Bauch wurde zur Verkörperung der Arche Noah."[6] Und da sich die Familie der Katzen schon immer zu unsereins hingezogen fühlte, sollte es nicht überraschen, dass sich Hauskatzen auch schon an einer Primatenart gütlich getan haben, dem Larvensifaka, und womöglich an anderen madegassischen Lemuren.[7]

Insbesondere auf Inseln können Katzen ganze Arten ausrotten.[8] Laut einer spanischen Studie zeichnen sie für 14 Prozent des Artensterbens auf Inseln weltweit verantwortlich – und das sei eine extrem vorsichtige Schätzung, wie die Autoren betonen. In Australien – einem Kontinent, der nicht zufällig eine Insel ist – haben Wissenschaftler vor Kurzem einen monumentalen Bericht, den *Action Plan for Australian Mammals*, veröffentlicht, der Hauskatzen eine Mitschuld am Schicksal von 89 der 138 ausgestorbenen, bedrohten und potenziell gefährdeten Säugetierarten Australiens gibt, von denen viele nur in Down Under vorkommen. Der Kontinent hat weltweit mit Abstand die höchste Aussterberate von Säugetieren zu verzeichnen, und die Wissenschaftler erklärten Hauskatzen zur größten Bedrohung der dort lebenden Säugetiere – sie seien weit gefährlicher als der Verlust

von Lebensräumen und der Klimawandel. (Dagegen wurden Haushunde zum Schutz von einigen gefährdeten australischen Spezies, zum Beispiel Zwergpinguinen, abkommandiert.)[9]

„Hätten wir nur einen Wunsch frei, um die Bewahrung von Australiens Biodiversität zu fördern“, schrieben die Autoren, „so wäre dies die wirksame Kontrolle, ja, die Ausrottung von Katzen.“[10] Australiens Umweltminister erklärte prompt dem beliebtesten Haustier der Welt den Krieg, das er als „Tsunami der Gewalt und des Todes“ bezeichnete.[11]

Insbesondere Vogelliebhaber jammern schon lange über den Appetit der Hauskatze. Im Jahr 2013 veröffentlichten staatliche Wissenschaftler einen Bericht, nach dem US-amerikanische Katzen – sowohl Haustiere als auch Streuner – pro Jahr etwa 1,4 bis 3,7 Milliarden Vögel töten, womit sie die häufigste durch den Menschen beeinflusste Ursache für Vogeltod sind.[12] (Ganz zu schweigen von den 6,9 bis 20,7 Milliarden Säugetieren und ungezählten Millionen Reptilien und Amphibien, die sie ebenfalls vertilgen.) Einige Monate später vermeldete eine staatliche Untersuchung in Kanada ähnlich grausige Zahlen.[13]

Natürlich sind Hauskatzen kleine und verstohlene Jäger in einer großen Welt, und es lässt sich nur schwer nachweisen, was genau sie so alles vertilgen. Daten aus Wildtierrettungsstationen vermitteln uns jedoch eine Vorstellung davon: Eine kalifornische Einrichtung meldete Verletzungen durch Katzen bei fast einem Viertel der Vogelpatienten, unter denen alle möglichen Arten vertreten waren – von Meisen über Seidenschwänze bis zu Schwarzkehl-Nachtschwalben. Die aufgefundenen, noch lebenden Beutetiere seien „verstümmelt, zerfleischt, zergliedert, aufgerissen und ausgeweidet“, schreibt der Tierarzt David Jessup, „und wenn sie den Angriff überleben, sterben sie oft an einer Sepsis.“[14]

Heutzutage vermittelt uns neuartige Technik einen besonders plastischen und blutrünstigen Eindruck vom Geschehen, weil Hauskatzen bei zahlreichen jüngeren Untersuchungen mit ferngesteuerten Kameras und anderem digitalen Gerät ausgestattet wurden. Verwackeltes Filmmaterial von der Studie „Kittycam" der University of Georgia aus dem Jahr 2012 präsentiert über 50 wohlgenährte Heimkatzen aus Vororten von Athens, Georgia – der Fachausdruck ist *„subsidized predators"*, was sich mit „subventionierte Raubtiere" übersetzen lässt.[15] Die Aufnahmen offenbarten, dass nahezu die Hälfte aktive Jäger sind, auch wenn sie ihre Beute selten nach Hause bringen. Oft lassen sie sie unverspeist am Tatort zurück, wo ihre Halter sie nicht sehen. Australischen Forschern gelang die Infrarot-Filmaufnahme einer Katze, die sich nach einem Nickerchen erhebt, um sich gleich darauf eine heimische Agame zu schnappen.[16] Die Kamera ist unter dem flauschigen Kinn der Katze befestigt, die bedächtig kaut, während der dünne Schwanz der Echse wie eine Spaghetti nach und nach verschwindet. Und auf Hawaii wurde eine Katze gefilmt, die ein flaumiges Hawaiisturmvogelküken aus dem Nest zerrt – ein eindrucksvolles Zeugnis für die Erbeutung einer gefährdeten Art durch eine Hauskatze.[17]

Die Verteidiger von *Neotoma floridana smalli* hoffen auf eine ähnlich spektakuläre Aufnahme. Bisher können sie nächtliche Schnappschüsse von Katzen mit leuchtenden Augen vorweisen, die den Nestern der bedrohten Buschratte leichte Pfotenhiebe versetzen, und ein verschwommenes Foto, das angeblich eine Katze aus der Nachbarschaft mit einer toten Buschratte im Maul zeigt. Es gibt jedoch keine Aufnahme, auf der eindeutig zu sehen ist, wie eine Katze eine Buschratte tötet. Dies wäre nicht nur ein Nachweis, sondern eine potenzielle juristische Waffe. Die Tierschützer hoffen, den Halter einer buschrattenverschlingenden Katze unter Berufung auf das Artenschutzgesetz gerichtlich belangen zu können.

Als wir unter dem triefenden Kronendach der verbliebenen Bäume entlangwandern, stoßen wir auf einen lang gestreckten, niedrigen Hügel aus braunen Blättern und Zweigen. Er sieht aus wie ein flaches Grab, ist aber in Wirklichkeit das Gegen teil – ein Rettungsboot. Nachdem die verfolgten Buschratten dem Nestbau abgeschworen hatten, gelobten DeGayner und sein älterer Bruder Clay, Nester für sie zu errichten. Die ersten bunkerähnlichen Modelle wurden aus alten Jet-Skis gezimmert, woran in den Florida Keys kein Mangel herrscht. Die DeGayners platzierten diese sorgfältig getarnten „Testkammern" kieloben in der Nähe von Nahrungsquellen. Das künstliche Nest, vor dem wir stehen, hat sogar eine Luke, sodass die Disney-Forscher hineinspähen konnten.

Jawohl, Disney-Forscher! Im Jahr 2005, als man schon fürchtete, die Buschrattenpopulation stände vor dem letzten Schritt am Rand des Abgrunds, tat sich der Fish and Wildlife Service der USA mit Biologen und anderen „Mitwirkenden" aus Disney's Animal Kingdom in Orlando zusammen, um Buschratten in Gefangenschaft großzuziehen und dann in die Natur zu entlassen.[18] (Zuerst kam mir diese Allianz befremdlich vor, doch wenn man genauer darüber nachdenkt, sind Disney-Produktionen stramm nagerfreundlich, und ihre prominentesten Miezen – von Cinderellas Luzifer bis zu Alices Tigerkatze – sind allesamt zumindest ansatzweise niederträchtig.)

Jahrelang kümmerten sich die Disney-Forscher in Rafiki's Planet Watch – einer thematisch dem *König der Löwen* nachempfundenen Naturschutzeinrichtung im Park – hingebungsvoll um gefangene Buschratten, die mit tragbaren Heizkörpern gewärmt und mit Ventilatoren gekühlt wurden, um ihnen ein mildes Key-Largo-Klima vorzugaukeln. Man reichte ihnen Römersalat zum Fressen und Pinienzapfen zum Spielen. Ihre Notdurft verrichteten sie auf mit Wachspapier ausgelegten Tabletts. Die Objekte

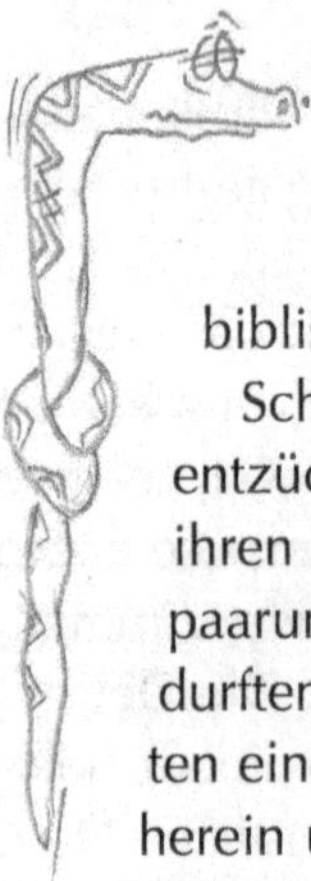

gewissenhafter medizinischer Untersuchungen, die in freier Natur selbst ohne Katzen in der Nähe nicht lange leben, erreichten hier das biblische Alter von vier Jahren.

Schon bald konnten die Besucher des Disney-Parks entzückende Filme mit den Buschratten bestaunen und ihren knarzenden Lautäußerungen lauschen, wenn sie paarungsbereit waren. Als der Film *Ratatouille* anlief, durften Kinder Kochmützen aufsetzen und den Buschratten eine Mahlzeit bereiten. Sogar Jane Goodall schneite herein und platzierte *Neotoma floridana smalli* auf ihrer Website *Hope for Animals and Their World*.

Schließlich war es an der Zeit, die Buschratten von Key Largo in ihre Heimat zurückzubringen. Man stattete sie mit winzigen Senderhalsbändern aus, stärkte sie mit heimischer Nahrung und gab ihn eine Woche Zeit, sich in einem künstlichen Nest zu akklimatisieren.

„Alles ging gut – bis wir sie rausließen", berichtet Dixon. DeGayner fing Katzen rund um die Uhr, aber er „konnte sie nicht schnell genug wegschaffen", wie er sagt. „Ich habe es kommen sehen. Wir ließen die Buschratten ins Freie und in der nächsten Nacht war alles vorbei." Als die Forscher die Kadaver einsammelten, fanden sie sie häufig halb aufgefressen unter Blättern verborgen vor, genauso wie auch ein Tiger seine Beute versteckt.

„Wie bringt man einer Buschratte bei, sich vor einer Katze zu fürchten?", fragt mich die Disney-Biologin Anne Savage. Die natürlichen Feinde von *smalli* sind Vögel und Schlangen – jagende Katzen sind „nichts, womit sie rechnen würden. Wenn diese Buschratten nicht einmal den Fuß vor ihr Nest setzen dürfen, ist ohnehin jedes Training sinnlos."

Disneys Zuchtprogramm wurde 2012 eingestellt. Im Schutzgebiet hingegen hat man die Anstrengungen verdoppelt, Hunderte künstlicher gut befestigter Nester zu bauen und die Katzeneindringlinge einzufangen. Einige der Invasoren sind vermutlich heimische Haustiere; andere stammen möglicherweise aus Kolonien verwilderter Katzen in der Nähe. Doch für Wissenschaftler ist dies natürlich eine rein technische Differenzierung. Biologen, deren Herzen für den Tierschutz schlagen, ordnen Hauskatzen nicht zwangsläufig in Kategorien wie „Heimtiere" oder „Streuner" oder „verwilderte Katzen" ein, denn in ihren Augen sind alle frei laufenden Hauskatzen gleichermaßen gefährlich.

In Key Largo hat es aufgehört zu regnen, obwohl es von den Hardwood-Bäumen nach wie vor heruntertropft und Dixon seine Panoramasonnenbrille immer noch nicht aufgesetzt hat. „Ich sage Ihnen, was wir wollen", sagt er mit schmalen Augen. „Wir wollen, dass die Buschratten ihre verdammten Nester selbst bauen. Und wir wollen, dass diese Katzen aus unserem Schutzgebiet verschwinden. Wir versuchen hier, eine bedrohte Tierart zu retten."

Um zu verstehen, wie Katzen ihre Krallen in so viele Ökosysteme schlagen konnten, sollte man wissen, wie sie überhaupt erst dorthin gelangt sind.

Wasser in Form von Flüssen und Ozeanen ist die Hauptbarriere für die Ausbreitung von Säugetieren. Vögel können über Meere hinwegschweben, aber Säugetiere müssen schwimmen oder sich – möglichst paarweise – auf pflanzlichen Flößen treiben lassen oder noch ausgefallenere Hilfsmittel nutzen. Haushunde mussten auf die harte Tour zur Neuen Welt gelangen, indem sie mit ihren Herrchen über die zugefrorene Landbrücke zogen. Einige entlegene Inseln wurden nie von Säugetieren erreicht: Die einzigen einheimischen Säugetiere auf Neuseeland sind drei Fledermausarten, die sich eine der sonst den Vögeln vorbehaltenen Nischen gesichert haben. Sind carnivore Beutegreifer schon auf dem Festland den Pflanzenfressern zahlenmäßig weit unterlegen, so fehlen sie auf Inseln häufig ganz und gar.

Hauskatzen haben diese unumstößliche Regel jedoch ad absurdum geführt – obwohl sie angeblich äußerst wasserscheu sind, haben sie das nasse Element immer schon für sich zu nutzen gewusst. Und das liegt großenteils daran, dass sie sich als perfekte Bordbegleiter auf Schiffen erwiesen haben. Zunächst einmal konnten sie mit ihrem Ruf als Rattenfänger punkten – und möglicherweise schafft ein geschlossenes System wie ein Schiff die seltene Voraussetzung dafür, dass ständig anwesende Katzen tatsächlich zuverlässig einen Unterschied ausmachen. Mit Sicherheit gibt es Berichte von Ratten, die Schiffskatzen zum Opfer fielen, um dann von hungrigen Matrosen für deren eigene Mahlzeiten beschlagnahmt zu werden. Nach dem plötzlichen Verlust mehrerer Katzen lamentierte ein Seefahrer des 17. Jahrhunderts, Katzen seien „kaum verzichtbar auf Schiffen, die mit Ratten so übervölkert sind wie das unsere".[19] (Wenn das Schiff allerdings ständig von Schädlingen wimmelte, waren die Katzen vielleicht doch gar nicht so unentbehrlich gewesen.) Manche Katzen genossen als Beigabe zu ihrem Rattenfraß erlesene Häppchen aus der Kombüse. Nach einer Darstellung aus dem 18. Jahrhundert schnappt eine Katze dem Steward der Kadettenmesse einen Bissen Hammelfleisch vom Munde weg.[20]

Von ihrem Jagdtalent mal ganz abgesehen, waren diese Kreaturen aus dem häufig ausgedörrten Nahen Osten für das Leben auf hoher See wie geschaffen – das muss beileibe kein Widerspruch sein, denn man hat das offene Meer schon oft mit der Wüste verglichen. Katzen brauchen nicht viel Trinkwasser und kommen über lange Strecken ganz ohne aus. Da sie auch kein Vitamin C benötigen, ist Skorbut ebenfalls keine Gefahr für sie.[21]

Dennoch mögen die Beweggründe der alten Seebären gar nicht immer solch praktischer Natur gewesen sein. Vielleicht hatten die Schiffsreisenden jener vergangenen Tage, von Kaufleuten zu Piraten, vom Leichtmatrosen bis zum Kapitän, aus denselben Gründen gerne Katzen um sich wie Sie und ich:

weil ihre süßen Possen für nette Abwechslung sorgen, wenn mal Flaute herrscht. Aus Musketenkugeln und Seemannsgarn bastelten Matrosen Katzenspielzeug,[22] und einige knüpften sogar kleine Hängematten für sie.[23] Mit den Jahrhunderten entwickelten sich Katzen zu einem solch wesentlichen Bestandteil der Schiffskultur, dass viele abergläubische alte Seeleute nicht an Bord gehen wollten, wenn keine Katzen mit von der Partie waren. Katzenlose Schiffe galten unter dem Seerecht zuweilen als nicht fahrtüchtig, und selbst im heutigen Marinejargon begegnet man noch der neunschwänzigen Katze oder dem Katzenpfoten-Knoten.

Wie uns das prähistorische Kätzchengrab verraten hat, segelten Katzen schon vor 9500 Jahren nach Zypern, zu ihrem vielleicht ersten Anlaufhafen. Jahrtausende später landeten sie in Ägypten, obgleich die Ägypter ihre übliche Verbreitung etwas eindämmten (diese waren nämlich nicht nur Landratten, sondern hatten auch strenge Gesetze, was den Export von Hauskatzen betraf).[24] Wahrscheinlich waren es eher die zur See fahrenden Phönizier, die einen weiten Bereich des Mittelmeerraumes mit Katzen versorgten und sie auch in Italien und Spanien einführten. Die alten Griechen statteten ihre weit verstreuten Kolonien ebenfalls mit Katzen aus und platzierten sie rund um den Balkan und das Schwarze Meer.[25] Im griechischen Seehafen Massilia (heute Marseille) waren auf den Münzen des Reiches zwar manchmal herumstreifende Löwen abgebildet, aber es waren die Hauskatzen, die die Stadt als Ausgangspunkt für ihre Eroberung des Kontinents erwählten. Als Haupteinfallsroute diente ihnen die Rhone; später trampten sie weiter über die Seine, wobei sie die Schiffe vermutlich nach Belieben wechselten.

Die Nachfolger der Griechen, die Römer, waren eingefleischte Hundemenschen. Dennoch gelang es den Katzen, im Schlepptau der kaiserlichen Legionen in Europa einzufallen; die Donaugrenze ist mit Katzenskeletten gesprenkelt. Auf dem langen Marsch nach Britannien wurden die römischen Eroberer von den Katzen übertrumpft: Diese hatten sich bereits in Wallburgen der Eisenzeit verkrochen, die von Stammesführern der Barbaren gehalten wurden.[26] Vielleicht waren die Katzen schon Jahrhunderte früher von Zinnhandel treibenden phönizischen Schiffen eingeschleppt worden. In Mitteleuropa verbreiteten sie sich vermutlich in der Zeit um Christi Geburt.

Und so wie Katzen die Liebkosungen Cäsars nicht nötig hatten, konnten sie auch auf den Segen des Papstes verzichten. Der mittelalterliche katholische Argwohn war für sie nichts weiter als ein lästiger Schluckauf – oder sollte man in diesem Fall eher sagen, ein Haarball? So weitreichend die Katzeninquisition auch sein mochte, viele Mönche und Nonnen blieben ihren Katzen treu und pfiffen auf päpstliche Bullen.[27] Zwischen 1305 und 1467 führte die Kathedrale von Exeter in ihrer Ausgabenliste Katzenfutter auf und verfügte über eine eigene Katzentür.

Und natürlich hatten Katzen auch eine Menge Freunde unter den sogenannten Ungläubigen. Weil der Prophet Mohammed ein Katzenbewunderer war, verteufelten moslemische Armeen, die nach Nordafrika und Spanien ausschwärmten, die „unreinen" Hunde und verehrten Katzen. Nur wenige Jahrzehnte, nachdem Papst Gregors *Vox in Rama* Schlagzeilen machte, errichtete ein wohlhabender Sultan aus Kairo das wohl weltweit erste Heim für Straßenkatzen.[28] Auch die Wikinger liebten Katzen.[29] Wie Genetiker vermuten, fanden die flammenhaarigen Plünderer Gefallen an den orangen Katzen, die sie am Schwarzen Meer aufspürten, und verschleppten sie zu Außenposten in Island, Schottland und den Färöer-Inseln, der heutigen Heimat ungewöhnlich vieler rotfelliger Doppelgänger von Cheetoh.

Doch von allen antiken und modernen Reichen, ob christlich oder anderen Glaubens, war es Großbritannien, die vielleicht größte Seemacht aller Zeiten, die die Katzen in die obersten Ränge katapultierte. Der Entdecker Ernest Shackleton zerrte 1914 sogar eine Katze in die Antarktis.[30] (Weil sie das epische Leid, das ihrer harrte, schon vorausahnte, ging Mrs. Chippy klugerweise über Bord.) Ihrer Majestät Marine tat Schiffskatzen erst 1975 in Acht und Bann.

Britische Schiffe verfrachteten Hauskatzen auch nach Nord- und Südamerika. Hunger leidende Siedler aus Jamestown verspeisten ihre eigenen Stubentiger, doch das hielt Katzen nicht davon ab, dort Kralle zu fassen und sich dann westwärts auszubreiten, wo sie im Wilden Westen in Grenzgarnisonen und Außenposten stationiert wurden.[31] Goldschürfer chauffierten sie nach Kalifornien und Alaska, wo man sie für Goldstaub verkaufte.[32] Wie üblich hoffte man, dass Katzen der zügellosen Nagerinvasion in den Boomtowns Herr würden. Einige subtile Indizien weisen jedoch darauf hin, dass sie der Aufgabe nicht ganz gewachsen waren. Wie ein Sergeant der Army in den 1850er-Jahren beklagte, waren die Katzen in einem Fort in Kansas „absolute Wracks. Sie vertilgten nicht genügend Mäuse, um der Flohplage ein Ende zu bereiten, sondern hockten mutlos herum und bliesen Trübsal."[33] Einige Katzen ließen die von Flöhen heimgesuchten Menschensiedlungen offenkundig im Stich und suchten ihr Glück in der Prärie, wo es schmackhaftes einheimisches Kleingetier zuhauf gab.

Aus Sicht des Naturschutzes am folgenschwersten war vielleicht, dass die britischen Kolonialherren Katzen aller Art auf den pazifischen Inseln bunkerten und Australien den felinen Eroberern überließen. Schon 1770 legte James Cook mit der HMS *Endeavour* in North Queensland an, und wie ein Beobachter vermerkte, „wäre es unlogisch anzunehmen, dass die Katzen in irgendeiner Weise kontrolliert wurden".[34] Heute steht in Sydney eine Bronzestatue von Trim, der Katze an Bord des ersten Schiffes, das Australien umsegelte.[35] Trims britisches Herrchen, der furchtlose Matthew Flinders, führte ein Logbuch, das etwas katzenlastig war. Keck schildert er Trims Eskapaden auf dessen Landgängen: „Mannigfaltig und eigentümlich waren die Beobachtungen, die er auf mancherlei wissenschaftlichem Gebiet machte, insbesondere in der Naturgeschichte kleiner Säugetiere, Vögel und fliegender Fische, für die er eine große Vorliebe entwickelte."[36]

Im Vertrauen auf das Talent der Katzen als Nagervernichter setzten die Briten bewusst Katzen auf entlegenen Inseln mit kolonialem Potenzial aus, darunter 20 auf Tahiti.[37] Einige dieser Kolonialisierungen erfolgten jedoch unfreiwillig – nach Schiffbrüchen paddelten die Katzen selbstständig an Land.[38]

Die fesselndsten Schilderungen in den Logbüchern betreffen wohl die Aufnahme der Katzen auf bewohnten Inseln. Die Eingeborenen dort, die nie zuvor irgendeine Katze gesehen hatten oder sich vorstellen konnten, dass solche Kreaturen existierten, schlossen erstmals Bekanntschaft mit ihnen.

Nirgendwo sonst zeigte sich die Macht dieser Spezies über uns auf so frappierende Weise.

„Unsere Katzen ... verblüfften sie auf das Höchste", schrieb der Kolonialminister John Uniacke, nachdem mehrere Aborigines an Bord der HMS *Mermaid* gekommen waren, die 1823 vor Queensland vor Anker lag. „Sie ... liebkosten die Katzen unablässig und hielten sie hoch, damit ihre Gefährten an Land sie bewundern konnten."[39]

Unter den Samoanern „entwickelte sich eine Leidenschaft für Katzen", schreibt Titian Peale, ein amerikanischer Entdecker, „und sie taten alles, um die Exemplare auf den Walfangschiffen, die die Inseln anliefen, in ihren Besitz zu bringen."[40] Auf Ha'apai stahlen Eingeborene zwei von Kapitän Cooks „Catts".[41] Eingeborene auf Eromanga tauschten Schnüre aus duftendem polynesischen Sandelholz gegen die Katzen der Entdecker.[42]

Bei einigen weitsichtigen Eingeborenen weckten Katzen auch Ängste, doch das vorherrschende Gefühl scheint staunende Bewunderung gewesen zu sein. Als die christlichen Missionare eintrafen, köderten ihre bezaubernden Haustiere zweifellos viele Konvertiten.[43] Schon in den 1840er-Jahren schleppten so manche australischen Eingeborenen Katzen und Kätzchen wie Taylor Swift in Taschen mit sich herum und Ende des darauffolgenden Jahrhunderts betrachteten die Aborigines den großartigen Invasor als einheimisches Tier.[44]

Natürlich brauchten Katzen eigentlich gar kein Begrüßungskomitee. Wo immer sie von Bord gingen, landeten sie auf allen vieren und gingen unbeirrt ihren Weg.

Diese Selbstständigkeit ist auch etwas, was sie von Hunden unterscheidet. Vagabundierende Hunde sind in vielen Städten von Entwicklungsländern nach wie vor ein Problem und verhalten sich manchmal wie invasive Prädatoren – so verdächtigte man im Jahr 2006 zwölf verwilderte Hunde, eine Population seltener, auf Fidschi endemischer Frösche der Spezies *Platymantis vitianus* auszurotten.[45] Es zeigt sich jedoch, dass Hunde, die in der Gemeinschaft mit dem Menschen eine biologische Wiedergeburt erlebt haben und so sehr auf unsere Bedürfnisse zugeschnitten wurden, ohne uns zutiefst unglücklich sind.[46] Es ist, als hätten sie die Wildnis zu weit hinter sich gelassen, wohingegen Katzen sich in beiden Welten heimisch fühlen, womit sie sehr viel flexiblere und eindrucksvollere Invasoren abgeben.

Zum einen sind verwilderte Hunde inkompetente Mütter. Welpen, die auf der Straße geboren werden, sterben meistens. Rudel von Straßenhunden sorgen nicht durch eigenen Nachwuchs für ihren Fortbestand, sondern durch die Aufnahme neuer Streuner.

Hauskatzen hingegen sind hingebungsvolle Mütter und sowohl in menschlicher Gesellschaft als auch außerhalb in ihrer Fortpflanzungsrate unerreicht.[47] Weibliche Katzen werden mit sechs Monaten geschlechtsreif und vermehren sich fortan eher wie die Karnickel denn wie Tiger – ein entscheidender ökologischer Vorteil, der zum Teil ihrer kleinen Größe geschuldet ist und zum anderen Teil ihrem hochgefahrenen Reproduktionszyklus. Darin übertrumpfen sie sogar einige wilde Nagerarten. (Ja, KLWR, du darfst dich gerne angesprochen fühlen.) Nach einer Rechnung könnte ein Katzenpaar in fünf Jahren 354 294 Nachkommen erzeugen, falls alle überleben.[48] Im wirklichen Leben produzierten fünf Katzen, die man auf die unwirtliche Marion-Insel gebracht hatte (sie ist permanent schneebedeckt und besitzt aktive Vulkane, kann also kaum als Katzenparadies gelten), innerhalb von 25 Jahren über 2000 überlebende Junge.[49]

Und selbst diese Kätzchen verstehen sich aufs Töten. Verwilderte Hunde scheinen sich nicht auf die Jagd im Rudel und andere wölfische Angewohnheiten zu verlegen; sie leben fast ausschließlich von Abfall. Dagegen verschmähen Katzen eine hübsche, bequeme Müllmahlzeit zwar durchaus nicht, sind aber nicht darauf angewiesen, sondern machen sich autark und ernähren sich von selbst geschlagener Beute. (Ohnehin heißt es, dass Katzen warme, feuchte, noch zuckende Hauptgerichte bevorzugen.) Gewissenhafte Katzenmütter weihen ihre Jungen schon mit einigen Wochen in die Anfänge des Jagens ein, indem sie ihnen lebende Beute mitbringen, sofern sie verfügbar ist.[50] Selbst ohne ihre Mutter in der Nähe lernen Kätzchen, sich anzuschleichen und auf die Beute zu stürzen. „Das Verhalten von spielenden Kätzchen", schreibt Elizabeth Marshall Thomas in *The Tribe of Tiger*, „ist nichts anderes als Jagdverhalten".[51]

Als Beutegreifer verfügen Hauskatzen über nahezu übernatürliche Kräfte: Sie sehen ultraviolettes Licht, hören Ultraschall und besitzen ein gespenstisches Gespür für den dreidimensionalen Raum, das ihnen unter anderem ermöglicht einzuschätzen, aus welcher Höhe Töne erklingen. Diese speziell felinen Gaben kombinieren sie mit einer lukullischen Flexibilität wie nur wenige ihrer Verwandten. Statt sich wie einige Wildkatzen auf eine bestimmte Chinchilla- oder Hasenart zu spezialisieren, jagen Hauskatzen über 1000 verschiedene Arten – und das schließt noch nicht all die exotischen Reste im Abfall mit ein.[52]

In ihrer Lebensweise sind sie ähnlich anpassungsfähig. Sie kommen, so in der Natur, allein zurecht oder können in Gruppen leben. Sie können über ein Territorium von zweieinhalb Quadratkilometern herrschen oder über eine Einzimmerwohnung, zwischen Felsbrocken herumstreifen oder sich ihren Weg durch dichten Verkehr bahnen.[53] Sie sind überwiegend nachtaktiv, aber richten die Tageszeit ihrer Jagdstreifzüge nach der Art der Beute, den Temperaturen und der Jahreszeit aus.[54] Sie sind sogar in der Lage, ihre Anatomie den Gegebenheiten anzupassen. Der Verhaltensforscher Michael Hutchins, vormals Leiter der Wildlife Society, hat mir von seinen Reisen zu den Galapagosinseln erzählt, die – trotz ihrer reichhaltigen seltenen und berühmten Tierwelt – nur über knappe Süßwasservorräte verfügen und daher für viele Landtiere kein idealer Lebensraum sind. Nicht so für Hauskatzen: Die bestens gedeihende eingeführte Population des Archipels kommt zurecht, indem sie „Blut und Tau" trinkt, wie Hutchins sagt, und infolgedessen deutlich größere Nieren entwickelt. Heutzutage machen diese äußerst fitten Überlebenden Jagd auf eine gefährdete Sturmvogelart und sogar auf eine Spezies von Darwins legendären Finken.

Der bei Weitem flexibelste Aspekt der Hauskatzenbiologie ist ihr Verhältnis zu uns. Wegen der speziellen Beziehung zwischen Hauskatze und Mensch genießen sie eine Palette von Optionen, die für andere Säugetiere, insbesondere Fleischfresser, unerreichbar bleiben. Es kommt nicht oft vor, dass wir vorsätzlich die invasiven Pflanzen und Tiere fördern, die wir im Ballastwasser von Schiffen oder un-

ter unseren Schuhsohlen um die Welt transportieren. Bei der Verbreitung von Katzen hingegen haben wir offensichtlich bewusst unsere Hand im Spiel: Wir schleppen sie nicht nur in Gegenden ein, wo sie nichts zu suchen haben, sondern füttern sie auch reichlich, lassen sie vom Tierarzt impfen und gewähren ihnen jahrzehntelang Unterschlupf in unseren Häusern und unter der Veranda, wenn sie, sich selbst überlassen, jung sterben würden.

Diese Vorzüge versetzen Katzen in die Lage, den grundlegenden Regeln der Natur zu trotzen. Gemeinhin versorgt ein Ökosystem so viele Prädatoren, wie es das Angebot an Beutetieren zulässt – ist das Kontingent erschöpft, verhungern die Beutegreifer. Doch insbesondere in städtischen Gebieten spiegeln Hauskatzenpopulationen die Menschenpopulationen wider, nicht die Populationen der Beutetiere; das liegt zum einen daran, dass Katzen als Haustiere gehalten werden, und zum anderen an der großen Anzahl von Streunern, die sich von unseren Abfällen ernähren. In Bristol in Südengland kommen auf einen Quadratkilometer rund 348 Hauskatzen.[55] In Großstädten wie Rom und Jerusalem sowie in Teilen von Japan wurden schon 2000 Katzen pro Quadratkilometer verzeichnet.[56] Dieses Übermaß an Spitzenprädatoren setzt die örtlichen Beutetierarten gehörig unter Druck. An manchen Orten sind Katzen adulten Vögeln zahlenmäßig tatsächlich überlegen.[57] Das ist ein bisschen so, als gäbe es mehr Löwen als Gnus.

Recht verblüffend ist, dass diese unglaubliche Populationsdichte von Katzen auch dort vorherrscht, wo Menschen und ihre Dosenöffner selten sind. Das liegt daran, dass in vielen entlegenen Gegenden, in die wir Katzen eingeschleppt haben, auch Beutetiere, vor allem Hauskaninchen, bewusst von uns in die Natur entlassen wurden, oder wir haben unabsichtlich Mäuse und Ratten von unseren Schiffen hinterlassen. Diese schlauen Mitläufer des Menschen – die auf ihre Art ebenso beeindruckend und kompetent wie Hauskatzen sind – dringen in das neue Ökosystem ein und vermehren sich in atemberaubendem Ausmaß. Ihre Populationen können riesige Mengen von Katzen ernähren, deren Überleben – da sie nach Herzenslust Mäuschen und Häschen verspeisen, ohne jemals die Gesamtpopulation zu dezimieren – nicht von delikaten und seltenen einheimischen Tieren abhängt. Stattdessen jagen sie diese bei Gelegenheit und schnappen sich gefährdete Exemplare eines nach dem anderen, wenn sie ihnen über den Weg laufen, als Imbiss oder zum Vergnügen, bis sie ausgestorben sind.

Dieses Phänomen bezeichnet man als Hyperprädation.[58]

Mittlerweile besiedeln Katzen Tausende einst katzenfreier Inseln, und der Strom der Einwanderungen reißt nicht ab – dank Kreuzfahrten, Umsiedlungen von indigenen Völkern und sogar (die Ökologen sollten sich schämen) wissenschaftlicher Expeditionen. Lange isolierte Inseln sind Oasen der Biodiversität. Der natürliche Mangel an endemischen Räubern macht es Katzen leicht, als Speerspitze der Nahrungskette einzufliegen, und für die Beutetiere sind die Fluchtwege abgeschnitten. Falls sie überhaupt versuchen würden zu fliehen. Naive Inseltiere lassen häufig Verteidigungsstrategien, ja sogar Furcht vermissen – man spricht von „Inselzahmheit". Sie sind leichte Beute und oft nicht nur flug-, sondern auch fluchtunfähige Vögel.

Auf der südafrikanischen Insel Dassen Island wurden Katzen Ende des 19. Jahrhunderts eingeführt. Dort haben sie Jagd auf den Schwarzen Austernfischer, den Kronenkiebitz und das Helmperlhuhn gemacht.

Von der mexikanischen Insel Socorro verschwand in den 1950er-Jahren eine Taubenart, kurz nachdem eine Militärgarnison Katzen importiert hatte.

Auf Réunion im westlichen Indischen Ozean zwingen Katzen den gefährdeten Barausturmvogel in die Knie. Auf den Grenadinen stopfen sie sich mit dem stark gefährdeten Zwerggecko *Gonatodes daudini* voll. Auf Samoa schlug Katzen zunächst leidenschaftliche Zuneigung entgegen, doch nun attackieren sie die Zahntaube. Auf den Kanarischen Inseln verfolgen sie drei Arten der Rieseneidechse und eine bedrohte Vogelart, den Kanarenschmätzer. Auf Guam haben sie die Guamralle ins Visier genommen, einen „geheimnisvollen flugunfähigen" und akut vom Aussterben bedrohten Vogel. „Wegen räuberischer Katzen", schreibt der US Fish and Wildlife Service, „ist davon auszugehen, dass auf Guam derzeit keine Guamrallen existieren."[59]

Fidschi, Cayman Islands, Britische Jungferninseln, Französisch-Polynesien, Japan – die Liste ließe sich beliebig weiter fortsetzen, obwohl jedes einzelne Ökosystem seine eigene Geschichte zu erzählen hat. Auf dem subantarktischen Kerguelen-Archipel ist es so stürmisch, dass Insekten dort nicht überleben können – Kapitän Cook verpasste ihm den Spitznamen *Desolation Island*, was so viel wie Insel der Trostlosigkeit bedeutet.[60] Dennoch wächst dort der Kerguelenkohl, der lange ein Grundnahrungsmittel der Seeleute war, weil er reich an Vitamin C ist, und das braucht man, um sich gegen Skorbut zu schützen. (Zudem hat die Pflanze einen „ganz eigenen Geschmack", wie der Assistent des Schiffschirurgen, Joseph Hooker, 1840 schrieb. Taktvoll fügte er hinzu, sie verursache kein Sodbrennen „oder andere unleidliche Symptome", wie man sie mit Kohl gemeinhin verbindet – ein höchst glücklicher Umstand in der räumlichen Beengtheit des Schiffes.)[61] Doch schon bald entwickelten die vom Kohl übersättigten Matrosen Gelüste nach Kaninchenfleisch und führten Häschen in die Insel ein. Die Population explodierte, und 1951 beschlossen Wissenschaftler von einer französischen Forschungssta-

tion, ein paar Katzen als Gegenmaßnahme in die Wildnis zu entlassen. Als die 1970er-Jahre anbrachen, waren aus den paar Katzen ein paar Tausend geworden, die pro Jahr schätzungsweise 1,2 Millionen endemische Vögel verspeisten und sich nun ihrerseits am Weißkopf-Sturmvogel und Taubensturmvogel überfraßen.[62]

Auf Hawaii haben Katzen eine weitere Katastrophe heraufbeschworen. Im Jahr 1866 beobachtete der Katzenliebhaber Mark Twain auf dem Archipel „Katzentrupps, Katzenkompanien, Katzenregimenter, Katzenarmeen, Katzenheerscharen",[63] aber 150 Jahre später durfte man ihn ausnahmsweise einmal der Untertreibung bezichtigen. Katzen leben sogar in über 3000 Metern Höhe an den Lavaströmen des Mauna Loa.[64] Unglücklicherweise sind die vulkanischen Inseln der Hawaii-Inselkette auch die Heimat – in manchen Fällen die einzige – von mehreren nicht so unternehmungslustigen Vogelarten. Keilschwanz-Sturmtaucher beispielsweise legen erst mit sieben Jahren Eier und dann auch nur eines pro Jahr.[65] Die in Erdhöhlen ausgebrüteten Jungen des gefährdeten Hawaiisturmvogels werden erst nach 15 Wochen flügge. Der Hawaiisturmtaucher auf der Insel Kauai wird wie die Motten vom Licht der Großstädte angezogen. Gebannt, aber verwirrt plumpsen die Vögel irgendwann erschöpft vom Himmel. Gute Samariter sind angehalten, Vögel einzusammeln und sie zu Auffangstationen zu bringen, aber die Katzen haben längst gelernt, unter den Lampen zu warten.

Auf Neuseeland fressen Katzen Fledermäuse, die einzigen einheimischen Säugetiere des Inselstaates. Es hieß, dass eine einsame Katze mit Namen Tibbles Ende des 19. Jahrhunderts den Stephenschlüpfer ausgerottet habe – heute gibt die Forschung mehreren Katzen die Schuld, aber für den ausgestorbenen Vogel ist dieses Detail von minderem Interesse. Außerdem waren Katzen am Niedergang des Dunkelsturmtauchers und des Kiwis beteiligt. In den 1970er-Jahren brachten sie die

letzte Population der Kakapos in Bedrängnis und heute gibt es nur noch wenig mehr als 100 Exemplare dieser sehr großen flugunfähigen Papageienart.[66] Einige dieser Vögel hätten sonst gut und gerne 95 Jahre alt werden können.

Die Katzen haben nicht nur das Morgenkonzert der Inselvögel merklich leiser werden lassen, sondern auch die stumme Brückenechse aufs Korn genommen, ein neuseeländisches Reptil, dessen Wurzeln auf der Hauptinsel bis in die frühen Jahre der Dinosaurier zurückreichen. Doch dank der Hauskatzen ist ihre Zeit in freier Wildbahn nun abgelaufen.

Dann gibt es noch den Fall Australien, eine Insel, die zugleich ein ganzer Kontinent ist. Australien schlägt sich mit zahlreichen ungestümen Tierinvasoren herum: Aga-Kröten, Staren, Teichmolchen, Rotfüchsen, Kamelen, Brombeersträuchern, Wasserbüffeln. Die schlimmsten Übeltäter sind in den Augen vieler jedoch Hauskatzen; diese hat der Leiter der Australian Wildlife Conservancy vor allem im Sinn, wenn er von der „ökologischen Achse des Bösen" spricht.[67]

In Down Under gibt es rund drei Millionen Heimkatzen und circa 18 Millionen Streuner, womit die Populationen von Menschen und von Katzen des Kontinents in etwa gleichauf liegen. Der australische Ökologe Ian Abbott hat in mühsamer Kleinarbeit zusammengetragen, wie die Katzeninvasion zwischen 1788, als Katzen nach mehreren Küstenbesuchen schließlich an Land gingen, und 1890, als sie den gesamten Kontinent eingenommen hatten, möglicherweise vonstattengegangen ist.[68] In einem heroischen wissenschaftlichen Unterfangen wühlte er sich auf der Suche nach Erwähnungen von Katzen durch Kolonialzeitschriften und hielt Ausschau nach Schlüsselwörtern, die die Historiker früherer Zeiten selten in einem handlichen Schlagwortregister aufführten. Anfang des 19. Jahrhunderts tauchen Katzen meist nur sporadisch auf – sie erscheinen in einem Katalog von Nutztieren, eine Katze schleppt eine Dickschwänzige Schmalfußbeutelmaus in ein Haus, eine Katze wird „wegen einer Welle gegessen" und so weiter. In den 1880er-Jahren klingen Berichte aus dem Outback jedoch schon etwas beunruhigender: Unbekannte Katzen treten in den gottverlassensten Gegenden urplötzlich aus den Schatten, um Hinterwäldlern am Lagerfeuer Gesellschaft zu leisten. Im Jahr 1888 behauptet ein Beobachter, Katzen hätten sich „über das ganze Land ausgebreitet" und seien „sogar schon am Mount Aloysius gesichtet" worden. 1908 vermerkt ein anderer Entdecker, dass man „in jeder Richtung unzählige Katzenspuren gesehen" habe.

Anscheinend folgten die Katzen Bergleuten und Hirten ins Landesinnere, und wenn das Durchhaltevermögen von Mensch und Nutzvieh erschöpft war, machten die Katzen unverdrossen weiter. Dennoch vergingen noch einige Jahrzehnte, bis Hauskatzen auch in die tiefste Wildnis vordrangen, und angesichts ihrer herausragenden invasorischen Fähigkeiten wunderte sich Abbott, warum sie so lange dafür brauchten. Mittlerweile glaubt er den Grund zu kennen: Im Gegensatz zu den meisten anderen Inseln verfügte Australien über einige prächtige endemische Raubtiere – den Riesenbeutelmarder, den Keilschwanzadler –, die in der Lage waren, Katzen zu schlagen. Erst als wir Menschen diese carnivoren Katzenrivalen erschossen, aushungerten oder anderweitig eliminierten, vermehrten sich die Katzen über jedes vernünftige Maß hinaus.

Vielleicht dank ihres britischen Blutes entließen die Australier überdies selbst immer noch mehr Katzen bewusst in die Natur. Sie kommandierten sie ab, um Obstbäume vor Vögeln zu schützen oder Meeresvögel davon abzuhalten, sich auf Perlenfischerbooten niederzulassen, meistens jedoch, um gegen invasive Kaninchen vorzugehen, die wie üblich längst aus der Kasserolle gehüpft waren und sich mit verheerenden Folgen an der örtlichen Vegetation gütlich taten, von den Nutzpflanzen der

Siedler ganz zu schweigen. Im Gesetz zur Bekämpfung der Kaninchenplage von 1884 ging die australische Regierung offiziell einen Pakt mit den Katzen ein, deren Tötung mit einem Mal als Verbrechen geahndet wurde. 400 Katzen wurden von der Regierung bei der Tongo Station am Paroo River und 200 aus Adelaide in der Wildnis um Mount Ragged „freigesetzt", in den Westen von New South Wales transportiert und in Perth eingekauft, um sie in Eucla in die Natur zu entlassen.

Mancherorts wurden für diese felinen Staatsdiener winzige Häuser errichtet – ein Vermächtnis, das noch in Namen von Orten wie Victoria's Cat House Mountain aufscheint.[69] Doch die Katzen, anpassungsfähig wie eh und je, sicherten sich auch ihre eigenen Unterkünfte. Ganz wie im Wunderland fand man Katzen nun auch auf dem Grund von Kaninchenlöchern vor. Sie hatten gelernt, die Baue genau jener Häschen zu okkupieren, die sie eliminieren sollten. „Kaninchen haben die Ausbreitung (der Katzen) begünstigt, indem sie ihnen Futter und … Unterschlüpfe lieferten", vermerkte das verratene und womöglich überlastete Ministerium für Nachhaltigkeit, Umwelt, Wasser, Bevölkerung und Gemeinschaftswesen in einem Memorandum.[70] Letztlich versäumten die Katzen es nicht nur, die Kaninchen auszumerzen, sie schlugen sich zu allem Überfluss auch noch den Bauch mit einheimischen Tieren voll. Schon in den 1920er-Jahren führten die Naturforscher, die gegen die „Kaninchenplage" zu Felde zogen, das Wort von der „Katzengeißel" im Munde.[71] Abtrünnigen Katzen wird sogar nachgesagt, sich mit einer weiteren Umweltbedrohung – den Buschfeuern – verschworen zu haben, indem sie in den Brandnarben lauerten, um die ermüdeten Überlebenden abzuschöpfen.[72]

Das Gemetzel wird immer noch dokumentiert.[73] Viele Beutetiere der Katzen sind klein, scheu, nachtaktiv und obskur:

Kreaturen wie Ameisenbeutler, Zwergsteinkänguru, Sumpf-Breitfußbeutelmaus und Langnasen-Potoroo. Das natürliche Verbreitungsgebiet der Großen Häschenratte, ein Nagetier, das ähnliche Geräusche wie KLWR produziert, erstreckte sich früher über Millionen Quadratkilometer und schrumpfte später, unter anderem dank der Hauskatzen, auf eine einzige Insel von fünf Quadratkilometern Größe.[74] Aber damit geht es ihr immer noch besser als ihrer Landsmännin, der Kleinen Häschenratte, die ganz von der Erde verschwunden ist.

Die Australier haben versucht, gefährdete Arten auf küstennahen Inseln zu horten, um sie vor Katzen zu schützen; sie errichteten Hightech-Antikatzenzäune, die angeblich die ernüchternde Fähigkeit der Katzen einberechnen, „Elektroschocks zu tolerieren, zu graben, an senkrechten Flächen hochzuklettern und mindestens 1,8 Meter weit zu springen".[75] An Orten wie dem Schutzgebiet Wongalara Wildlife Sanctuary, das einigen verbliebenen Blassen Australischen Feldratten Zuflucht gewährt, patrouillieren Naturschützer an der Umzäunung dieser Antikatzengehege mit Scheinwerfern und Hunden.[76]

Aber man weiß ja, wie es dem besten Plan, ob Langschwanz-Hüpfmaus (die nun ausgestorben ist), ob Mann, oftmals ergeht.

Ein bedrohtes Säugetier Australiens ist der Große Kaninchennasenbeutler (engl. *greater bilby*), ein scheues graues Beuteltier, das dem Bastard von einer Maus und einem Kaninchen ähnelt – ein bisschen merkwürdig und mit recht langer Nase, aber auch sehr süß. Sein enger Verwandter, der Kleine Kaninchennasenbeutler, ist das Maskottchen der Australian Wildlife Conservancy, so ähnlich wie der Panda des World Wildlife Fund. Traurigerweise ist der Kleine Kaninchennasenbeutler in den 1960er-Jahren ausgestorben; eine Mitschuld trugen auch hier wieder die Hauskatzen. Der Große Kaninchennasenbeutler hält sich noch, aber sein Verbreitungsgebiet, das sich einst über 70 Prozent des Kontinents erstreckte, ist dramatisch geschrumpft.

Für Katzenfutter ungewöhnlich, hat der Kaninchennasenbeutler seine eigene Fangemeinde; seit Kurzem gibt es eine nationale Kampagne, Ostern mit stanniolverpackten Kaninchennasenbeutlern aus Schokolade zu feiern statt mit Schokoabgüssen jener verhassten Eindringlinge, der Hasen bzw. Kaninchen.[77] Vor einigen Jahren umgab der Save the Bilby Fund einige Morgen des Nasenbeutlerhabitats mit einem räubersicheren 500 000-Dollar-Zaun und hütete innerhalb der Umfriedung Dutzende der kostbaren Überlebenden. Zu jedermanns Entzücken begannen die seltenen Beuteltiere sich zu paaren und hatten es im Jahr 2012 zu über 100 Jungen gebracht – was zumindest in Relation zu den wilden Populationen einer wahren Schwemme gleichkam.

Doch unbemerkt von den Kaninchennasenbeutlerfreunden rissen Starkregen und Überflutungen ein Loch in den schicken Zaun. Und als die Wissenschaftler später das aufgebrochene Schutzgebiet betraten, fanden sie zwanzig Katzen und keine Kaninchennasenbeutlerjungen mehr.[78]

Wie Ökologen in Australien und anderswo betonen, verharmlost die Konzentration allein auf das räuberische Verhalten der Hauskatze die lawinenartigen Folgen der Existenz dieser Invasoren, die ein ganzes Ökosystem auf den Kopf stellen können. Laut mehreren Studien kann die bloße Anwesenheit von Katzen Vögel so in Angst versetzen, dass sie aufhören zu brüten und ihre Jungen nicht mehr wie vorgesehen füttern.[79] Borstenbrachvögel auf den Phönixinseln haben gelernt, Katzenterritorien gänzlich zu meiden, damit sie sich in Ruhe mausern können.[80] Schon ein Hauch von Katzenurin lässt Derbywallabys schwerer atmen.

Auch räuberische Konkurrenten fühlen sich unter Druck. Nach einer Studie aus Maryland schlugen Katzen so viele Streifenhörnchen, dass sich die ansässigen Habichte auf die Jagd auf Singvögel verlegten, die sich allerdings viel schwerer fangen ließen, weshalb weniger Habichtjunge überlebten.[81] Katzen haben die letzten verbliebenen Florida-Pumas vermutlich mit Katzenleukämie infiziert; zudem sind sie Überträger der Tollwut.[82] Und eine ungeheure Palette an Tieren, vom Weißwal über das Hausschwein bis zur Hawaiikrähe (die aus diesem Grund in freier Wildbahn nicht mehr vorkommt) und zum Menschen, wird von Katzen mit der üblen und manchmal tödlichen Krankheit Toxoplasmose angesteckt.

Die Zugabe eines fremden felinen Superraubtieres kann sogar Pflanzen gefährden. Auf den Balearen beschleunigte das Räubertum der Katzen den Niedergang einer samenfressenden einheimischen Eidechse, die als einziger Verbreiter einer ebenso ausgedünnten endemischen Pflanze fungierte.[83] Auf Hawaii ist der Kot gefährdeter Seevogelkolonien ein bedeutender Dünger.[84]

Auf dem Festland wird das räuberische Verhalten von Hauskatzen weniger genau untersucht – unter anderem weil die schiere Menge der Katzen und ihrer potenziellen Beutetiere ein recht unhandliches Forschungsobjekt abgeben. Die im Jahr 2013 von Smithsonian und anderen US-Wissenschaftlern durchgeführte Metaanalyse über Prädation mündete in eine Petition, die Dutzende Naturschutzgruppen unterzeichneten, um alle herrenlosen Katzen aus dem Bundesterritorium zu entfernen. Die Forscher extrapolieren ihre (umgehend kontrovers diskutierten) Ergebnisse aus kleinen Untersuchungsgebieten auf das riesige Festland, weshalb die *New York Times* von einem „breiten Spektrum und Unwägbarkeiten" spricht.[85] Wie der Biologe Stanley Gehrt von der Ohio State University mir hoffnungsvoll mitteilte, würde sich ein anderer bedeutender Prädator des Festlands – der Kojote, ein großer Fleischfresser, der sein historisches Verbreitungsgebiet in der Tat ausweitet – bei der Verdrängung der Katzen möglicherweise als hilfreicher erweisen, als die Zahlen von Smithsonian nahelegten. Viele Naturschutzbiologen gehen jedoch von der Richtigkeit der Daten aus.

Zur gleichen Zeit lassen sich die Lektionen aus der Inselökologie womöglich in zunehmendem Maße auf das amerikanische Festland übertragen, weil es laut einigen Wissenschaftlern ebenfalls immer mehr „Inseln" bildet.[86] Aufgrund von höherer Temperatur, helleren Lichtern, mehr Lärm und einer Überfülle an Nahrung und Wasser sind unsere Groß- und Kleinstädte einzigartige, wenn auch höchst irreguläre Ökosysteme, die sich von ihrer Umgebung drastisch abheben.

Dementsprechend entwickeln sich dank der Zersplitterung der Lebensräume auch die verbliebenen naturnahen Gebiete zu Inseln: Statt von Flüssen und Meeren werden sie von Straßen und Trabantenstädten begrenzt, doch der Effekt auf die dort lebenden Tiere ist vergleichbar.

In vielen Fällen ähneln die wilden Tiere, die sich an das Leben auf dem Festland im 21. Jahrhundert anpassen, gewissermaßen Schiffbrüchigen im Pazifik.

Da sich die globale ökologische Gemeinschaft außerstande sieht, die letzten Versprengten verschiedener bedrohter Arten zu schützen, hat sie sich nun auf schonungslosen Felinizid verlegt. Man bombardiert Schlupfwinkel von Katzen mit speziellen Viren und tödlichen Giften. Man macht Jagd auf sie mit Schrotflinten und Spürhunden. Australien führt den Kampf an. Dort ist es zwar verboten, einer Heimkatze die Krallen zu ziehen, doch andererseits hat die Regierung für die innovative Forschung an Katzengiften einiges springen lassen – unter anderem für die Entwicklung einer toxischen Känguruwurst namens Eradicat.[87] Außerdem haben australische Wissenschaftler den Cat Assassin („Katzenmeuchler") getestet, einen Metalltunnel, in den man

Katzen unter Vortäuschung falscher Tatsachen lockt, um sie dann zu vergasen.[88] Man hat auch erwogen, Tasmanische Teufel aufs Festland zu holen, damit sie Katzen zerfleischen.[89]

Das Problem ist nur, dass man Katzen, die sich in einem Öko system erst einmal etabliert haben, praktisch nicht mehr loswird. Giftköder funktionieren nur selten, weil Katzen lebende Tiere als Mahlzeit vorziehen. Und wegen ihrer atemberaubenden Reproduktionsfähigkeiten genügt es, dass sich nur einige wenige übersehene Katzen von der biologischen Kriegsführung erholen, um die Population wieder zu komplettieren.

Katzen auf viel kleineren Inseln loszuwerden, ist möglich, obwohl dies Kosten von mehr als 100 000 US-Dollar pro Quadratkilometer verursachen kann.[90] Funktionieren kann es beispielsweise so: Um mehrere Tausend ortsansässige Katzen von der unbewohnten Marion-Insel zu vertreiben, setzten südafrikanische Forscher 1977 das für Katzen tödliche Virus der Panleukopenie (Katzenseuche) frei.[91] Damit ließ sich die Population auf etwa 615 Individuen reduzieren, was natürlich längst nicht ausreichte. Also versuchten es die Anti-Katzen-Kreuzritter mit verschiedenerlei Fallen, Jagen mit Hunden und ohne, Vergiften und Schießen rund um die Uhr. Von 1986 bis 1990 brachen acht Jägertrupps zu vier achtmonatigen Einsätzen auf und zogen kreuz und quer durch die Tundra. Insgesamt brauchten sie 14 728 Stunden, um 872 Katzen zu erschießen und 80 weitere in Fallen zu fangen. Die letzte wurde im Juli 1991 erlegt, aber um ganz sicherzugehen, durchstreiften 16 Jäger die Insel noch für weitere zwei Jahre. Bei einigen invasiven Spezies dürfte man das als übertrieben erachten, nicht aber bei Katzen.

Entsprechend galt der hart erkämpfte Sieg über die Hauskatze auf der winzigen Insel San Nicolas vor der kalifornischen Küste als „monumentaler Erfolg" der US-Navy, wie es der befehlshabende Offizier der dortigen Raketentestbasis ausdrückte.[92] Jahrelange Planung, 18 Monate Fallenstellen und drei Millionen US-Dollar waren vonnöten, um die Katzen auszumerzen, die

Jagd auf eine endemische Hirschmaus und eine national geschützte Nachtechsenart machten. Die Katzenverfolger mussten darauf achten, die archäologischen Fundstätten der Indianer unversehrt zu lassen und bestimmte Funkkanäle zu nutzen, um nicht versehentlich Waffensysteme der Navy zu aktivieren. Die kampferprobten Katzen ihrerseits wandten Guerillataktik an, entschlüpften den Hunden und eigens angefertigten computergesteuerten Fallen und straften *„felid-attracting phonics"* mit Verachtung – digital aufgezeichnete Klänge wie Miauen, die Katzen anlocken sollten. Schließlich erledigte ein professioneller Rotluchsjäger den Job.

Bisher hat man fast 100 Inseln von Katzen gereinigt und somit dem Turks- und Caicos-Leguan auf Long Cay in der Karibik sowie der *false canyon mouse* (*Peromyscus pseudocrinitus*) auf Coronado Island im Golf von Kalifornien eine zweite Chance gegeben.[93] Auf den Galapagosinseln ist die Katzenvernichtung gerade im Gange. Noch zahlreiche weitere gefährdete Tierarten harren ihrer Erlösung, darunter die Margarita-Kängururatte, der Amsterdam-Albatros und die San-Lorenzo-Hirschmaus. Zugleich sind rund 20 Prozent dieser groß angelegten Vertreibungsprojekte rundweg gescheitert. Auf Little Barrier Island vor Neuseeland schüttelten die Katzen das 1968 freigesetzte Panleukopenie-Virus ab und bereits 1974 hatte sich ihre Zahl, die um 80 Prozent geschrumpft war, wieder erholt. Und zuweilen sind die von Katzen durchsetzten Ökosysteme in einem so maroden Zustand, dass die Beseitigung der Katzen mehr schadet als nützt: Nach einem erfolgreichen Anti-Katzen-Feldzug auf der Macquarieinsel im Jahr 2000 verputzte die anschließend ins Kraut schießende Kaninchenpopulation 40 Prozent der Inselvegetation, was Erdrutsche zur Folge hatte, die Pinguinkolonien überschwemmten.[94] (Das Ausmaß der Zerstörung ist vom Weltraum aus zu sehen.)[95]

Doch was der Ausradierung der Katzen noch mehr entgegensteht als ihre eigene bemerkenswerte Widerstandsfähigkeit, sind die Menschen, die sie lieben.

Manchmal sind unsere Einwände gegen die Vernichtungsmaßnahmen durchaus rational und eigennützig – auf bewohnten Inseln und auch auf dem Festland wollen die Ansässigen ihr Wildbret nicht mit von Flugzeugen abgeworfenen Giftködern verderben lassen, und sie sind auch nicht scharf auf katzenjagende Scharfschützen, die mit dem Gewehr im Anschlag umherstreifen.

Meist geht es aber um etwas Subtileres – um das, was Wissenschaftler „gesellschaftliche Akzeptanz" nennen.[96] Als ich zum ersten Mal hörte, dass jemand Katzen – mir so vertraut und seit meiner Geburt ein Fixpunkt in meinem Leben – als invasive Art bezeichnete, war ich ehrlich gekränkt. Anscheinend bin ich nicht allein mit dieser Einstellung – als ich Crocodile Lake besuchte, fiel mir eine von der Regierung ausgegebene Broschüre in die Hände, in der bedrohliche, auf Florida fremde Arten wie „exotische Purpurhühner" und „nicht einheimische Gambia-Riesenhamsterratten" beschrieben wurden. Von den Hauskatzen, die die Östliche Buschratte niedermetzelten, war nirgendwo die Rede – vielleicht weil das Thema schlicht zu kontrovers ist.

Menschen wollen einfach nicht, dass Katzen getötet werden, und allein die Vorstellung, dass ganze Inseln von massakrierten Cheetohs übersät sind, reicht aus, um in Durchschnittskatzenhaltern Übelkeit hervorzurufen – oder sie wütend zu machen. Tatsächlich geht der Trend bei Meinungen und Aktionen in die entgegengesetzte Richtung: dahin, die wimmelnden Katzen selbst als gefährdete Lebewesen darzustellen, die des Schutzes von Ökologen bedürfen. Demzufolge wurden die abtrünnigen Katzen, die man auf dem kalifornischen Marinestützpunkt eingefangen hatte, weder vergast noch erschossen oder mit manipulierter Känguruwurst gefüttert, sondern aufs Festland in ein Katzentierheim verbracht.

Selbst solche unblutigen Maßnahmen können auf Widerstand stoßen. „Es fühlt sich wirklich so an, als sei ich gegen die Waffenlobby angetreten", sagt Gareth Morgan, ein Philanthrop, der eine „Cats-to-Go"-Kampagne ins Leben gerufen hat, um seine Heimat Neuseeland durch Sterilisierung und nachfolgenden natürlichen Schwund von streunenden Hauskatzen zu befreien. „Jedes Tier hat seinen Platz auf der Erde, aber dieses wird so behütet, dass es sich extrem verbreitet hat."

„Warum schenken wir manchen Tieren so viel Zuneigung und Fürsorge, während uns das Wohlergehen anderer gleichgültig ist?", schrieb mir der australische Umweltforscher John Woinarski. Die meisten Australier empfänden „keine Verbundenheit" mit den meisten einheimischen Tieren Australiens „und hielten ihren Verlust daher für eher irrelevant".

„Wir behandeln nicht alle Organismen gleich", erklärte mir der Naturschutzbiologe Christopher Lepczyk aus Hawaii. „Wir wählen diejenigen aus, die wir mögen."

Und was wir mögen, sind Katzen.

Die Katzenlobby

Als ich Annie kennenlernte, kauerte sie in einem Pommes-frites-Karton, ganz allein und ganz hinten in einem Tierheimkäfig. Das Wohnungskatzenrudel meiner Mutter war in den letzten Jahren kleiner geworden, und ich hatte mich entschieden, dabei zu helfen, es um ein neues Kätzchen zu ergänzen. Dieses acht Wochen alte Tigerchen hatte kleopatraähnliche Lidstriche an seinen leuchtend grünen Augen und ein spitzes kleines Kinn.

„Ich nehme die da", erklärte ich.

Die Tierheimmitarbeiterinnen tauschten Blicke aus. „Aber das ist ein Wildling", sagte die eine schließlich. Die andere brachte eine Armvoll Kätzchen aus einem zahmen Wurf, um zu demonstrieren, wie viel anschmiegsamer diese waren. Das Tigerkätzchen wich derweil meiner Hand aus und verweigerte jeglichen Blickkontakt. Diese Katze sei vermutlich nicht so gut geeignet, um sie noch aufzunehmen, weil ihre optimale Sozialisationsphase bereits vorüber sei, so die Mitarbeiterinnen. Annies Mutter, die im benachbarten Wald in derselben Lebendfalle eingefangen worden war, hatte man bereits eingeschläfert.

Das Wort Einschläfern genügte vollends, um mich zu motivieren, und schließlich trug ich Annie in einem Pappkarton mit Luftlöchern nach Hause. Fast 15 Jahre später ist sie immer noch ein innig geliebtes, wenn auch äußerst zurückhaltendes Familienmitglied, und ich bin froh, dass ich sie damals habe auswählen können. Zu jener Zeit betrachtete ich es als gute Tat.

Manche Tierschützer schütteln vielleicht den Kopf, wenn sie diese Geschichte lesen. Für sie gehören nicht sozialisierte Hauskatzen in Freiheit; ihrer Meinung nach haben diese Tiere in einem Tierheim nichts verloren, und an Euthanasie sollte man nicht einmal denken. In einer idealen Welt wären Annie und vor allem ihre Mutter einfach zusammen im Wald geblieben.

Wenn man verstehen will, was die zunächst abwegig wirkende Sichtweise dieser Katzenliebhaber bedeutet, muss man sich in eine Welt begeben, in der zum „Personal" der Hauskatze nicht nur Futtergeber und Tierärzte gehören, sondern auch Anwälte und Lobbyisten, und in der der Wert einer Katze nicht danach bemessen wird, ob sie ein gutes Haustier abgibt.

Katzen, so die Verfechter dieser Sichtweise, haben einen höheren Anspruch auf unsere Zuneigung. Wie man so sagt: Wenn du jemanden wirklich liebst, lass ihn gehen.

Das Hilton Crystal City hat so etwas schon oft erlebt: Namensschilder und Mikrofone, Workshops, moderierte Diskussionsforen und Netzwerktreffen, Bankette, Ausstellungsräume und alles, was sonst noch so zu einer hochprofessionellen Fachkonferenz gehört. Nur die Schlange vor der Damentoilette ist vielleicht etwas länger als sonst. Da wir gerade davon sprechen: Eigentlich ist kaum ein Mann zu sehen. Einer der wenigen kauert in einer Ecke des rappelvollen Saals und versucht, ein Video für den Begrüßungsvortrag zu starten – unter der Beobachtung vieler weiblicher Augenpaare, von den hypnotisierenden

Blicken aus grünen Katzenaugen, die einen überall von den Programmzetteln und Postern anblicken, ganz zu schweigen.

Plötzlich erhebt eine Frau ihre Stimme und bricht das unbehagliche Schweigen: „Soft kitty, warm kitty!"

Als sie beim „purr, purr, purr" des Katzentanzlieds aus der Fernsehserie *The Big Bang Theory* angelangt ist, singen schon Hunderte von Frauen mit.

Damit beginnt die erste landesweite Konferenz der Organisation Alley Cat Allies. Das Großereignis unter dem Titel *Architects of Change for Cats* („Architekten des Wandels für Katzen") hat Hunderte von Katzenfreundinnen aus den gesamten USA, aber auch aus Kanada und sogar Israel für ein langes Herbstwochenende nach Arlington, Virginia, gelockt. Auf der anderen Seite des Potomac liegt Washington D.C.; die Wahl des Veranstaltungsortes ist vielleicht sowohl eine politische Machtdemonstration als auch ein Zeichen des Wohlwollens – in den letzten Jahren hat sich die Hauptstadt der USA durch Hunderte von Katzenkolonien und eine nachsichtige politische Einstellung gegenüber Katzen hervorgetan.

Alley Cat Allies und ihre Partner sind als die „Katzenlobby" bekannt und bezeichnen sich manchmal sogar selbst als „Katzenmafia". Katzenfreunde kommen aus allen Schichten und Altersgruppen, von Nonnen über Mitglieder von Studentinnenverbindungen und Admiralinnen im Ruhestand bis hin zu Gefängniswärterinnen. Manche betätigen sich ab und zu ehrenamtlich, andere arbeiten als Vollzeitangestellte auf diesem Gebiet. Nicht alle sind Freunde von Alley Cat Allies, doch die Organisation hat Tausende von Unterstützern und landesweit enormen Einfluss. Prominente Unterstützerinnen sind unter anderem die Schauspielerinnen Portia de Rossi, Angela Kinsey (die Katzenlady aus der NBC-Serie *Das Büro*) sowie Tippi Hedren, die in Hitchcocks *Die Vögel* von ebendiesen attackiert wurde und später ein privates Großkatzenreservat gründete.

Alley Cat Allies setzt sich für die Rechte aller Hauskatzen ein, besonders aber für Streuner. Bilder dieser besitzerlosen Tiere hängen im ganzen Tagungshotel; bei den meisten fehlt die Spitze des linken Ohrs, was ihr „entsetzlich Gleichmaß", um es mit William Blake auszudrücken, nur noch betont.

Heute streifen in den USA zig, ja vielleicht bis zu 100 Millionen streunende Katzen frei umher, und fast genauso viele sind in der Hand von Besitzern. Die Streuner leben fast überall, vom Parkplatz bis zum Naturschutzgebiet. Streunende Hunde sind aus dem Straßenbild des heutigen Amerika und praktisch des gesamten Westens verschwunden, doch wie man der verwilderten Katzen – im Verlauf unserer gemeinsamen Geschichte ein meist ignoriertes Problem – Herr werden soll, ist aktuell sehr umstritten.[1] Soll man diese Tiere ihrem Verhalten entsprechend als Wildtiere oder ihrer Herkunft entsprechend als Haustiere behandeln?

Ich suche nach Kaffeesahne und finde nur Sojamilch – die Menschen bei dieser Tagung über die Fleischfresser schlechthin sind Veganer. Im Eingangsbereich führen Frauen, die T-Shirts mit der Aufschrift *Ask Me About My Colony* tragen, rasche Telefonate, um sich nach dem Befinden ihrer zahlreichen daheim gebliebenen Katzen zu erkundigen. Irgendwo läuft ein offizieller Katzen-Traumtyp herum – John Fulton, Moderator der Sendung *Must Love Cats* des privaten Fernsehsenders Animal Planet. Auf einem Foto im Tagungsprogramm posiert er mit einem Kätzchen, dessen Augen genauso haselnussbraun sind wie seine. Er scheint sich ein bisschen rar zu machen (was vielleicht ganz klug ist), während sich die Frauen über Lebendfallen unterhalten und darüber, ob man besser Thunfisch oder Makrele als Köder benutzt.

Die Konferenz beschäftigt sich mit etlichen solcher praktischen Themen, wie Tipps zum Überleben der Wurfsaison und Updates für das National Cat Help Desk und das „Purrfect-

Pals"-Programm für Gefängnisse. Aber neben guten Tipps, Schwatzen, Lachen und gelegentlichen Tränen wird auch knallhart an politischen Strategien gefeilt. Die Leute sprechen von der „Revolution", der „Arbeit", der „Bewegung" und von „Paradigmenwechsel", der Ausrichtung der „Mission", „Burn-out" und der „Vision". Die Teilnehmerinnen büffeln die Verfassung und lernen, wie man Tierärzte zu Aktivisten macht, Stadträte für sich einnimmt und Bürgermeister auf das Thema einschwört.

Hauptziel der Fürsprecher der Katzen ist es, das Tierheimsystem in den USA zu ändern und die Euthanasie von Katzen zu stoppen. Katzen beherrschen die Kunst, auch ohne uns zu überleben – so gut, dass wir sie routinemäßig hinrichten. In den USA werden alljährlich Millionen gesunder, aber heimatloser Katzen getötet, fast die Hälfte aller Hauskatzen, die in Tierheimen landen,[2] und fast 100 Prozent der nicht sozialisierten Katzen, die besonders schwer vermittelbar sind.[3]

Die Katzenlobby betrachtet es als bessere Lösung, die Katzen in Freiheit weiterleben zu lassen, sie aber davon abzuhalten, sich so massenhaft fortzupflanzen wie bisher. Die Vortragenden auf der Konferenz raten zwar davon ab, öffentlich Akronyme zu verwenden, bezeichnen die Strategie aber intern kurz als TNR (*Trap, Neuter and Release* bzw. – von vielen bevorzugt – *Return*, „einfangen, kastrieren, wieder freilassen"). Streunende Katzen, die die Katzenfreunde manchmal „Gemeinschaftskatzen" oder „Wildkatzen" nennen, werden eingefangen, fortpflanzungsunfähig gemacht (und entsprechend markiert) und dann wieder in „ihre" Umgebung entlassen, „als Teil der natürlichen Landschaft".[4]

Die TNR-Methode verbreitet sich rasant über die gesamten Vereinigten staaten und wird seit einigen Jahren von vielen großen Stadtverwaltungen praktiziert.[5] Neben Washington sind dies New York City, Chicago, Philadelphia, Dallas, Pittsburgh, Baltimore, San Francisco, Milwaukee, Salt Lake City und andere. Heute gibt es in den gesamten USA rund 250 Pro-TNR-

Verfügungen, ihre Zahl hat sich laut Alley Cat Allies von 2003 bis 2013 verzehnfacht. Etwa 600 registrierte gemeinnützige Organisationen sind entstanden, die die Arbeit erledigen,[6] doch es gibt noch weitaus mehr Gruppen, die Katzen ohne offiziellen Auftrag einfangen, kastrieren und wieder freilassen. Andere Länder, wie beispielsweise Italien, haben komplett auf diese Strategie umgestellt.[7]

Eine Mitbegründerin von Alley Cat Allies ist Becky Robinson, eine schmale Frau mittleren Alters mit Pixiecut und einem Gang, der artübergreifende Vergleiche heraufbeschwört. Bei der Konferenz ist sie ein noch größerer Publikumsmagnet als der Katzen-Traumtyp: Ich erhasche nur aus der Ferne einen Blick auf sie, stets ist sie von Leuten umringt, doch im Laufe des Wochenendes habe ich mehrmals Gelegenheit, sie sprechen zu hören – über Sugar Bear und Gremlin, die wilden Kätzchen, die sie bei ihrem ersten Einsatz vor 25 Jahren entdeckte, aber auch über Wahrheit und Gerechtigkeit.

„Am wichtigsten ist", so Robinson in der Eröffnungsrunde, „dass wir Menschen sind. Wir haben starke Gefühle. Wir haben einen moralischen Kompass." Wenn es um Katzen geht, „wollen die Leute das Richtige tun, aber sie wissen nicht, was das Richtige ist. Und das wollen wir ihnen vermitteln."

Die moderne Tierschutzbewegung begann im 19. Jahrhundert in England, zu einer Zeit, da viele Menschen aus ländlichen Regionen in die Großstädte zogen.[8] Fernab sowohl der Gefahren der Wildnis als auch des Alltags auf den Bauernhöfen mit ihren vielen Tieren und dem täglichen Abwägen zwischen Leben und Tod begannen die Leute, Tiere in einem anderen Licht zu sehen.

In Übersee töteten die Briten zum Vergnügen Tiger und verbreiteten im Pazifikraum fleißig muntere Katzen-Invasoren, doch in der Heimat kultivierten sie ein sentimentales Bild des eigenen Heims – „das Heim als Garten Eden", wie die Historikerin Katherine Grier es nennt.[9] Außer extrem guten Ehefrauen umfasste diese idealisierte Ökosphäre Haustiere, die gütig zu behandeln waren, andernfalls die Gentleman-Eigenschaften des Hausherrn infrage gestellt würden. Diese Vorstellungen gelangten schon bald über den Atlantik nach Amerika, wo Handbücher zur Kindererziehung nun betonten, wie wichtig es sei, Kinder den guten Umgang mit Tieren zu lehren, wenn man Schlimmes verhindern wolle. Einer dieser Ratgeber warnte etwa, der im Unabhängigkeitskrieg zu den Briten übergelaufene Benedict Arnold habe als kleiner Junge gern „stumme Haustiere gequält".[10]

In den USA, so Grier, entstanden die ersten Tierschutzorganisationen kurz nach dem Amerikanischen Bürgerkrieg. Diesen Pionieren ging es jedoch nicht in erster Linie um Katzen oder Hunde: Die American Society for the Prevention of Cruelty to Animals (ASPCA) etwa wurde 1866 gegründet, um Kutschpferde zu schützen.

Wann genau Katzen in dieser schönen neuen Welt des Tierschutzes auftauchten, ist schwer zu sagen, unter anderem weil sie – obwohl sie den Menschen seit Jahrtausenden begleiteten – in der westlichen Welt noch immer nicht so sehr als angemessene Gefährten angesehen wurden wie andere Tiere. Grier beschreibt das Beispiel einer Familie aus Philadelphia, die im 18. Jahrhundert mit ihrer Hauskatze vor einem Gelbfieberausbruch floh, doch die meisten Hauskatzen wurden in solchen Fällen sich selbst überlassen.[11] Man betrachtete Katzen mit Wohlwollen, aber sie existierten für uns eher im Hintergrund, und wir kümmerten uns kaum um sie – eine Katze war eben einfach da und kein Haustier. In vielen frühen amerikanischen Ratgebern zur Haustierhaltung tauchen Katzen nicht auf, doch das mag auch daran gelegen haben, dass sie kaum Pflege bedurften und fast ihr ganzes Leben draußen verbrachten.[12] Auch in den Tierhandelskatalogen des 19. Jahrhunderts waren sie unterrepräsentiert; einer bot beispielsweise 34 Hunderassen, sieben verschiedene Hörnchen und vier Affenarten, aber nur zwei Katzenrassen an.[13] Vielleicht waren Katzen damals bereits so zahlreich, dass es verrückt schien, für sie Geld zu bezahlen.

Die Menschen gaben Katzen damals eher allgemeine Namen wie „Tomcat" (Kater) und „Pussy",[14] während Hunde oft individuelle und blumige Namen wie „Pompey" trugen; Hundebesitzer ließen von ihren Tieren auch mehr Bilder anfertigen. Die beliebtesten Haustiere im Amerika des frühen 20. Jahrhunderts waren überdies offenbar weder Hunde noch Katzen, sondern Käfigvögel, die einsame Hausfrauen mit ihrem Gesang erfreuten.[15]

Da verhätschelte Hauskatzen die Ausnahme bildeten und die meisten Katzen mehr oder weniger unabhängig lebten, ignorierten die meisten Stadtverwaltungen Anfang des 20. Jahrhunderts die Straßenkatzenpopulationen, die in den neuen Megastädten und später auch deren Randbezirken heranwuchsen.[16] Selbst als die Städte Hundefänger engagierten und Gesetze bezüglich öffentlicher Ärgernisse verfassten, um der streunenden Hunde Herr zu werden, gab es keine Katzenfänger, denn streunende Katzen waren viel weniger sichtbar und gefährlich als Hunde (und auch viel schwerer zu erwischen). Ihr Ruf als kostenlose Schädlingsbekämpfer tat das Seinige dazu.

Die Menschen nannten streunende Katzen *tramps*.[17] Als ihre Zahl immer weiter zunahm, machte sich in epidemieanfälligen Metropolen hin und wieder Panik breit. So beschuldigte man Katzen fälschlicherweise, Träger von Krankheiten wie Poliomyelitis (Kinderlähmung) zu sein; während einer Hysteriephase im

Jahr 1911 vergaste die New Yorker Society for the Prevention of Cruelty to Animals (SPCA) 300 000 Katzen in der Stadt.[18]

Damals jedoch unterstützten viele Katzenliebhaber solche Tötungen. Die Schriftstellerin Harriet Beecher Stowe, Aktivistin gegen die Sklaverei und frühe Fürsprecherin der Tierrechte, ertränkte neben diesen Tätigkeiten zahlreiche Jungkatzen; das Loswerden unerwünschter Katzen war, so Stowe, ein Beispiel für „wahrhaft mutige Menschlichkeit".[19] Seit Beginn der modernen Tierschutzbewegung haben Menschen streunende Katzen angeblich zum Besten der Tiere massakriert, vielleicht in der Überzeugung, dass ein Leben außerhalb des nun so glorifizierten trauten Heims kein wirkliches Leben wäre. In den 1930er-Jahren durchforsteten Gruppen wohlmeinender Frauen die Straßen von New York und sammelten aus purer Güte Katzen ein, um sie zu den Gaskammern zu bringen.[20] Von solcher Art war eben der Tierschutz zu jener Zeit.

Einige wenige frühe Katzenfreunde hatten andere Maßnahmen als das Ersticken vor Augen, um Streunern zu helfen. Robert Kendell, Präsident der American Feline Society, veröffentlichte 1948 einen genialen Plan, um ganze Flugzeuge voller überflüssiger amerikanischer Katzen ins Nachkriegseuropa zu verfrachten, wo sie die herrschende Rattenplage bekämpfen sollten.[21] Kendell glaubte, der Krieg habe die Katzenpopulation des Kontinents dezimiert, obwohl das widersinnig erscheint – einige der ersten Londoner Katzenkolonien sollen in der Zeit des Blitzkriegs entstanden sein, denn Katzen wurden nicht evakuiert.[22] Als das Außenministerium es ablehnte, die Cats-for-Europe-Initiative zu finanzieren, war aus Übersee kein Protest zu vernehmen.

Das Problem der Katzen-Überbevölkerung weitete sich in der zweiten Hälfte des 20. Jahrhunderts noch mehr aus, denn nun erfreuten sich diese als Haustiere immer größerer Beliebtheit. Technische Fortentwicklungen mögen das gefördert haben – die Erfindung der Katzentoilette im Jahr 1947 gestattete den

Tieren ein, nun ja, reibungsloseres Dasein als Wohnungskatze und ließ sie, die bisher nur gelegentlich nach drinnen kamen, zu dauerhaften Mitbewohnern werden.[23] (Für Alley Cat Allies brach mit der Erfindung des Katzenklos ein neues Zeitalter an, so wie nach der Erfindung der Bronze oder des Rades.) Etwa zu derselben Zeit übernahmen außerdem effektive Rattengifte die angeblichen Jagdpflichten der Katzen, und vielleicht waren unsere Ofenbänke einfach ein guter Platz, um in den Ruhestand zu gehen.

Rasante soziale Umstrukturierungen beschleunigten diesen Trend.[24] Die voranschreitende Urbanisierung mit ihren Hochhäusern, die sich manchmal 100 Stockwerke über dem nächsten Hundepark erhoben, machte Katzen als Haustiere immer attraktiver. Und der Einzug der Frauen in die Arbeitswelt, durch den oftmals niemand zu Hause war, um Fifi zu füttern, erwies sich ebenfalls als Segen für die Katzen, genau wie die zunehmende Alterung der Bevölkerung in der westlichen Welt. (Auch wer ein wenig gebrechlich ist, kann eine Dose Katzenfutter öffnen.) Seit den 1970er-Jahren schießt die Zahl der als Haustiere gehaltenen Katzen immer weiter in die Höhe.

Heute genießen diese glücklichen Kreaturen zahlreiche Rechte: In vielen Staaten können Hauskatzen Besitz erben, und Tierärzte oder Nachbarn müssen sich manchmal vor Gericht verantworten, weil sie diesen vierbeinigen Familienmitgliedern Leid zugefügt haben. Gleichzeitig bedeutet ein Plus an Hauskatzen immer auch ein Plus an zusätzlichen Katzen und vor allem Kätzchen. Rigorose Kastrations- und Tierheimprogramme konnten den Populationsgipfel ein wenig abfangen. Heute sind etwa 85 Prozent der im Hause lebenden Katzen sterilisiert oder kastriert.[25] Leider gilt das nur für etwa zwei Prozent der Streuner.[26] Schon lange ist die Euthanasie Amerikas Lösung der Wahl für das Problem der Katzen-Überbevölkerung: Allein Kalifornien tötet alljährlich rund 250 000 Katzen, und in manchen Zuständigkeitsbereichen sind die Zahlen sogar steigend.[27]

Eine andere „humane" Alternative von heute besteht darin, ungewollte Katzen in Tierheime zu stecken, die keine Einschläferungen vornehmen, und sie als Haustiere anzubieten. Doch es ist nachvollziehbar, dass Katzenfreunde an solchen Orten kaum nach einem neuen Hausgenossen suchen. Große Tierheime – in denen nicht selten drangvolle Enge, Lärm und der Gestank nach Futter und Desinfektionsmitteln herrschen – sind für die meisten Menschen auf Hunde zugeschnittene Relikte des 20. Jahrhunderts, denn das Wesen von Katzen ist in vielerlei Hinsicht anders als das von Hunden.[28]

Die im Nachkriegsengland entwickelte TNR-Methode (Einfangen, Kastrieren, Freilassen) scheint der plausibelste dritte Weg zu sein. Sie vereint das menschliche Empfinden, sich um die Welt kümmern zu müssen, mit unserem Wunsch, keine gesunden Katzen zu töten, und klingt mehr als logisch: Die Kastration der Katzen kappt das Problem an der Wurzel, danach können die Tiere wieder selbstbestimmt leben. Oft wird die Methode als „Rückkehr" auch für uns Menschen zu einem alt-

hergebrachten, besseren, natürlichen Umgang mit Katzen dargestellt, bei dem diese die menschliche Zivilisation betreten und verlassen können, wie sie wollen, und in unserer Nähe leben, ohne als Haustiere in die Pflicht genommen zu werden.

„Wenn man es einer Katze oder irgendeinem anderen Lebewesen gestattet, in einer Umgebung zu leben, an die sie oder es angepasst ist", so die Tierärztin Kate Hurley in einem Online-Seminar zum Thema, „ist das keine Vernachlässigung – wir vernachlässigen ja auch keine Feldhasen."[29]

San Francisco war 1993 die erste Metropole, die eine städtische Betreuung von Kolonien streunender Katzen auf ihre Fahnen schrieb, doch das wahre Umdenken erfolgte erst in den letzten Jahren. Es gibt unterschiedliche Gesetze zum Thema – manche Regionalregierungen tolerieren lediglich die betreuten Katzenkolonien, andere steuern auch zur Finanzierung der Arbeit bei. Doch heute finden sich auch in Städten, die noch keine gesetzlichen Regelungen dieser Art haben, überall solche Kolonien – hinter Supermärkten, an Bahnstrecken, in Bootshäfen und Hinterhöfen. In Washington D.C. gibt es Hunderte betreuter Katzenkolonien,[30] und im kalifornischen Oakland kümmert sich eine Frau allein um ganze 24 davon.[31]

Die Betreuung von Katzenkolonien dient offiziell der Massenkastration, tatsächlich aber erfreuen sich die Betreuer vielerlei Beziehungen zu den Katzen. Manche lassen die Tiere kastrieren und setzen sie am nächsten Tag wieder frei, ohne sie je wiederzusehen. Andere aber geben den Katzen Namen und halten täglich Kontakt.

Die Fürsprecher der Katzen sagen, die Tiere sollten das Recht haben, im Einklang mit der Natur zu leben und zu sterben. Doch streunende Katzen sind keine wirklichen Wildtiere, denn die Auswirkungen der Domestikation sind in ihren Genen festgeschrieben, und entsprechend überlässt man Mutter Natur mit der TNR-Methode dann doch nicht ganz freie Hand. Betreuer von Katzenkolonien versorgen deren Einwohner oft nicht nur mit Futter, sondern auch mit tiermedizinischer Notfallversorgung, geschützten Unterkünften, Fluchtmöglichkeiten vor Hunden (oder Kojoten) und anderen Annehmlichkeiten, die den von Kate Hurley genannten Feldhasen eher selten zur Verfügung stehen.[32] In kalten Regionen installieren die Versorger teilweise sogar Teichbelüfter, damit die Wasserquelle nicht zufriert, und warme Schlafpolster.

In warmem Klima genießen die Tiere kaum weniger Aufmerksamkeit: Bei einem Aufenthalt in Miami Beach beobachtete ich, wie den streunenden Katzen, die sich – unter den zahlreich aufgestellten Schildern mit der Aufschrift TIERE NICHT GESTATTET – vor meinem Hotel auf dem Bürgersteig sonnten, auf großen, gerüschten Blättern tropischer Pflanzen das Frühstück serviert wurde. Es war festlicher angerichtet als der Brunch im Restaurant des Resorts.

Für den Fall von Unwettern unterstützt Alley Cat Allies nationale Aktionen zur Versorgung von Katzen nach Hurrikanen und Tornados; die Organisation schult die Betreuer von Katzenkolonien in Küstennähe sogar darin, ihre Katzen vor einer Sturmflut zu bewahren.[33] Soll Mutter Natur doch wüten.

Während die neuen gesetzlichen Regelungen zu Katzenkolonien greifen, ist die Gemeinschaft der Tierschützer zutiefst uneins über die Strategie. Die Organisation People for the Ethical Treatment of Animals (PETA) ist gegen betreute Kolonien, weil sie fürchtet, dass regelmäßige tierärztliche Kontrollen und dergleichen unterbleiben. (Andere Kritiker der Katzenkolonien argumentieren wiederum, dass die Lebensqualität der Streunerkatzen hoch – zu hoch – sei.) Die Humane Society of the United States ist für Katzenkolonien, allerdings mit einigen Einschränkungen zum Schutz natürlicher Ökosysteme. Und die American Veterinary Association bezieht keine Stellung.

„Die Tierärzte setzen sich intensiv damit auseinander", sagt Tierarzt Bruce Kornreich, stellvertretender Leiter des Cornell Feline Health Center. „Die TNR-Leute sind sehr emotional. Leute, die TNR praktizieren, verfolgen sehr humane und liebevolle Absichten."

Die vehementesten Gegner unter den Tierliebhabern sind natürlich die Vogelfreunde. Beim Thema Freigänger- oder frei lebende Katzen kratzen sich beide Lager seit über 100 Jahren gegenseitig die Augen aus; schon in den 1870er-Jahren forderte die sogenannte Army of Bird-Defenders amerikanische Schulkinder auf, einen Appell zu unterschreiben, der „vollendeten Frieden für Vögel" forderte, und schlug vor, umherstreifende Hauskatzen träge zu füttern oder aber zu erschießen.[34] Und obwohl gewisse puschelige, gebieterische Wesen inzwischen die Käfigvögel vom Thron der beliebtesten Haustiere in den USA gestoßen haben, ist die Vogelbeobachtung in der Natur doch ein zunehmend beliebtes Hobby, dem allein in den USA fast 50 Millionen Menschen nachgehen.[35] Beim Blick durch ihre Feldstecher können die Vogelfreunde nicht übersehen, dass die kastrierten Katzen von heute einen augenfälligen Nachteil gegenüber den euthanasierten Katzen von gestern haben: Sie jagen einfach weiter.

Im Kampf gegen die immer zahlreicher werdenden Katzen verfolgt die American Bird Conservancy das Programm „Cats Indoors", für das ein junger Mann namens Grant Sizemore zuständig ist. „Es ist nicht so leicht, Leuten zu erklären, was ich beruflich mache", sagt Sizemore, als wir uns in seinem kleinen Büro in Washington D. C. treffen. Ganz diplomatisch wird bei seiner Vorstellung auf der Website der Organisation auch erwähnt, dass er selbst eine Katze hat – natürlich eine Wohnungskatze. Er erzählt mir, worauf Cats Indoors abzielt. „Es gibt viele Leute, die Katzen wirklich sehr, sehr lieben, und wenn nur angedeutet wird, dass irgendjemand etwas tut, das ihnen ihre Katze wegnehmen könnte – das ist so, als würde man sie mit der Pistole bedrohen."

Zu Sizemores Aufgaben gehört es, am Invasive Species Awareness Day (einem Aktionstag, an dem auf die Auswirkungen eingeschleppter Arten hingewiesen wird) Informationsarbeit zu leisten, Werbespots für öffentliche Einrichtungen zu filmen und Informationen gegen die Haltung von Katzen als Freigänger zu verteilen. Er gibt mir zwei Broschüren von Cats Indoors, die sich ganz offensichtlich an sehr unterschiedliche Zielgruppen richten. In der einen betrachtet in einem Cartoon eine hübsche Frau mit roten High Heels und drei Katzen durch das Fenster ein Vogelfutterhäuschen. „Die Welt vor Ihrer Haustür kann ein brutaler Ort für Ihr geliebtes Haustier sein", so der Text. „Es gibt grausame Menschen, die Tiere quälen. Jahr für Jahr kümmern sich Tierheime und Tierärzte um Katzen, die angeschossen, mit Messern verletzt oder sogar angezündet wurden ..."[36]

Die andere Schrift ist weitaus unsanfter gestaltet. Hier gibt es keine hübschen roten Schuhe oder Zeichnungen; sie präsentiert Fotos von getöteten Vögeln, verstümmelten Kaninchen und schmausenden Killerkatzen.[37]

Sizemore selbst wirkt etwas überarbeitet und kein bisschen militant, doch manchmal gehen die Vogelfreunde schon recht rabiat vor. In den letzten Jahren wurde beispielsweise der Leiter der Galveston Ornithological Society beschuldigt, eine Freigängerkatze erschossen zu haben, und ein Forscher des Smithsonian Migratory Bird Center des Versuchs für schuldig befunden, eine ganze Katzenkolonie abzuschlachten.[38] Ein Autor des *Audubon Magazine* löste einen Sturm der Entrüstung aus, als er in einem Kommentar andeutete, ein populäres Schmerzmittel eigne sich als bequemes Katzengift.[39]

Andere Biowissenschaftler fanden in einem Fachjournal Worte, die manche Umweltschützer nur hinter vorgehaltener Hand flüstern würden, nämlich dass das Betreuen von Katzenkolonien nichts anderes sei als „Katzenhorten ohne Hauswände".[40]

Bruce Kornreich, der Tierarzt von der Cornell University, formuliert seine Ablehnung etwas feinfühliger: „Mathematische Modelle und Artikel belegen, dass dies nicht immer der beste Weg ist."

Das Problem ist natürlich, dass Katzen wahre Überlebenskünstler sind. Wenn man mithilfe Kastration die Zahl der streunenden Katzen reduzieren will, müssen Schätzungen zufolge 71 bis 94 Prozent einer Population, darunter praktisch alle Weibchen, eingefangen und operiert werden.[41] Bei weniger werden die Kolonien nicht kleiner – unversehrte Katzen steigern einfach ihre Fortpflanzungsrate, bis in der Umgebung wieder so viele Katzen leben, wie diese tragen kann.

„Katzen sind wahre Reproduktionsmaschinen", sagt der Tiermediziner Robert McCarthy von der Tufts University. „Man braucht nur ein paar Männchen und Weibchen. Ich habe jeden nur denkbaren Artikel durchforstet. Es gibt keinerlei – null – Daten, die belegen, dass die TNR-Methode funktioniert. Sie funktioniert nicht so effektiv, wie sie sollte. Wenn man 100 Katzen hat und 30 davon kastriert, ist es nicht so, dass das Problem um 30 Prozent reduziert wäre. Es ist gar nichts. Man hat nichts erreicht. Es ist um null Prozent reduziert."

Erfolg ist möglich, wenn man nur eine oder zwei Katzen im Hinterhof hat oder sogar (mit viel Fleiß) auf größeren Geländeflächen, wenn diese abgegrenzt sind, etwa ein Universitätscampus. Die Tierärztin Julie Levy praktiziert seit fast 20 Jahren unermüdlich TNR auf einem rund 800 Hektar großen Gelände der University of Florida in Gainesville. Dank straffer Organisation, ständigem Nachschub an freiwilligen Helfern, kostenlosen Operationen und energischer Vermittlungstaktik hat sie die Katzenpopulation auf dem Campus reduziert. Sie veröffentlichte einige der wenigen Studien zur TNR-Methode, die positive Ergebnisse dokumentieren.

„Wenn man sich bemüht, seine Arbeit gewissenhaft zu erledigen, sind einige Hundert Hektar kein Problem", so Levy. „Unser Problem sind mehr die kompletten Bezirke." Ihre vor allem auf dem Campus tätige Klinik führt jährlich etwa 3000 Operationen durch – doch nach ihrer Schätzung gibt es etwa 40 000 streunende Katzen in Gainesville und Umgebung. So beeindruckend es ist, was sie erreicht hat, auf regionaler Ebene ist es praktisch bedeutungslos und erreicht nicht annähernd die von Ökologen formulierten Ziele.

Selbst für eine kleinere Stadt wie Gainesville sind solche Ziele mit ziemlicher Sicherheit unerreichbar. Es ist einfach zu schwierig, zu teuer und zu zeitaufwändig, so viele Katzen einzufangen und zu kastrieren; außerdem sterben die kastrierten Katzen irgendwann, und neue, unkastrierte Tiere rücken nach. (In der Stadt in Florida leben außerdem noch 70 000 Hauskatzen, damit sind immer noch mehr als 10 000 fortpflanzungsfähige Tiere im Spiel.) Man stelle sich dieses Szenario in einer viel größeren Metropole vor. Levy kalkuliert die Zahl der streunenden Katzen, indem sie die Einwohnerzahl durch sechs teilt (andere teilen sie durch 15); demnach leben allein in New York City rund 1,4 Millionen solcher Katzen. Man müsste über eine Million Katzen einfangen und kastrieren, damit überhaupt ein Effekt spürbar wird.

Skeptiker behaupten überdies, das Kastrieren und Freilassen von Katzen verschlimmere deren Überbevölkerung sogar noch.[42] Die kastrierten Katzen unterliegen nicht mehr den üblichen hormonellen Einflüssen und zeigen ein verändertes Verhalten. Wieder auf der Straße, verhalten sich die Kater ruhiger, und die Katzen sind nicht mehr dem ständigen Paarungsstress ausgesetzt. Wenn Jungkatzen in Kolonien geboren werden – und das werden sie –, in denen solche weniger aggressiven, kastrierten Katzen leben, steigen ihre Überlebenschancen. Personen, die Kolonien mit Futter versorgen, verschaffen allen jungen und adulten Katzen der Umgebung, ob kastriert oder nicht, zudem eine nahrhafte Gratisgrundlage. (Man vermutet sogar, dass der freie Zugang zu gespendetem Futter unzufriedenen Katzenhaltern eine Ausrede liefert, um sich ihrer Tiere zu entledigen, sodass die Streunerpopulation auch ganz ohne Fortpflanzung anwächst.)

So wie die Überlebensrate des Kolonienachwuchses steigt, steigt auch die Lebenserwartung der kastrierten Katzen selbst: Jetzt, da sie sich nichts mehr aus Sex machen, geraten sie in deutlich weniger Kämpfe. In seinem Artikel zum Thema veranschaulicht der Veterinär McCarthy von der Tufts University die Wirkung von TNR auf die Umgebung mittels der gestiegenen Gesamtzahl gelebter „Katzentage". Für die Katzenfreunde ist die Aussicht auf mehr „Katzentage" durchaus erfreulich – Alley Cat Allies betont oft die Langlebigkeit seiner ersten Kolonie, bestehend aus 54 schwarz-weißen Katzen, deren letzte drei 14, 15 und 17 Jahre alt wurden; normalerweise werden streunende Katzen nur wenige Jahre alt.

Doch auch wenn die kastrierten Katzen bestimmte andere Bedürfnisse nie wieder verspüren – auf die Jagd gehen sie, solange sie leben.

Da ich mir selbst ein Bild von der Situation machen wollte, begleitete ich Alley Cat Allies bei mehreren Kastrationsaktionen. Die erste fand an einem winterlichen Nachmittag statt und war ein großer Erfolg, zum Teil weil das Ziel so gut umgrenzt war: Eine Familie in einem Vorstadtgebiet in Maryland hatte einen Wurf flauschiger halbwüchsiger Kätzchen gefüttert, die ihren Gartenteich wie ein Wasserloch in der Serengeti genutzt hatten. Einige Monate früher, und die Katzen hätten sich sozialisiert und wären vermittelbar gewesen, doch jetzt waren sie Wildlinge und fast schon im Begriff, selbst Junge zu haben. Die Leute von Alley Cat Allies stellten ein halbes Dutzend Lebendfallen auf, und dann zogen wir uns auf die warme Terrasse zurück und beobachteten mit dem Paar und ihrer Siamkatze, was passierte. „Ich hoffe, sie kommen wieder zum Fressen zu uns!", sagte die Frau besorgt, während wir abwarteten. Der Abend dämmerte, und in den um den Teich arrangierten künstlichen Blumen leuchteten Lichter auf. Eine Lebendfalle nach der anderen schnappte zu. „Na also, du kleiner Fellhintern!", flüsterte einer der Fallensteller triumphierend, als die letzte Katze in die Falle ging.

Die zweite Katzen-Einfangaktion fand im Stadtgebiet von Baltimore statt – eine mehrtägige Unternehmung mit mehreren Rettungsgruppen, die ein ganzes Viertel der Stadt im Visier hatte. Ich schloss mich einer Gruppe Helfer an, die gerade zuvor bei einer Katzenhorterin ein Sofa aufgeschnitten hatten, um zwei Kätzchen zu befreien. Wir fuhren zusammen in ein eher trostloses Quartier der Stadt, wo wir, als wir mit unserer Karawane aus einem Volvo, einem Prius und einem hellgelben, nach Fischlake und Makrele riechenden Katzentransporter in eine vermüllte Straße einrollten, ziemliches Aufsehen erregten.

Wir wollten dort die streunenden Katzen einfangen, die ein älterer Mann namens Mohawk betreute. Er wusste nicht genau, wie vielen Katzen er zuletzt Rindermett gebraten hatte – vielleicht einem Dutzend? Er nannte sie alle Fi-Fi, außer einem gewaltigen grauen Kater, den er Fatty nannte. Fatty war einst ein kränkliches Kätzchen gewesen und verdankte Mohawk viel; dieser hatte ihn mit Babymilch aufgepäppelt. (In Baltimore erfuhr ich von so mancher kreativen Art der Katzenfütterung, darunter chinesisches Essen, die Reste von Thanksgiving und Cini Minis.)

Mohawks Straße führte zu einem Holzlagerplatz, der wie ein kleiner Wald aussah; dort lebten sogar Schlangen und Habichte, wie er uns erzählte. Es war eiskalt, aber ich sah mehrere Katzen, die von einem überquellenden Müllbehälter aus (den ich zunächst für eine schmutzige Schneewehe gehalten hatte) die Landschaft in Augenschein

nahmen. Mohawk schüttelte vernehmlich eine Packung mit Trockenfutter, und viele weitere Katzen kamen herbeigelaufen – Fatty, Fattys Bruder, Fattys anderer Bruder und viele, viele Fi-Fis.

„Hm, Sie haben vielleicht doch mehr Katzen, als Sie ahnen", sagte einer der Retter.

„Tja, man hat schon alle Hände voll zu tun", antwortete Mohawk zustimmend.

Die Retter luden Katzen in den Transporter. „Bringt ihr sie auch wieder zurück?", fragte Mohawk. „Sie sind wie meine Familie." Die Retter versprachen, nicht nur die Katzen zurückzubringen, sondern auch mit vegetarischer Pizza und noch mehr Fallen wiederzukommen. Nach mehreren Stunden und einem heftigen Streit mit einem Nachbarn, dessen Katze Snowball die Retter zur Kastration einzufangen versucht hatten, befanden sich einige Tiere in Gewahrsam, doch konnte niemand sagen, ob noch mehr von Mohawks Schützlingen hinter dem Zaun herumlungerten.

Baltimore hat mehr als 600 000 Einwohner – nach Levys Schätzung gibt es dort demnach rund 100 000 streunende Katzen. Trotz des erfolgreichen Einsatzes in dieser Straße, in der die Katzen praktischerweise daran gewöhnt waren, auf das Schütteln einer Futterpackung hin herbeizukommen, brachte die ganze mehrtägige Gemeinschaftsaktion – die sich auf mehrere Dutzend anstrengender Arbeitstage der Beteiligten summierte – unterm Strich nur etwas mehr als 100 Katzenkastrationen ein.

Wenn Kastrationsmaßnahmen bei Katzenkolonien nicht immer so funktionieren wie angekündigt, warum wird diese Strategie dennoch von so vielen Gemeinden, ja von ganzen Ländern verfolgt? Es könnte unter anderem mit der öffentlichen Meinung zu tun haben. Einer Umfrage von Associated Press im

Jahr 2011 zufolge wollen sieben von zehn amerikanischen Haustierbesitzern nur „kranke" und „aggressive" Tiere eingeschläfert wissen.[43] Das hat praktische Auswirkungen. Die TNR-Methode und die Euthanasie sind beide kostspielig, doch beide sind auf freiwillige Helfer angewiesen, und Tierfreunde werden sich eher bei Maßnahmen zur Populationskontrolle beteiligen, bei denen die Katzen überleben. Politiker wollen außerdem keine Anti-Katzen-Gesetze verabschieden oder Katzenfreunde sonstwie vor den Kopf stoßen. In mehr als 40 Millionen US-amerikanischen Haushalten leben Katzen,[44] und mit ihrer gesamten Finanzkraft und breiten Basis machen die Katzenleute ihre Ansichten ziemlich deutlich. Großzügige Unterstützer der TNR-Methode sind unter anderem die Tierschutzorganisation PetSmart Charities sowie Maddie's Fund, eine Anti-Euthanasie-Tierrettungsgruppe, die nach der Zwergschnauzerhündin eines Milliardärsehepaars benannt ist. Das jährliche Budget von Alley Cat Allies liegt bei rund neun Millionen US-Dollar; davon werden unter anderem mehrere juristische Berater, eine Grafikabteilung, ein PR-Beauftragter und ein Social-Media-Leiter finanziert.

Nachdem ich an der Konferenz teilgenommen hatte, trug ich mich auf der Verteilerliste für E-Mail-Notrufe von Alley Cat Allies ein. Schon bald zählten diese zu meiner liebsten Korrespondenz. Viele der E-Mails kamen von Becky Robinson selbst und waren einfach mit *For the cats*, „zum Wohle der Katzen", unterschrieben. Manche Nachrichten waren zurückhaltend, andere tragisch, und keine redete um den heißen Brei. Ich erhielt „dringende Warnungen bezüglich Sicherheit von Kätzchen" und viele, viele Bitten um Geld: „Nur so können wir für Kätzchen überall im Einsatz sein. Klicken Sie hier und spenden Sie 35 Dollar oder mehr." Nachdem man in Yonkers mehr als zwei Dutzend in einem Baum aufgehängte tote Katzen gefunden hatte, verteilte Alley Cat Allies bei einer Mahnwache weiße

Blumen „als Symbol für die Unschuld der Katzen", und ich erhielt eine elektronische weiße Rose, die ich per E-Mail weiterverschicken konnte.

Obwohl ihnen oft vorgeworfen wird, zu rührselig aufzutreten, scheuen Alley Cat Allies und andere Katzenschutzorganisationen keineswegs direkte Konfrontationen. Sie verlangten die Entlassung von Ted Williams, jenem Autor vom *Audubon Magazine*, der den Kommentar mit Anspielungen zum Vergiften von Katzen verfasst hatte (er wurde suspendiert, aber später wieder zurückgeholt). Und nachdem die Wissenschaftler vom Migratory Bird Center des Smithsonian Conservation Biology Institute ihre Metaanalyse zur Auswirkung von frei laufenden Katzen auf wild lebende Arten in den USA veröffentlicht hatten, protestierte Robinson höchstpersönlich auf der National Mall gegen die „Schrottwissenschaft" und präsentierte eine Petition mit mehr als 55 000 Unterschriften erboster Bürger.

Die Fürsprecher der Katzen nutzen ihren Einfluss auch gegen private Unternehmen und Bürger, deren Versuche, außer Kontrolle geratene Katzenpopulationen in den Griff zu bekommen, nicht den Vorstellungen von Alley Cats Allies entsprechen. Als etwa ein Wohnpark mit Mobile Homes in Chantilly, Virginia, nach fünf Jahren erfolglosen Praktizierens von TNR versuchte, seine immer noch gedeihende, 200 Tiere starke Katzenkolonie loszuwerden, wurde die *Washington Post* auf den Plan gerufen.[45] Nach drei Tagen negativer „lokaler und nationaler Aufmerksamkeit" gab die Leitung klein bei, und die „wilden" Katzen (wie sie in den Schlagzeilen tituliert wurden) konnten wieder unbehelligt ihre Haufen in den Blumenbeeten der Bewohner verscharren.[46] „Wir haben sogar Hassmails aus

Europa erhalten", sagte mir der Mann von der Wohnparkverwaltung bei meinem Besuch.

Den Zorn der Katzenlobby bekommen unter anderem auch Seniorenwohnanlagen, Betonwerke und das Loews Hotel in Orlando (ganz in der Nähe des Ortes, an dem Disney-Wissenschaftler ihre bedrohten Buschratten hegten) zu spüren.

Wenn sich private Gruppen dem Druck nicht beugen wollen, kontaktieren Katzenlobbyisten oft gewählte Volksvertreter. Politiker nehmen solche Kontaktaufnahmen sehr ernst, und bei der Alley-Cat-Allies-Konferenz ging man ausführlich auf die Nutzung der richtigen politischen Kanäle ein. Die Website der Organisation bietet dazu praktische Ratschläge.[47] Dabei spielt sich das Ganze durchaus nicht nur auf regionaler Ebene ab: Vor wenigen Jahren hielt Laureen Harper, Ehefrau des damaligen kanadischen Premierministers Stephen Harper, bei einer Wohltätigkeitsveranstaltung eine Rede. „Mrs. Harper, mehr Aufmerksamkeit für das Wohl der Katzen ist bestimmt eine gute Sache für den kommenden Wahlkampf Ihres Mannes", rief eine Aktivistin (in diesem Falle für Menschen) in ihre Rede hinein.[48] „Glauben Sie nicht, dass es eine bessere Sache wäre, wenn er Ermittlungen wegen der verschwundenen und ermordeten indigenen Frauen in diesem Land unterstützen würde?"

„Das ist eine sehr wichtige Angelegenheit", antwortete Mrs. Harper, die bei ihrer Rede offensichtlich einen Katzenohren-Haarreif trug, „aber heute sind wir wegen der streunenden Katzen hier."

Da aber die Katzen betreffenden Vorschriften in Amerika meist auf Ebene der Städte oder Gemeinden erlassen werden, mischen sich landesweite Gruppierungen wie Alley Cat Allies oft in sehr lokalpolitische Belange ein. Für einen Kleinstadtpolitiker kann ein solcher Zusammenstoß mit der Katzenlobby eine prägende Erfahrung sein.

Ich unterhielt mich mit Michael Taylor, dem damaligen kommissarischen Bürgermeister von Sterling Heights in Michigan. Er ist Anfang dreißig und erst vor Kurzem aus seiner Universitätsgruppe der Young Republicans gekommen, um sich mit so fesselnden Themen wie der Anschaffung von Büchern für die Bibliothek oder der Reparatur von Schlaglöchern zu befassen. Und er ist selbst Katzenbesitzer. Doch als das örtliche Macomb County Animal Shelter ankündigte, fortan zum TNR-Modell überzugehen, heuerten Taylor und die übrigen Mitglieder des Stadtrats kurzentschlossen ein anderes Tierheim an, das ungewollte Katzen entsorgen würde. Taylor hatte zunächst sogar reflexhaft reagiert wie ein typischer Politiker – er hatte an den möglichen Verlust von Wählerstimmen gedacht, wenn „eine Katze, die die Nachbarschaft terrorisiert" eingefangen, kastriert und dann für immer in ebendiese Nachbarschaft entlassen würde. Dann hatte er sich mit dem Stadtrat die wissenschaftlichen Erkenntnisse bezüglich der Massenkastration angesehen und war wenig beeindruckt. „Die Wirksamkeit war überhaupt nicht belegt", so Taylor. „Alles, was ich entdecken konnte, waren pure Emotionen."

Nach reiflicher Überlegung und Anhörung der Argumente örtlicher Katzenfreunde sagte der Stadtrat „nein, wir werden streunende Katzen nicht wieder freilassen", so erinnert er sich. Und es war tatsächlich noch gar nicht lange her, dass in meinem E-Mail-Posteingang – Hunderte Kilometer entfernt von hier – ein Warnruf über einen „Feldzug gegen streunende Katzen" erschien. „Ihr kennt uns von Alley Cat Allies", hieß es in einer anderen E-Mail. „Wir sind da, wenn Katzen in Gefahr sind, in Macomb County und sonstwo in unserem Land. Wir werden um ihre Leben und ihre Sicherheit kämpfen."

Auf Twitter entspann sich ein Scharmützel zwischen Taylor und einigen Katzenfreunden, bei dem Taylor sie unklugerweise mit „Kobold(e) … Nur Spaß!" bezeichnete.[49] Ein örtlicher Fernsehsender wurde darauf aufmerksam gemacht, dass „ein gewählter Volksvertreter Katzenfreunde beleidigt", so Taylor. „Natürlich sprangen die Reporter darauf an." Die Geschichte zog immer weitere Kreise, und der junge kommissarische Bürgermeister erhielt schon bald wutentbrannte E-Mails aus dem ganzen Land und sogar aus dem Ausland, teils von den Katzen selbst unterschrieben. „Ich hoffe wirklich, Dein KARMA zahlt Dir ALLES heim, was Du angerichtet hast!! TOD & ZERSTÖRUNG!!", schrieb eine Frau.

Online wünschten die Menschen Taylor Aids an den Hals. Eine Beteiligte unterrichtete ihn persönlich darüber, dass sie lieber sterben würde, als ihre Katze in einer Stadt beschlagnahmen lassen, die Katzen töte. Man drohte Taylor mit seiner Abwahl und sagte ihm, dass ein politisches Aktionskomitee zur Verhinderung seiner Wiederwahl gegründet und ein Tourismusboykott für Sterling Heights vorbereitet werde.

„Manchmal ist das Leben so verrückt, das kann man sich gar nicht ausdenken", sagt Taylor. „Ich hätte es nie für möglich gehalten, wenn es mir nicht wirklich selbst passiert wäre. Ich glaube, sie dachten, ‚die werden schon alle einknicken', dass ich die weiße Fahne schwenke."

Sterling Heights knickte nicht ein, doch mehrere angrenzende Gemeinden taten es – sehr zu Taylors Enttäuschung. „Ich habe ihnen gesagt: ‚Kämpft weiter!', aber der Druck war einfach zu hoch. Wenn man genügend Leute hat, so wie Alley Cat Allies, kann man großen Einfluss auf gewählte Volksvertreter ausüben. Wenn man eine Gemeinde nach der anderen unterminiert, setzt man Stadt für Stadt die Vorschriften durch, die man haben will. Das muss ich schon anerkennen."

Der Katzenskandal von Sterling Heights ereignete sich Anfang 2014. Am 14. Februar erschien eine weitere E-Mail in Taylors überfülltem Postfach. „Jemand hat Ihnen eine E-Card von Alley Cat Allies geschickt!", hieß es in der Betreffzeile.

Es war eine Valentinskarte. Unter einem Foto von einer flauschigen weißen Katze in einem Rosenbusch mit roten Blüten stand: „Bitte töte mich nicht! Ich möchte doch einfach nur leben! :) Miau?"

Die Zentrale von Alley Cat Allies im noblen Stadtzentrum von Bethesda, Maryland, erstreckt sich über anderthalb Stockwerke eines Bürogebäudes – ein krasser Gegensatz zu Grant Sizemores einsamem Kämmerlein. Der Eingangsbereich ist mit Messingtafeln geschmückt, die an Tuffy Beige, Darth Vader, Bashful und andere vermutlich verstorbene Katzen erinnern („Für Zane Gray, Gute Nacht, süßer Prinz", „Blackjack Hartwell, mein König"). Die Büroräume im Inneren stehen voller avantgardistischer Katzenmöbel, die aber von den *Royals*, die die drei Bürokatzen hier heißen, augenscheinlich nicht genutzt werden. Heute haben sie sich in Aktenkartons niedergelassen. Im Büro hängen in regelmäßigen Abständen Stofftaschen, die an Kissenbezüge erinnern. Für den Fall eines Feuers sind alle Mitarbeiter darauf geschult, die Royals in diese Beutel zu stecken und in Sicherheit zu bringen. Das gestaltet sich jedoch schon ohne Flammeninferno schwierig. Die Royals wurden erst kurz nach dem optimalen Zeitfenster sozialisiert und sind nach wie vor listenreich und wenig gehorsam.

Ich bin hier mit Becky Robinson verabredet.

Sie erscheint schließlich mit mehr als einer Stunde Verspätung, in eine fließende, orangerote Jacke gehüllt. Sie bietet mir Wasser an und dann peinlicherweise auch noch Minzbonbons für frischen Atem. Schnell wird klar, dass sie einer der charismatischsten Menschen ist, die ich kenne. Sie hat ein lautes, herzhaftes Lachen, leuchtende braune Augen und eine exzellente Ausdrucksweise.

Auf ihr Verlangen hin hatte ich ihr vorab eine Liste mit Fragen geschickt, doch darüber reden wir gar nicht. Jedenfalls nicht gleich. Robinson möchte über ihre Kindheit sprechen. Sie wuchs im landwirtschaftlich geprägten Teil von Kansas auf. Ihre Mutter ging fort, als sie noch klein war, und ihr Vater heiratete erneut. Sie blieb mehr oder weniger am Ort, manchmal passte eine Großmutter oder Tante auf sie auf. Es war eine typische freie Kindheit, in der sie stundenlang umherstromerte, in Präriehundbauen stocherte und Habichte bei der Jagd beobachtete.

Als Kirchenälteste und freiwillige Helfer im Krankenhaus waren die Robinsons feste Säulen der Gemeinde. Sie waren auch die Sorte Leute, die alles Mögliche erhalten wollten, selbst das alte Opernhaus der Stadt. Sie fingen Klapperschlangen ein, bevor die alljährliche Klapperschlangenjagd losging, und ließen die Tiere danach wieder frei.

Besonders ihre Tante war herzensgut. Wenn sie die Robinson-Kinder zum Einkaufen in die Stadt mitnahm, führte ihr erster Weg stets zu Duckwalls, dem Billigkaufhaus. „Es war ein kleines Geschäft auf der Main Street", so Robinson, „und was glauben Sie, was sie in den hinteren Räumen verkauften?" Sie lächelt mich an. „Tiere. Sie verkauften Haustiere. Sie hatten Vögel und Ratten und Mäuse. Und natürlich gingen wir jeden Tag zuerst dorthin. Mag sein, dass wir eine Einkaufsliste hatten, doch der Zettel blieb in der Hosentasche, bis wir in den hinteren Bereich von Duckwalls kamen. Man konnte es schon riechen, bevor man es sah." Jedes Mal verlangte Robinsons Tante, den Geschäftsführer zu sprechen. Sie bestand darauf, dass man die Käfige reinige und die Tiere füttere. „Und anschließend haben wir dann noch alle Pflanzen gegossen", erinnert sich Robinson, „weil auch sie Lebewesen sind."

Robinson machte schließlich einen Abschluss als Sozialarbeiterin und wurde im Fürsorgebereich tätig, doch mit den schrecklichen Eindrücken von misshandelten Kindern wurde sie nicht fertig.

„Es war einfach zu viel", erklärt sie. „Ich hätte als Sozialarbeiterin nicht weiterarbeiten können. Ich gab auf und ging." Sie schloss sich Tierschutzgruppen an, zog nach Washington und gründete 1990 Alley Cats Allies, um die nationale Bewegung für die TNR-Methode als Standard auf den Weg zu bringen. Sie nennt dies ihr „Lebenswerk".

Auf meine Bitte, die Methode gegen die vielen Kritiker zu verteidigen, merkt Robinson an, dass es etwas absurd sei, die globalen Umweltprobleme den Katzen anzukreiden, wenn man bedenke, was wir Menschen angerichtet hätten. Gleichzeitig appelliert sie stark an den menschlichen Anstand. Sie verweist mich auf eine Online-Präsentation, in der ich später ein Bild sehe, das mir tagelang nicht wieder aus dem Kopf geht:[50] einen wuscheligen, vielfarbigen Haufen leichenstarrer Katzen- und Kätzchenkadaver, Ergebnis eines arbeitsreichen Morgens in einem einzigen kalifornischen Tierheim. Die größte Bedrohung für unser Lieblingshaustier sind keine Krankheiten, sondern unsere Gifte und Krematorien.[51] Viele moderne Tierheime sind für Robinson nichts weiter als Schlachthäuser. Die Amerikaner sind ein mitfühlendes Volk, sagt sie, und sollten nicht dazu gezwungen werden, institutionalisierte Gewalt zu finanzieren, derer sich die meisten nicht einmal voll bewusst seien. „Und deshalb gibt es uns", sagt sie über ihre Organisation. „Wir mussten das ans Licht bringen. Wir mussten sagen: Lasst die Katzen sein, lasst sie draußen leben. Es sind Familien! Es gibt für Katzen nicht nur eine Art zu leben." Zumindest sollten die örtlichen Einrichtungen verpflichtet werden, die Zahl der von ihnen getöteten Tiere zu veröffentlichen.

Ihr machtvollstes Argument ist aber, dass selbst wenn die Kastrationsmaßnahmen bei Katzenkolonien nicht immer die gewünschte Wirkung zeigen, dasselbe für die Euthanasie gilt. Manche Kritiker geben das auch zu: So unmöglich es sein mag, genügend Katzen einzufangen und zu kastrieren, um die Populationen zu verändern, so schwierig ist es auch, sie einzufangen und zu töten. Einem Modell zufolge ist die Bekämpfung per Tötung nur dann das beste Mittel zur Kontrolle, wenn ganze 97 Prozent der Katzen getötet werden.[52] Die überwältigende Mehrheit der streunenden Katzen aber kommt gar nicht erst in Kontakt mit den Kontrollmaßnahmen. „Sie werden NIEMALS all die Tiere fangen können", sagt Robinson mit erhobener Stimme. „Es gibt Millionen und Abermillionen Katzen!"

„Ob es uns gefällt oder nicht", fährt sie fort, „ob wir es akzeptieren oder nicht, ob wir Katzen haben oder nicht, sie sind Teil unserer Umwelt. Daran führt kein Weg vorbei. Und sie sind es schon lange. Und diese Vorstellung, dass wir das ändern werden – wir Menschen haben diese Vorstellung, diese Arroganz, dass wir das irgendwie über Nacht ändern und mit all den Katzen fertig werden –, ist offen gesagt ganz schön lächerlich. Ein bisschen hysterisch."

Der TNR-Methode droht Gegenwind; in Los Angeles und Albuquerque laufen entsprechende Gerichtsverfahren zum Umweltschutz. Selbst Washington D.C. – Alley Cat Allies' Heimspielstätte – überdachte kürzlich seine Pro-Kolonien-Politik in einem nun vorgestellten Wildlife Action Plan, in dem die Stadt streunende Katzen mit gefürchteten invasiven Arten wie dem Argus-Schlangenkopffisch *(Channa argus)* gleichgesetzt werden.[53]

Tierschutzaktivisten, Tierärzte und Wissenschaftler suchen weiter nach anderen Lösungen zur Kontrolle der Populationen. Eine vorgeschlagene Alternative besteht darin, besitzerlose Katzen nicht zu kastrieren, sondern die Kater zu sterilisieren und den Katzen die Gebärmutter zu entfernen (Hysterektomie);[54] diese Operationen sind zwar teurere und größere Eingriffe, beeinflussen aber nicht den Hormonhaushalt der Tiere, sodass anders als bei der Kastration (also der Entfernung der männlichen oder weiblichen Keimdrüsen) kein Überlebensvorteil entsteht. Diese Methode, so sagte mir der Tierarzt Robert McCarthy, wird für das Gebiet des Super-GAUs in Fukushima diskutiert, wo sich nach dem verheerenden Tsunami offensichtlich Kolonien von Hauskatzen breitgemacht haben.

Der Heilige Gral wäre eine Verhütungsimpfung, ähnlich den Kontrazeptiva, die teilweise bei Weißwedelhirschbeständen zum Einsatz kommen. Doch die Lenden der Hauskatze sind nicht so leicht zu deaktivieren. Es scheint nicht auszureichen, ein einzelnes Hormon auszuschalten, so die Tierärztin Julie Levy, Verfechterin und Mitentwicklerin der TNR-Methode. „In der Biologie basiert alles auf Fortpflanzung", sagt sie. „Wir versuchen wirklich auszuschalten, was dem Leben zugrunde liegt."

Während verschiedene Kontrazeptiva in Betracht gezogen werden, haben sich manche Tierschutzgruppen an Partnerschaften mit Ökologen versucht, um die Auswirkungen auf die Populationen zu untersuchen. Doch solche Partnerschaften sind oft wenig vertrauensvoll, vor allem, weil viele Ökologen immer noch infrage stellen, dass Katzenaktivisten die Katzenpopulationen tatsächlich verkleinern wollen.

Und diese Zweifel sind durchaus verständlich. Der TNR-Logik entsprechend, müssten neugeborene Kätzchen ein entmutigender Anblick sein, der pelzige Beweis für das Versagen der Bewegung. Doch für viele Menschen und insbesondere für Katzenfreunde sind Kätzchen zugleich das Niedlichste, was es überhaupt gibt. Da wundert es mich gar nicht, dass Tierschützer alles tun, um selbst die schwächlichsten Kätzchen zu retten, etwa indem sie sie in ihren Büstenhaltern wärmen und ihre fieberheißen Ohren durch Einreiben mit Alkohol kühlen.

Bei der Alley-Cat-Allies-Konferenz ließ ich einen sehr technischen Vortrag über Lebendfallen, postoperative Temperaturkontrolle und andere Aspekte der TNR-Methode über mich ergehen. Nach der sehr sachlichen PowerPoint-Präsentation aber zeigte die Vortragende plötzlich das Bild eines entzückenden neugeborenen Kätzchens: „Und das ist mein kleiner Rex!", sagt sie. Das Publikum im Saal kreischte begeistert.

Es war ein bisschen so, als würde man einen Vortrag über den Kampf gegen Drogen mit dem Bild einer Crackpfeife beenden – besonders weil tatsächlich einiges darauf hindeutet, dass Katzen, so wie Drogen, unseren Geist klinisch beeinträchtigen.

CAT-Scan

Einmal wäre ich beinahe Katzenfutter geworden.

Es war 2009, in Tansania. Ich hatte gerade eine wunderbare Woche damit verbracht, Wissenschaftler des berühmten Serengeti Lion Project im Land Rover zu begleiten. Obgleich ich versuchte, möglichst cool zu bleiben und meine Entzückensrufe beim Anblick ihrer majestätischen Studienobjekte zu unterdrücken, entwichen mir gelegentlich doch ein paar bewundernde Seufzer. Die meiste Zeit gelang es mir aber, still und ruhig zu bleiben, während wir Tasthaarflecken zählten und aus der Sicherheit des Trucks heraus Wasserlöcher kontrollierten.

An meinem letzten Abend ließen wir den Land Rover zurück, um einen aus mehreren Blöcken bestehenden Felsen inmitten des Graslands zu erklimmen. Wir wollten den Rundblick über die Savanne vor Sonnenuntergang genießen und einen vernarbten alten Baum inspizieren, der von Löwen seit Jahrhunderten zum Schärfen ihrer Krallen benutzt wurde.

Aber sobald wir oben auf der Kuppe standen, entdeckten wir etwas weit Spektakuläreres: In einer Aussparung zwischen den Felsblöcken lagen zwei kleine, unbeaufsichtigte Löwenjungen.

Wir waren versehendlich in eine Löwenhöhle gestolpert – und die Mutter war nirgendwo zu sehen.

Nun bedarf es keines Doktors in Biologie oder auch nur eines Hintergrunds als Naturschriftstellerin, um zu begreifen, dass dies wohl keine besonders sichere Situation war; während die lokalen Löwen die Wissenschaftler meist mit matter Verachtung betrachteten, ist es potenziell ein schwerer Fehler, sich zwischen eine Löwin und ihre hilflosen Jungen zu stellen. Es wäre klug gewesen, auf Zehenspitzen zum Land Rover zurückzuschleichen, und das möglichst schnell, bevor eine wütende Mutter aus den Schatten auf uns zugeschossen kam. Wir hatten keine Waffen bei uns, nicht einmal den Regenschirm, den die Wissenschaftler sonst manchmal gegen freche Löwen schwangen.

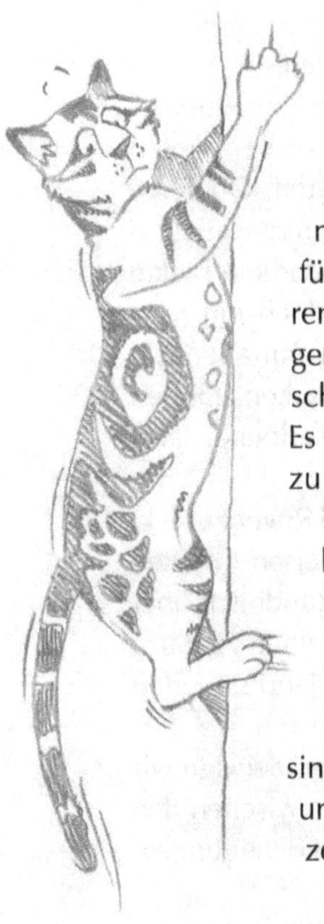

Und dennoch verspürte ich keine Eile, mich zurückzuziehen. Eine seltsame Euphorie ergriff mich, und plötzlich erschien die Aussicht, einer erbosten Löwin zu begegnen, überhaupt nicht mehr beängstigend. Ich posierte ohne Eile für Aufnahmen zwischen den Felsblöcken, während mir die wenige Meter entfernten Löwenjungen über die Schulter guckten. Ich bat die Wissenschaftler, doch noch ein wenig länger zu bleiben. Es war fast so, als ob ich mir wünschte, gefressen zu werden.

Der Katzenfamilie werden schon seit Langem hypnotische Kräfte zugesprochen: Genauso, wie unheimliche Hauskatzen zum unverzichtbaren Repertoire westlicher Hexenlegenden und Aberglauben gehören, gelten Löwen in afrikanischen Traditionen als Schamanen, Jaguare sind verkleidete Propheten des Amazonaswaldes, und so weiter. In irgendeiner Weise gelingt es Katzen offenbar, unsere Logik außer Kraft zu setzen.

Vielleicht haben Katzen im Lauf der Jahrtausende so viele Menschen erbeutet und auch auf anderer Weise Vorteil aus der Menschheit gezogen, weil sie die übernatürliche Macht haben, uns zu bezaubern.

Oder vielleicht kann die Wissenschaft dieses Phänomen erklären. Ich erinnerte mich wieder an meinen eigenartigen Flirt mit dem Tod-durch-Löwen, als ich zum ersten Mal von *Toxoplasma gondii* las, einem häufigen Katzenparasiten. Dieser geheimnisvolle Mikroorganismus wird von Katzen aller Art verbreitet, und inzwischen geht man davon aus, dass er weltweit im Gehirn eines Drittels aller Menschen zu finden ist, einschließlich rund 60 Millionen Amerikanern.[1,2] Bei Nagern löst der Parasit offenbar bizarre Verhaltensänderungen aus und bewirkt, dass die infizierten Tiere ihre angeborene Scheu vor Katzen verlieren und sich sogar zu ihnen „hingezogen" fühlen, was ihr Risiko, als Beute im Katzenmagen zu enden, deutlich erhöht. Manche Wissenschaftler vermuten, dass der Parasit ähnlich seltsame Effekte beim Menschen hervorruft – dass er uns unvorsichtiger macht, unser Risiko für einen gewaltsamen Tod erhöht und uns sogar psychisch krank machen kann.

Während mir mein tollkühnes Verhalten in der Serengeti durch den Kopf ging, begann ich mir Fragen zu stellen: Hatte mich ein Katzenparasit, den ich mir in meiner eigenen Höhle durch den Kontakt mit Cheetoh zugezogen hatte, als Abendessen in die Höhle einer weitaus größeren Katze gelockt? Und könnte ein Parasit in meinem Gehirn sonst unerklärliche Aspekte meiner langjährigen Katzenliebe erklären – beispielsweise meine Neigung, Porträtaufnahmen von Cheetoh in Auftrag zu geben, oder meine exzentrische Gewohnheit, nachts wach zu liegen und mich zu fragen, wie viel Lösegeld ich wohl für ihn bezahlen würde, wenn er gekidnappt würde?

Wie sich herausgestellt hat, bin ich keineswegs die Einzige, die einen solchen Verdacht hegt. Viele Katzenliebhaber, die über ihre blinde Hingabe an ein wildes kleines Erz-Raubtier nachgrübeln, fragen sich im Stillen, ob sie vielleicht nicht mehr alle Tassen im Schrank haben. Und dann hören sie in den Abendnachrichten oder im Radio eine kurze Nachricht über einen allgegenwärtigen, aber unsichtbaren, von Katzen übertragenen Organismus, der gegenwärtig in vielen Köpfen zu Hause ist.

Die Schlagzeilen erinnern gelegentlich an Horrorfilme und suggerieren, dass Hauskatzen sogar „Gedankenkontrolle" praktizieren.

Zweifellos ist die globale Explosion von *Toxoplasma*-Infektionen – heute ist *Toxoplasma* wohl der erfolgreichste Parasit, den die Welt je gesehen hat[3] – die seltsamste Frucht unserer Beziehung zur Hauskatze. Aber basieren die Theorien über den Einfluss des Parasiten auf das menschliche Verhalten tatsächlich auf seriöser Wissenschaft? Oder sind sie nichts weiter als unser neuester mangelhafter Versuch, die Macht der enigmatischen Hauskatze über uns rational zu erklären?

Über solche Fragen machen sich eine ganze Menge Wissenschaftler in den Vereinigten Staaten Gedanken – nicht zuletzt deshalb, weil sie selbst oft mit dem Parasiten infiziert sind.

Direkt jenseits der Grenzen von Washington D.C. liegt ein kleiner Streifen amerikanischen Kernlands: viele Morgen Maisfelder, Silos und Kühe. Diese Idylle gehört zum Forschungszentrum des US-Landwirtschaftsministeriums in Maryland, wo sich das Labor von J. P. Dubey befindet, eines renommierten *Toxoplasma*-Experten.

Dubey ist ein rüstiger älterer Herr mit einem leichten indischen Akzent. Er forscht seit den 1960er-Jahren an *Toxoplasma*. Damals wussten die Wissenschaftler, dass der Parasit zu Geburtschäden beim Menschen führen kann, hatten aber keine Ahnung, wie er sich verbreitete. Dubey gehörte zu dem internationalen Wissenschaftlerteam, das Katzen als Überträger (Vektoren) identifizierte.

Obwohl *Toxoplasma* warmblütige Tiere aller Art infiziert, kann er sich nur im Katzendarm sexuell fortpflanzen, und nur dort allein. Alle Zwischenwirte des Parasiten, von Kamelen bis zu Skunks, vom Buckelwal bis zum Menschen, sind nichts weiter als Boxenstopps auf dem Weg zwischen Katzen. Nur im Darm infizierter Katzen finden ausufernde parasitische Orgien statt, ein Fortpflanzungstaumel, aus dem eine Milliarde neuer Kopien von *Toxoplasma* hervorgehen.

Jede Katzenart, vom Tiger bis zum Ozelot, ist geeignet und kann dem einzelligen Parasiten als sogenannter Endwirt dienen. Die Domestizierung und weltweite Ausbreitung der Hauskatze war jedoch wahrscheinlich der Schlüssel zu *Toxoplasmas* atemberaubender Expansion. Heute ist dieser Einzeller wohl der kosmopolitischste Parasit auf der Erde, und er infiziert Vögel und Säuger vom Amazonas bis in die Antarktis. Viel mehr Menschen, als Katzen besitzen, haben eine Toxoplasmose (wie die zugehörige Infektionskrankheit heißt).

Fast fünf Jahrzehnte später untersucht Dubey die Rolle des Parasiten in unserem Nahrungsnetz noch immer. *Toxoplasma* wird vorwiegend auf zwei Wegen übertragen: Zum einen wird der Parasit milliardenfach via Katzenkot verteilt, den Menschen und andere Tiere unabsichtlich aufnehmen, zum anderen verbreitet er sich, wenn wir das Fleisch infizierter Zwischenwirte essen. Die erste Methode ist viel effizienter: Eine Milliarde Parasiten könnten theoretisch eine Milliarde neuer Wirte infizieren, während der Genuss von Fleisch die Infektion lediglich von einem einzelnen Beutetier an den Beutegreifer weitergibt. (Es ist ein bisschen wie der Unterschied zwischen einem Bajonett und einem Maschinengewehr.) Aber zusammengenommen machen es die verschiedenen Methoden der Übertragung sehr schwer, *Toxoplasma* zu untersuchen, geschweige denn zu stoppen.

„Das ist ein sehr cleverer Parasit", meint Dubey mit einem entrückten Lächeln. Er selbst ist seit 1969 infiziert.

Hirnparasiten richten fast immer verheerende Schäden an, wie die seltene hirnfressende Amöbe, die Badetümpel in Südamerika heimsucht und jeden Sommer Menschen tötet.[4] *Toxoplasma* klingt ebenso Furcht einflößend: Der Parasit bildet unbehandelbare Zysten im Gehirn und im Muskelgewebe seiner Wirte, und der Erreger kann nicht nur Nutztiere infizieren, sondern auch viele Wildtierarten, von Seeottern über Wallabys (kleine Känguruarten) bis hin zu Krähen.

Eine Toxoplasmose lässt sich nicht heilen, und nachdem die ursprüngliche Infektion von selbst abgeklungen ist, verbleiben die Zysten in unserem Gehirn bzw. Muskelgewebe. Bei gesunden Menschen galt diese sehr häufige Infektion jedoch lange Zeit als harmlos. Die akute Phase der Infektion ruft gewöhnlich nur milde, grippeartige Symptome oder auch gar keine Beschwerden hervor, bevor sie in einen latenten Zustand („Ruhezustand") übergeht. Die größte bekannte Gefahr droht dem sich entwickelnden menschlichen Fetus, dem ein starkes Immunsystem fehlt; darum sollen Schwangere sich auch von Katzenklos fernhalten. Ein einfacher Bluttest – den ich in Kürze machen werde – kann Auskunft darüber geben, ob man infiziert ist, doch die meisten gesunden Menschen machen sich nicht die Mühe, sich testen zu lassen.

In jüngerer Zeit sind Wissenschaftler jedoch misstrauisch geworden, was die angebliche Harmlosigkeit des Parasiten angeht, und untersuchen, ob Hirninfektionen langfristig unsere Neurologie und unser Verhalten beeinflussen.

Dubey wartet die Ergebnisse dieser Untersuchungen nicht ab. Sein Ziel ist es, den Parasiten auf der Stelle zu stoppen. Er geht mit mir durch sein volles Labor, wo ich auf Wissenschaftler aus Spanien, Indien und Brasilien treffe, die hier zu Besuch weilen. Die weltweiten Infektionsraten variieren je nach Klima und regionaler Kultur: So fördern bestimmte Ernährungsgewohnheiten, vor allem Appetit auf rohes oder kaum durchgegartes Fleisch – insbesondere Schwein und Lamm – die Ausbreitung des Parasiten. Die höchsten Raten finden sich in Südamerika, Südeuropa und Teilen von Afrika; in manchen Ländern sind 80 Prozent der Bevölkerung infiziert. In den Vereinigten Staaten liegt die Infektionsrate zwischen 10 und 40 Prozent, und Südkorea ist mit weniger als sieben Prozent wahrscheinlich die *Toxo*-freieste Nation.[5,6]

Auf einer Arbeitsfläche stehen Mixer, die so aussehen, als seien sie mit Erdbeer-Bananen-Smoothies gefüllt. Es sind Hühnerherzen, zermahlen zu einer rosafarbenen Suppe, die im Labor auf Anzeichen des Parasiten untersucht werden soll. Ich entdecke auch den ausgebreiteten Körper einer gehäuteten Maus. Das Gehirn dieses *Toxoplasma*-positiven Nagers ist bereits entfernt worden, erklärt Dubye, und wird bald an eine Laborkatze verfüttert. Wenige Tage später wird die frisch infizierte, aber ansonsten völlig gesunde Katze beginnen, Abermillionen mit dem bloßen Auge unsichtbarer runder *Toxoplasma*-Formen auszuscheiden, die als Oocysten bezeichnet werden. Dubey und sein Team wollen diese Oocysten untersuchen.

„Kann ich Ihre Katzen sehen?", frage ich ihn.

„Das möchte ich lieber nicht", antwortet er. „Wir haben hier sehr strenge Sicherheitsvorschriften für sie. Man muss seine Kleidung wechseln. Diese Organismen, die Oocysten, sind hoch infektiös und sehr widerstandsfähig. Man kann sie nicht abtöten. Man kann sie in Chlorox [ein Bleichmittel] legen und nichts passiert. Sie überleben problemlos."

Selbst im Labor sind die Vorsichtsmaßnahmen extrem. „Alles hier wird verbrannt" – Dubey weist auf den Mäusekörper und die zusammengeknüllten Papiertücher – „alles, was hinausgeht, landet im Feuer".

Im Jahr 1938 untersuchten Pathologen in Babies Hospital, einem Kinderhospital in New York, ein neugeborenes Mädchen, das im Alter von drei Tagen Krampfanfälle entwickelte:[7] Als sie dem kleinen Mädchen mit einem Ophthalmoskop in die Augen schauten, entdeckten sie Läsionen in den Augen des Babys. Einen Monat später war das Kind tot, und bei der Autopsie wurden ähnliche Läsionen in seinem Gehirn entdeckt.

Das war vermutlich die erste offizielle medizinische Diagnose einer Toxoplasmose beim Menschen. Es handelte sich um die gefürchtete kongenitale (angeborene) Form, die von einer Katze an eine Schwangere und von ihr an das Ungeborene weitergegeben wird; das kann zu Spontanabort, Totgeburt und schweren gesundheitlichen Schäden beim Kind führen, wie Blindheit und verzögerter geistiger Entwicklung. Es sollte jedoch noch Jahrzehnte dauern, bis man herausfand, wie es dazu kam – und was der Auslöser war.

Seit den 1950er-Jahren vermuteten Wissenschaftler eine Verbindung zum Konsum von Fleisch: Ihnen war aufgefallen, dass Schweine, die mit nicht durchgegarten Fleischabfällen gefüttert wurden, eine höhere Infektionsrate aufwiesen. Im Jahr 1965 entschloss man sich, diese Idee in einem Pariser Sanatorium zu testen. Hunderte junger Tuberkulosepatienten erhielten kaum gegarte Lammkoteletts zu essen. (Da eine Ernährung mit rohem Fleisch auch als Heilmittel für Tuberkulose galt, sah man das Experiment – zumindest damals – nicht als unethisch an.) Ein Teil des Fleisches musste Gewebezysten enthalten haben, denn die Toxoplasmoserate der kranken Kinder stieg rasant an. Die Schlüsselart beim Übertragungsweg blieb jedoch ein Rätsel.

Der Durchbruch kam schließlich, als ein schottischer Parasitologe aus einer Laune heraus von Versuchshunden auf Katzen wechselte und zufällig im Kot seiner neuen Versuchstiere *Toxoplasma*-Oocysten entdeckte. Dubey und andere Forscher nahmen diesen, einem glücklichen Zufall geschuldeten Hinweis auf, und bis 1969 waren mehrere Gruppen zu dem Schluss gekommen, dass Katzen die Endwirte des Parasiten waren und ihr Bauch dessen Kommandozentrale war.

Die mittelalterlichen Inquisitoren hatten Katzen nichts annähernd so Übles vorzuwerfen: Man hatte ihnen damals vielleicht nachgesagt, sie würden den Atem von Babys stehlen, doch nun war schwarz auf weiß bewiesen, dass sie Ungeborene blind machen und ihr Gehirn zerstören konnten. Nachdem der Artikel in *Science* erschien, „wurden viele Katzen getötet, weil die Leute die Sache nicht verstanden", erinnert sich Dubye.

Die Tatsache, dass es Katzen gelang, dieses Rublic-Relation-Desaster zu überstehen und ihren Aufstieg in den 1970er-Jahren sogar noch zu beschleunigen, ist ein weiterer Beweis dafür, wie ungewöhnlich intensiv unsere Zuneigung zu ihnen ist. Aber inzwischen wissen wir, dass gewisse Formen der Katzenhaltung – vor allem die Katzenhaltung ausschließlich in der Wohnung – nicht besonders riskant sind. Tatsächlich haben gewöhnliche Katzenhalter nicht einmal eine ungewöhnlich hohe Infektionsrate.[8] Wohnungskatzen fressen überwiegend kommerziell hergestelltes Katzenfutter – das eingefroren, bei hohen Temperaturen gekocht oder anderweitig industriell behandelt

wurde, um den Parasiten abzutöten – und haben nicht viel Kontakt mit im Freiland lebenden Tieren. Sie infizieren sich daher nur selten.

Die Freigänger-Katzen, die infizierte Beutetiere fangen und fressen, sind es, die *Toxoplasma* auf Menschen übertragen.[9] Wenn Katzen mit bloßem Auge nicht sichtbare Oocysten verstreuen, können sich ihre Halter beim Säubern des Katzenklos anstecken, oder ein Nachbar kann einige Oocysten verschlucken, während er in kontaminierter Gartenerde arbeitet. Oder ein anderes Tier in unserer Nahrungskette, beispielsweise ein Lamm, kann die Oocysten aufnehmen, und wir stecken uns durch den Genuss von Lamm-Burgern an – ein Zwischenwirt, der von einem anderen verzehrt wird. (Scheunenkatzen können auch Nutztiere mit Toxoplasmose infizieren, und Dubye rät, sie von Schweinen fernzuhalten, die besonders infektionsanfällig sind.)

Katzen infizieren sich gewöhnlich nur einmal in ihrem Leben; die Phase der Oocysten-Ausscheidung dauert nur ein paar Wochen, bevor die Infektion latent wird. Aber zu jedem gegebenen Zeitpunkt, vermuten Wissenschaftler, verbreitet ein Prozent aller Katzen und Kätzchen weltweit den Parasiten weiter, und das ist mehr als ausreichend, um Ökosysteme zu sättigen. In den Vereinigten Staaten sind rund 80 Prozent aller Schwarzbären in Pennsylvania (die Abfälle aller Art vertilgen und nicht dafür bekannt sind, ihr Fleisch gründlich durchzugaren) infiziert.[10] Eine andere Studie ergab, dass fast die Hälfte aller Hirsche in Ohio Toxoplasmose haben; sie infizieren sich wahrscheinlich, indem sie durch Katzenkot verunreinigtes Gras abweiden.[11]

Menschen legen mehr Wert auf Hygiene als Bären und Hirsche, aber es ist schwieriger, als man vielleicht denkt, sich vor Toxoplasmose zu schützen. Beispielsweise besteht einer der großen Vorteile einer modernen Schwangerschaft darin, neun Monate lang eine wunderbare medizinische Entschuldigung zu besitzen, das Katzenklo nicht säubern zu müssen. Aber wenn man eine Wohnungskatze besitzt wie ich, ist diese Maßnahme weitgehend sinnlos; die wirklichen Risiken lauern an anderer Stelle. Auf nicht durchgegartes Fleisch zu verzichten, wäre wohl eine wirksamere Vorbeugung. Aber Vegetarier sind keineswegs vor der Krankheit gefeit. John Boothroyd, Mikrobiologe an der Stanford University, hält Vorträge über *Toxoplasma* für ein breites Publikum. Wenn er an diese Stelle kommt, „beginnen die Vegetarier, sehr selbstzufrieden auszusehen. Dann zeige ich ihnen ein Bild von Karotten." Gemüse mit Erdanhaftungen kann voller Katzen-Oocysten stecken. Wie eine indische Studie gezeigt hat, unterscheiden sich die Infektionsraten von Vegetariern und Fleischessern nicht signifikant.[12]

Tatsächlich kann man sich auch durch Trinkwasser infizieren. Zu einem bekannten Ausbruch kam es, als Hundert Leute aus einem kontaminierten kanadischen Reservoir tranken,[13] und Wasserstellen, die mit Katzenkot verunreinigt sind, könnten eine wichtige Übertragungsquelle sein, vor allem in Entwicklungsländern. Auch Atmen ist nicht unbedingt sicher. Zu einer weiteren gut untersuchten Toxoplasmose-Epidemie in Atlanta, Georgia, kam es, als Leute Staub in einem Pferdestall einatmeten, in dem Katzen lebten.[14]

Niemand weiß, wann und warum Katzen und *Toxoplasma* zusammenkamen, aber diese Beziehung ist wahrscheinlich schon sehr alt. Da Löwen, Leoparden und andere wilde Großkatzen einstmals einen so großen Teil der Welt beherrschten, war der Parasit wahrscheinlich schon weit verbreitet, lange bevor *Felis sylvestris lybica* in die ersten menschlichen Siedlungen vordrang. Tatsächlich sprechen Signaturen in unserer DNA dafür, dass *Toxoplasma* die Primatenevolution beeinflusste: Um uns zu helfen, die Infektion besser zu überstehen, wurde eines unserer Gene offenbar abgeschaltet und zu einem nicht exprimierten „toten Gen", das noch heute in unseren Zellen präsent ist.

Es ist jedoch die sehr moderne und evolutionär radikale Beziehung zwischen Menschen und Hauskatzen, die den Para-

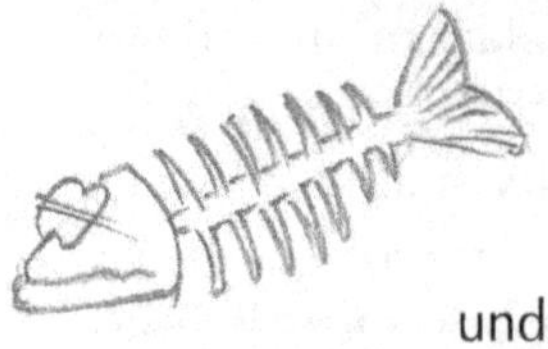

siten praktisch omnipräsent gemacht hat. In unberührter Natur waren Katzen recht selten – wohl noch seltener als andere Raubtiere an der Spitze der Nahrungskette – und begrenzten damit die Häufigkeit eines Parasiten, der von Katzen als Endwirten abhängig war. Dann kam die menschliche Zivilisation, und die Zahl der Hauskatzen stieg auf mehrere Tausend pro City-Meile. Und wann immer wir und unsere Katzen ein neues Ökosystem aufsuchten, hatten wir *Toxoplasma* im Gepäck. Inzwischen findet man den Parasiten selbst innerhalb des Nordpolarkreises, bei Weißwalen und anderen Meerssäugern,[15] und das ist in Regionen ohne einheimische Feliden, wie Australien, besonders verheerend.

Kängurus, Wallabys und andere Tiere, die keine Koevolution mit Katzen durchlaufen haben, sterben oft an Toxoplasmose, weil ihr Immunsystem mit der fremdartigen Erkrankung nicht fertig wird.

Dadurch, dass wir Hauskatzen überall mit uns schleppten, haben wir wahrscheinlich auch die Biologie des Parasiten umgeformt. Europäische Kolonisten, die nach Brasilien segelten, brachten Schiffskatzen mit an Land, wo sie zweifellos mit exotischen *Toxoplasma*-Stämmen von Jaguaren und Pumas in Kontakt kamen.[16] Wenn einige der Katzen bereits mit europäischen Stämmen infiziert waren, als sie sich mit brasilianischen Stämmen ansteckten, hätten die beiden Varianten eine noch nie dagewesene Gelegenheit gehabt, sich im Katzendarm zusammenzutun und neue, potenziell verbesserte Stämme zu schaffen.

Warum sind Katzendärme so einladend für diesen Parasiten? „Wahrscheinlich kommen da eine ganze Menge Dinge zusammen, von der Körpertemperatur bis zur Ernährung und den anderen Mikroorganismen dort“, meint Boothroyd. Und die Mutationen, die während der langen Residenz des Parasiten vermutlich aufgetreten sind, könnten ihm eine „noch bessere Feinabstimmung“ mit seinem Katzenwirt erlaubt haben.

Toxoplasma-artige Organismen hausen in vielen Tierdärmen – Hühner scheiden einen ähnlichen Parasiten aus, der perfekt an ihren Verdauungstrakt abgepasst ist. Aber dieser Parasit besiedelt nur Hühner, er kann nicht auf andere Nutztiere übertragen werden, geschweige denn auf Menschen. Dass ein einzelner Parasit zusätzlich zu seinem Endwirt ein solch riesiges Netzwerk von Zwischenwirten besiedeln kann, ist wirklich außerordentlich.

Der Schlüssel zu diesem Netzwerk-Effekt könnte darin liegen, dass alle Vertreter der Katzenfamilie Hardcore-Fleischfresser sind. Stellen Sie sich vor, dass eine Maus zufällig infizierten Hühnerkot zu sich nimmt und der Hühnerparasit herausfindet, wie er in der Maus überleben kann. Das ist ein riesiger Sprung – „Gott sei Dank geschieht so etwas nicht häufig", meint Boothroyd –, aber in diesem Fall ein völlig sinnloser. Denn einmal im Inneren der Maus, sitzt der Hühnerparasit in der Falle: Kein anderes Huhn wird die Maus fressen, daher hat der Hühnerparasit keine Chance, wieder in den Hühnerdarm zu gelangen und Milliarden Kopien seiner selbst und seiner raffinierten neuen Maus-freundlichen Mutation herzustellen.

Ein Parasit im Katzenkot mit einer ähnlichen Mutation in derselben Maus hat hingegen viel mehr Optionen. „Da Katzen Fleischfresser sind, besteht eine Chance, dass die Maus schließlich von einer Katze gefressen wird und der Parasit wieder dorthin gelangt, wo er hin will" und sich *ad infinitum* repliziert, meint Boothroyd. Statt zu einer Sackgasse wird die Maus zu einer Chance.

Einige von *Toxoplasmas* Zwischenwirten sind für den Parasiten tatsächlich Sackgassen – Buckelwale können den Parasiten tragen, doch nicht einmal Löwen vergreifen sich an diesen Meeresbewohnern. Aber dass Katzen so viele potenzielle Beutetiere haben, erlaubt dem Parasiten, sein Netz weit auszuwerfen. Wenn unter den Milliarden Versuchen auch nur ein paar Treffer sind, so ist das schon ein Erfolg.

Wie die Hauskatze selbst ist *Toxoplasma* daher gut angepasst, aber flexibel, wählerisch, aber promisk.[17] Während sich andere einzellige Parasiten darauf konzentrieren, einen einzigen menschlichen Zelltyp zu entern – wie *Toxoplasmas* Vetter, der Malariaerreger, der in roten Blutkörperchen eindringt –, fühlt sich *Toxoplasma* in praktisch jedem Zelltyp zu Hause: Darm- und Leberzellen, Nervenzellen, Herzzellen.

Als ich mir einen Film anschaute, der *Toxoplasma* bei starker Vergrößerung in Aktion zeigte, erkenne ich sogar gewisse Ähnlichkeiten mit meinem Cheetoh. Der plumpe kleine tropfenförmige Parasit schlängelt sich mit einer gleitenden Bewegung an die viel größere menschliche Zelle heran, die mich an die Art und Weise erinnert, wie eine Katze um die Knöchel streicht, wenn sie gefüttert werden will. Dann rammt der Parasit die Zelle plötzlich und drängt sich hinein wie ein Wasserballon, der sich durch ein Guckloch quetscht.

Toxoplasma kann sogar Immunzellen entern, mit deren Hilfe es ihm gelingt, sich in unser Gehirn einzuschleichen, einen Ort, in den die meisten Parasiten nicht vordringen können. Und das ist auch gut so, denn das Gehirn ist wohl unser wichtigstes und verwundbarstes Organ: Immunreaktion sind dort abgeschwächt, weil sie zu Schwellungen führen können, was aufgrund der unnachgiebigen Schädelwände tödlich sein kann. Die beste Strategie ist, potenzielle Eindringlinge überhaupt draußen zu halten. Die Körper-Hirn-Schranke wird von speziell ausgekleideten Blutgefäßen überwacht und ist fast undurchdringlich.

Toxoplasma kann jedoch die körpereigenen Immunzellen als trojanisches Pferd benutzen, um sich durch diese Barriere zu schmuggeln. Und sobald der Parasit einmal drinnen ist, kann das Gehirn nicht mehr viel tun. Der Parasit lässt sich nicht mehr vertreiben. In Form von gut geschützten Gewebezysten wartet er darauf, dass sein Wirt von einer Katze gefressen wird.

Aber vielleicht wartet der Parasit nicht nur geduldig, sondern zieht hinter der Bühne die Fäden und mischt das Blatt zu seinen

Gunsten, indem er die Chancen erhöht, dass sein Wirt einer Katze zum Opfer fällt. Das ist die Quintessenz einer Reihe sensationeller Elemente in den 1990er-Jahren, bei denen Wissenschaftler der Oxford University *Toxoplasma*-positive Ratten Katzenurin aussetzten.[18]

Obwohl die meisten Katzen nur mittelmäßige Rattenfänger sind, haben sie, was die Schädlingskontrolle angeht, eine wichtige Eigenschaft: Der Geruch von Katzenurin ist für einen Nager der schrecklichste Geruch auf der Welt. Selbst Laborratten, deren Vorfahren seit Dutzenden von Jahren in Gefangenschaft gezüchtet wurden, ohne jemals mit den Fängen einer Hauskatze in Kontakt zu kommen, fliehen vor dem Geruch von Katzenpipi.

Aus der Perspektive eines Parasiten, der durch Katzenkot übertragen wird, ist diese angeborene Furcht vor Katzenurin ein „großes Hindernis für die Weitergabe", meint Joanne Webster, die Leiterin der Oxforder Studie. „Wir wollten wissen, ob der Parasit diesen Effekt dämpfen könnte."

Was sie beobachteten, war mehr als eine Dämpfung – der Parasit schien den Furchtinstinkt der Ratten völlig auszuschalten. Die infizierten Nager mieden Katzenurin nicht länger. „Sie fühlten sich vielmehr davon angezogen", erklärt Webster. Die Ratten, die sich von dem Katzenurin angezogen fühlten, veränderten weder ihr Sozialverhalten noch verloren ihre Furcht vor anderen klassischen Rattenabschreckungsmitteln. Sie verloren lediglich alle Scheu vor Katzenurin. Zum Entzücken der Zeitungen prägte die Wissenschaftler für dieses selbstmörderische Verhalten von Ratten den Begriff „Fatal Attraction".

Dieser Befund, der seitdem in vielen Labors reproduziert wurde, passte zum wachsenden Interesse der

Wissenschaftler an der sogenannten Manipulationshypothese. Wie gezeigt werden konnte, manipulieren manche Parasiten das Verhalten ihrer Wirte zu ihrem eigenen Vorteil; manchmal wird der unglückliche Wirt sogar dazu veranlasst, sich selbst zu opfern. In einem berühmten Beispiel infiziert ein parasitischer Saugwurm eine Ameise und veranlasst sie dann, einen Grashalm zu erklettern und sich an der Spitze festzubeißen, wo sie mit größerer Wahrscheinlichkeit von einem Schaf oder Rind gefressen wird, den bevorzugten Endwirten des Saugwurms. Wissenschaftler spekulierten nun, dass das tollkühne Verhalten von *Toxoplasma*-infizierten Ratten – ihre verlorene Scheu vor Katzenurin und ihr erhöhtes Aktivitätsniveau, das Wissenschaftler ebenfalls registrierten – ein Schachzug des Parasiten sein könnte, um die Chancen zu erhöhen, wieder im Katzendarm zu landen.

Wenn das stimmt, dann ist dieser Befund noch verrückter, als es scheint. Die meisten klassischen Fälle, die die Manipulationshypothese anführt, treten bei einfacheren Organismen auf, wie diesen unglücklichen Ameisen. Bei Säugern gibt es kein anderes Beispiel für einen Parasiten, der seinen Wirt so dramatisch manipuliert.

Was uns zu meiner ganz persönlichen Frage zurückbringt: Wenn dieser Katzenparasit Nager wie Marionetten benutzt, könnte er dann auch Menschen in seinem Sinne beeinflussen? War ich neurologisch dazu veranlasst worden, mich in der Löwenhöhle zu „opfern"? Mit morbider Faszination las ich eine Studie über unsere engsten Primatenverwandten, die vermuten ließ, dass toxo-infizierte Schimpansen sich von dem Urin ihres wichtigsten Fressfeindes, des Leoparden, angezogen fühlen.[19]

Leider haben Wissenschaftler noch nicht analysiert, wie viele der unglücklichen menschlichen Opfer von Leoparden- und Löwenattacken toxo-positiv sind. Es gibt jedoch einige faszinierende Studien über den Parasiten und das Risikoverhalten bei infizierten Menschen, die offenbar mit höherer Wahrscheinlichkeit eines wie auch immer gearteten gewaltsamen Todes sterben.

So haben toxo-positive Menschen beispielsweise ein erhöhtes Selbstmordrisiko,[20] und Länder mit höheren Infektionsraten haben in der Regel auch höhere Selbstmord- und Mordraten.[21] Dieselbe Tendenz zeigt sich in der Statistik von Verkehrsunfällen, denen zufolge Menschen mit Toxoplasmose mehr als doppelt so häufig in einen Autounfall verwickelt sind.[22]

Ist ein Autounfall mit einem Jaguar die moderne Version davon, einem Jaguar zum Opfer zu fallen? Das ist möglich: „Vielleicht nimmt man einen toxo-infizierten Menschen", meint der Stanforder Neurobiologe Robert Sapolsky in einem Online-Interview, „und diese Leute zeigen eine Neigung, blödsinnige Dinge zu tun, die wir von Natur aus eigentlich vermeiden sollten, wie den eigenen Körper bei hoher Beschleunigung durch die Luft zu wirbeln."[23]

Manche Wissenschaftler halten es jedoch für wahrscheinlicher, dass diese nachlässigen Fahrer (und andere infizierte Menschen und Tiere) an etwas weniger Außergewöhnlichem als einer Parasitenmanipulation leiden, beispielsweise an einer unterdrückten, aber fortbestehenden Immunreaktion, die viel länger anhält als der kurze Krankheitsschub, den die meisten Menschen erleben. Diese schwer geschlagenen Individuen haben vielleicht von vorneherein ein schwächeres oder empfindlicheres Immunsystem, und eine *Toxoplasma*-Infektion führt bei ihnen zu einer anhaltenden Unpässlichkeit. Im Fall der unfallträchtigen Motoristen steigt vielleicht die Reaktionszeit, was ihr Unfallrisiko erhöht.

Diese zweite Hypothese wird von einem anderen blutrünstigen Befund gestützt:

Die toxo-positiven Seeotter von Monterey Bay haben ein dreifach erhöhtes Risiko, einem Superprädator zum Opfer zu fallen, allerdings keiner Großkatze, sondern dem Weißhai.[24] Es erscheint seltsam, dass ein Katzenparasit seine Opfer veranlassen sollte, sich zu einem großen Fisch „hingezogen" zu fühlen; wahrscheinlicher ist, dass die infizierten Seeotter lediglich ein wenig benebelt und verwirrt sind, was sie zu einer leichteren Beute macht.

Was leichte Beute angeht, so grinsen die Wissenschaftler breit, als ich ihnen von meiner selbst gestrickten Hypothese über die Löwenhöhle erzähle. Sie vermuten, dass der Parasit sich an das Leben in gewissen Zwischenwirtarten anpasst, aber wahrscheinlich nicht an Menschen: Diese Art Anpassung würde nur bei einer Art Sinn ergeben, die viel häufiger und leichter zu jagen ist, wie Mäusen oder Tauben. Tatsache ist, dass heutzutage nicht allzu viele Menschen von Katzen, ob groß oder klein, gefressen werden, und ein *Toxoplasma*-Stamm, dessen Ziel es ist, dumme Journalisten in Löwengruben zu locken, wäre wohl schon vor langer Zeit ausgestorben. Für einen Parasiten mit Milliarden Nachkommen ist die menschliche Bevölkerung ein kleiner Fisch.

Das heißt aber trotzdem nicht, dass dieser Parasit für *uns* irrelevant ist. Die allgemein verbreitete Ansicht, dass sich nur Schwangere vor einer Toxoplasmose in Acht nehmen müssen, geriet in den 1980er-Jahren während der HIV-Epidemie ins Wanken. Das überlastete Immunsystem von Aids-Kranken ließ den Parasiten rücksichtslos zuschlagen und tennisballgroße Läsionen im Gehirn hervorrufen. Rund 30 Prozent aller Aids-Patienten in einigen europäischen Ländern (und rund zehn Prozent in den Vereinigten Staaten) starben an der Infektion.[25] Tatsächlich wurde der Mikroorganismus zu einem heißen Thema in den Debatten rund um die amerikanische Präsidentenwahl 2016, nachdem ein Pharmaunternehmen, das ein Medikament gegen Toxoplasmose herstellte, plötzlich seine Preise für bestimmte lebensrettende Behandlungen bei immunsupprimierten Menschen drastisch erhöhte. Selbst bei Menschen mit gesundem Immunsystem finden Wissenschaftler inzwischen Korrelationen zwischen dem Parasiten und einer langen Liste von Beschwerden: Alzheimer, Parkinson, rheumatoide Arthritis, Fettleibigkeit, Hirntumoren (eine besonders umstrittene Beziehung), Migräne, Depressionen, Bipolarstörungen, Unfruchtbarkeit, erhöhte Aggression und Zwangsstörungen.

Und es geht noch weiter.[26] Der tschechische Parasitologe Jaroslav Flegr nimmt an, dass der Parasit Einfluss auf unsere Persönlichkeit nimmt. Seinen Studien zufolge tendieren infizierte Menschen eher dazu, sich schuldig zu fühlen; infizierte Männer neigen dazu, misstrauisch und dogmatisch zu sein, während Frauen sozialer sind und sich flotter kleiden. Als Flegr seine Probanden an Katzenurin riechen ließ, stellte sich heraus, dass die infizierten Männer den Geruch mochten, die Frauen hingegen nicht.[27]

Sagen Sie nicht, es kann nicht noch seltsamer kommen. Ein anderer *Toxoplasma*-Forscher spekuliert, dass die Infektion unsere Vorliebe für Sauvignon blanc erklären könnte, dessen Duft an Katzenurin erinnert.[28] (Erwartungsgemäß heißt einer meiner Lieblingsjahrgänge denn auch tatsächlich „Katzenpipi auf einem Stachelbeerstrauch".) Neuseeland hat sich auf diese Weißweinsorte spezialisiert, und zufällig weist Neuseeland auch den höchsten Prozentsatz an Katzenhaltern weltweit auf[29] – und die nationale Toxoplasmose-Rate liegt bei 40 Prozent.[30] Selbst wenn sich diese kuriosen Befunde bewahrheiten sollten, wie sollten unsere Shopping-Gewohnheiten und Weinkellerinhalte feline Jagderfolge erhöhen? Wahrscheinlich tun sie das nicht. Der Parasit könnte bei vielen seiner Zwischenwirte eine Reihe von Verhaltensänderungen fördern, von denen ihm nur einige wenige zugutekommen. Aber weil das menschliche Gehirn ein Organ ist, das im Tierreich nicht seinesgleichen findet, könnten beim Menschen subtile Effekte zutage treten, die bei anderen Wirtsarten wie Seeottern und Wallabys nicht auftreten. Die am besten untersuchte dieser Toxo-Komplikationen ist in der Tat besorgniserregend: Es besteht eine enge Beziehung zwischen dem Parasiten und Schizophrenie.

E. Fuller Torrey ist Direktor des Stanley Medical Research Institute, Amerikas größter privater Finanzquelle für die Erforschung von Schizophrenie und Bipolarstörungen. Afrikanische Wandteppiche schmücken sein luftiges Büro in Chevy Chase, Maryland, eine Erinnerung an seine Tage als Arzt im Friedenscorps. Ich sehe ein Gemälde einer Elefantenherde, aber keine Löwen. Es gibt jedoch ein kleines Bild einer Hauskatze, die mit einem X durchgestrichen ist.

Torrey hat keine Katze, und er rät auch Familienmitgliedern davon ab. „Mein Enkelkind hat keine Katze, weil ich meiner Tochter eindringlich vor einer Anschaffung gewarnt habe", meint der Psychiater. „Und ich würde niemandem raten, sich eine frei laufende Katze zuzulegen, wenn kleine Kinder im Haus sind. Und ich würde niemandem raten, in einem Sandkasten zu spielen, der nicht 24 Stunden am Tag abgedeckt ist."

Auf der anderen Seite besitzt Robert Yolken von der Johns Hopkins University, ein pädiatrischer Virologe, der häufig mit

Torrey zusammenarbeitet, zwei Wohnungskatzen, Cinnamon und Tibby. Um seinen Kollegen aufzuziehen, benutzte Yolken einst Tibby als Buchstütze für ein Regalbrett mit den vielen Büchern, die Torrey geschrieben hat.

Trotz ihrer unterschiedlichen persönlichen Haltung zu Katzen sind beide Männer alarmiert vom weltweiten Eroberungszug der Hauskatze und in ihrem Schlepptau von *Toxoplasma*. „Es gibt in der Geschichte keinen historischen Präzedenzfall für eine derartige Zahl von Katzen", schreiben sie in einem aktuellen Artikel in der Fachzeitschrift *Trends in Parasitology*[31] und verweisen auf eine 50-prozentige Zunahme der Katzenhaltung zwischen 1986 und 2006. Die Konsequenzen dieser Entwicklung beginnen wir gerade erst zu verstehen.

Nach Torreys Meinung ist Schizophrenie eine Krankheit neueren Datums, die vor Beginn des 19. Jahrhunderts, als sie in historischen Dokumenten erstmals erwähnt wurde, so gut wie unbekannt war, und die durch verschiedene Elemente des modernen Lebens potenziell hervorgerufen oder verschlimmert wird. Aber ganz besonders interessiert ihn ein Lifestyle-Trend des 19. Jahrhunderts: eine Zunahme der Katzenhaltung. Wie wir gesehen haben, war das 19. Jahrhundert die Periode, als Katzen sich auf den Weg machten, zum beliebtesten Haustier zu werden. Viele der ersten Katzenenthusiasten waren Künstler, eine Gruppe, die nicht gerade bekannt ist für ihre geistige Gesundheit.

„Die Zunahme von Katzen als Haustiere", schreibt Torrey in seinem Buch *The invisible Plague*, „läuft dem Anstieg von Geisteskrankheiten parallel."[32]

In einem Artikel 1995 im *The Schizophrenia Bulletin* führten Yolken und Torrey den Begriff „typhoid tabby" ein.[33] Darin beschrieben sie so weit hergeholte und provokante Phänomene wie eine Häufung von Schizophrenie bei Menschen, die während des niederländischen „Hungerwinters" 1944–1945 geboren wurden, als verhungernde Schwangere angeblich Katzen aßen.

Vielleicht überzeugender, präsentierten sie eine Studie, die zeigte, dass 51 Prozent der begutachteten Geisteskranken als Kind eine Hauskatze hatten, versus 38 Prozent bei geistig Gesunden. (Der einzige andere wichtige Unterschied in der Kindheit, den sie fanden, war die Stillhäufigkeit.) „Hauskatzen", so die Schlussfolgerung des Artikels, „könnten ein wichtiger Umweltfaktor für die Entwicklung von Schizophrenie sein."

Später wiederholten die Forscher die Studie,[34] diesmal diente der Hundebesitz als Kontrolle, um sicherzustellen, dass schizophrene Kinder nicht allgemein eher tierische Spielgenossen hatten. Wieder stellten sie fest, dass Schizophrene mit höherer Wahrscheinlichkeit als Kinder eine Katze hatten, während sich der Besitz eines Hundes nicht auf das Schizophrenierisiko auswirkte.

Als die beiden Wissenschaftler erstmals auf die Verbindung zwischen Katzen und klinisch diagnostizierten Geistesstörungen hinwiesen, „hielten alle Leute dies für eine verrückte Idee", erinnert sich Yolken. Anfangs fragten Torrey und Yolken sich, ob feline Retroviren als Auslöser für Schizophrenie infrage kommen könnten. Das aufblühende Feld der *Toxoplasma*-Forschung hat jedoch stärkere Verbindungen zwischen dem Parasiten und der Krankheit offengelegt.

Schizophrenie ist eine verheerende und medizinisch rätselhafte Krankheit, die rund ein Prozent der amerikanischen Bevölkerung betrifft und zu deren Symptomen Halluzinationen und Paranoia gehören.[35] Offensichtlich leidet die große Mehrheit aller Menschen mit Toxoplasmose – also rund ein Drittel der Weltbevölkerung – nicht unter Schizophrenie, und Studien deuten zunehmend auf eine wichtige genetische Komponente bei dieser Störung hin. Aber Yolken und Torrey glauben, dass Toxoplasmose in Kombination mit anderen umweltbedingten und genetischen Faktoren ein Risikofaktor sein könnte, der prädisponierte Menschen in eine voll ausgeprägte Geisteskrankheit abrutschen lässt.[36]

Ein überzeugender Hinweis ist, dass Menschen mit einer Toxoplasmose ein dreifach höheres Risiko tragen, mit Schizophrenie diagnostiziert zu werden, als nicht Infizierte. Aber selbst dieser Befund ist nicht so eindeutig, wie es scheinen mag. In der Regel lässt sich nicht entscheiden, was zuerst da war: die Toxoplasmose oder die Schizophrenie. Kritiker vermuten, dass sich Schizophrene vielleicht aufgrund mangelnder persönlicher Hygiene, die mit ihrer Erkrankung einhergeht, eher mit dem Parasiten infizieren.

Yolken und Torrey leugnen Lücken in ihrer Theorie nicht, zitieren aber eine breite Palette von unterstützenden Korrelationen. Zusätzlich zu dem offenbar abrupten Aufkommen von Schizophrenie im 19. Jahrhundert weist die Krankheit eine verblüffende saisonale Komponente auf, die für psychische Erkrankungen ungewöhnlich ist. Schizophrene Menschen sind auffällig oft im Winter oder zu Beginn des Frühjahrs geboren. Torrey vermutet, dass frei laufende Katzen, obwohl sie noch aktiv jagen, in den kalten Monaten mehr Zeit im Haus verbringen und daher eher ein Winter- oder Frühjahrs-Baby im letzten Schwangerschaftstrimester anstecken, wenn sich eine *Toxoplasma*-Infektion besonders gravierend auswirkt. Mehrere Studien sprechen dafür, dass sich Schwangere häufiger im Winter mit *Toxoplasma* infizieren.

Es gibt weitere verstreute Indizien. Wie Frauen mit einer akuten Toxoplasmose haben schizophrene Frauen tendenziell mehr Totgeburten, und niemand weiß, warum. In einigen Weltregionen, wo Katzen (und damit auch *Toxoplasma*) in der Vergangenheit fehlten, wie im Hochland von Papua-Neuguinea,

ist Schizophrenie offenbar sehr selten. Wie Schizophrenie tritt Toxoplasmose familiär gehäuft auf – nicht, weil sie genetisch bedingt wäre, sondern weil Familien den gleichen Umwelteinflüssen wie Nahrung, Wasser und Katzen ausgesetzt sind –, und vielleicht ist ein Teil dessen, was man der Erblichkeit von Schizophrenie zugeschrieben hat, nichts anderes als ein verkapptes Übertragungsmuster des Parasiten. Aus ungeklärten Gründen ist Schizophrenie in armen Haushalten mit knappem Wohnraum häufiger. Das gilt auch für Toxoplasmose. Und schließlich entwickeln einige Toxoplasmose-Patienten psychotische Symptome, und selbst in Abwesenheit psychotischer Symptome haben sich antipsychotische Medikamente, die zur Behandlung von Geistesstörungen konzipiert wurden, als seltsam effizient zur Bekämpfung des sich ausbreitenden Parasiten erwiesen, bevor dieser in sein latentes Stadium eintritt.

Viele Toxoplasmoseforscher finden die Schizophrenie-Hypothesen zumindest interessant. Es gibt jedoch Gegenargumente. Während Schizophrenie vermutlich unter denjenigen häufiger ist, die in Städten aufwuchsen, könnte Toxoplasmose in ländlichen Gebieten verbreiteter sein. Länder mit einer sehr hohen Toxoplasmoserate wie Äthiopien, Frankreich und Brasilien, haben keine erhöhten Schizophrenieraten. Zudem hat trotz all der neuen Katzen, die herumlaufen, die Rate der Toxoplasmoseinfektionen in einem Teil der Industrieländer, einschließlich der Vereinigten Staaten, abgenommen, vielleicht eine Folge des Einfrierens von Fleisch und verbesserter landwirtschaftlicher Praktiken – die Zahl der Schizophreniediagnosen hat jedoch nicht abgenommen.

Die Indizien sind schwer auseinanderzupflücken, teilweise auch deshalb, weil Toxoplasmose so weit verbreitet ist. Einige der irritierenden Ungereimtheiten in den Daten, glauben Yolken und Torrey, ließen sich durch bessere diagnostische Instrumente beheben, die den Stamm des Parasiten (einige Stämme sind virulenter als andere) oder den genauen Sitz im Körper identifizieren (eine Leberzyste ist neurologisch vermutlich weniger relevant als eine Hirnzyste).

Am wichtigsten ist vielleicht, dass Tests auf Toxoplasmose nicht zeigen, wann die Infektion geschah. Schizophrenie bricht gewöhnlich im frühen Erwachsenenalter aus, und Yolken und Torrey glauben, dass der Parasit vor allem das sich entwickelnde Gehirn schädigen kann – nicht nur Feten, sondern auch Babys und Kleinkinder. (Mäusejungen, die im Alter von vier Wochen infiziert wurden, zeigten beispielsweise ganz andere Schäden als solche, die im Alter von neun Wochen infiziert wurden.) Sie konzentrieren sich zunehmend auf Ansteckung im frühen Kindesalter.

Natürlich ist es auch möglich, dass das Denken der Toxoplasmose-Forscher genauso kompromittiert ist wie das ihrer Laborratten – denn Torrey, Dubye, Flegr und andere Koryphäen auf dem Gebiet sind selbst mit *Toxoplasma* infiziert, und sie wissen es. Selbst wenn ihre Forschung nicht von parasitischer Manipulation gesteuert wird, könnte der Beobachter-Bias (*bias* = Verzerrung) eine Rolle spielen. Ab einem gewissen Punkt kann es pathologisch werden, das menschliche Leben aus der Sicht eines Katzenkotparasiten zu betrachten.

Bei mir bedurfte es nicht eines, sondern zweier negativer Bluttests, bevor ich mich von der Idee verabschiedete, dass mich ein Mikroorganismus dazu verleitet hatte, mit Löwen anzubandeln. Um die Wahrheit zu sagen, bin ich immer noch nicht ganz überzeugt. (Wie Yolken und Torrey sagen, können Bluttests zu falschen Ergebnissen führen.)

Manche Neurologen sorgen sich, dass eine von den Medien hochgespielte Toxoplasmose-Forschung nicht nur hingerissene Katzenhalter falsch informiert, sondern auch die ernsthaft Kranken. „Die Verbindung zwischen Toxoplasmose und Schizophrenie ist sehr dürftig", meint Anita Koshy, *Toxoplasma*-Forscherin an der University of Arizona, die auch Patienten behandelt. „Und es ist wirklich herzzerreißend. Schizophrenie ist eine so schreckliche Krankheit und ich fühle mich, als weckten wir falsche Hoffnungen."

Inzwischen werden immer neue Toxo-Theorien ausgebrütet. Ein aktueller Kommentar spekulierte, dass bestimmte Länder wie Brasilien ihre ausgeprägte Machismo-Kultur und ihre Leistungsfähigkeit beim Fußball dem hohen Prozentsatz infizierter Männer verdanken.[37] (Beim Fußball ist erhöhte Risikobereitschaft und Aggression von Vorteil.)

Oder vielleicht formte der Parasit über die erste große Zivilisation die gesamte menschliche Kultur, und damit basta.

Wie jedermann weiß, hielten die alten Ägypter eine Menge Hauskatzen und züchteten sie sogar im industriellen Maßstab. Nicht überraschend ist *Toxoplasma* im modernen Ägypten ein großes Problem[38] – tatsächlich beteiligten sich Torrey und Yolken vor Kurzem an einer Studie dort und interessieren sich besonders für die Bedrohung durch toxo-infiziertes Nilwasser.

Nun sucht ein junger Forscher, Patrick House von der Stanford University, in ägyptischen Mumien nach dem Parasiten – vor allem in „billig" präparierten Mumien, bei denen schlampige Einbalsamierer das Hirn der Toten nicht entfernt haben. „Ich habe eine Liste von jeder Mumie in jedem Museum angelegt, das ich kenne", erklärt er. „Ich habe eine Excel-Tabelle."

Falls er den Parasit nachweisen kann, möchte er herausfinden, ob Toxoplasmose in antiken Populationen weit verbreitet war, welche Stämme die Leute trugen und wie sich diese Stämme entwickelt haben. Ob eine Toxoplasmose-Epidemie das Verhalten der alten Ägypter beeinflusst haben könnte, ist eine interessante Frage. „Aus meiner Sicht könnte dies die Geschichte der Menschheit in gewisser Weise umschreiben", meint House.

Auf den ersten Blick erscheint mir das ganze Projekt ziemlich weit hergeholt – fast schon verrückt. Doch dann erfahre ich, dass ein anderes wissenschaftliches Team, das jahrtausendealtes Mumiengewebe untersucht hat, bereits auf *Toxoplasma* gestoßen ist.[39]

Alles für die Katz'

Prince Percy Dovetonsils war ein stimmbegabter Siamese, der Arien jaulte, während ihm sein Frühstück serviert wurde, als wolle er seine Wertschätzung für das Gebotene zeigen. Während seiner 17 Jahre als Familienmitglied – eine Zeit, die fast meine gesamte Kindheit umfasste – folgte Percy mit seinen leicht schielenden, himmelblauen Augen gespannt unseren Blicken, rollte sich, wann immer möglich, auf unserem Schoß ein und drückte sich an der Tür herum, sobald wir das Haus verließen.

Jeder kennt eine solche Katze, die offenbar ihr Zuhause und ihre Mitbewohner liebt. Von solchen Katzen wird oft gesagt, sie benähmen sich „wie Hunde". Aber dann gibt es da noch die vielen Katzen, die sich wie Katzen benehmen: schwer zu fassen und bezaubernd – oder neurotisch und eigenartig. Nehmen Sie nur Fiona, die Katze meiner Schwester, die die Tagesstunden zwischen Schuhkartons unter dem Bett in einer kleinen Höhle verbringt, offiziell „Fionas Büro" genannt.

Oder nehmen Sie die noch immer halb wilde Annie, die sich bei der kleinsten Veränderung der Tagesroutine übergibt, was meine Mutter veranlasst, ihr mit einem speziellen Kotzspatel überallhin zu folgen.

Oder nehmen Sie meinen eigenen geliebten Cheetoh, der dazu neigt, seine Zähne in das Fleisch geschätzter Hausgäste zu bohren, vor allem dann, wenn sie versuchen, ihn zu streicheln.

Wir haben gesehen, dass Hauskatzen in der unwirtlichsten Wildnis überleben können. Aber wie geht es diesen exquisiten kleinen Raubtieren inmitten des Komforts unserer Wohnungen? Was wissen wir über das Innenleben dieser Stubentiger, ihre Beziehung zu uns und ihre Erfahrungen mit unserem gemeinsamen Lebensraum? Mögen sie es, wenn sie mit Kätzchenshampoo gewaschen werden? Schmeckt ihnen ihr Dinner (Fleisch von frei laufenden Hühnern mit Käse, Papaya und Kelp)? Und ist die Kohabitation gut für die eine wie die andere Art?

Die Wahrheit ist, dass das Überleben von Katzen in unseren glatten, gestrichenen vier Wänden eine ebenso große evolutionäre Leistung ist wie ihr Überleben auf windumtosten subantarktischen Inseln und Vulkankegeln. Und wenn Hauskatzen manche Menschen tatsächlich in den Wahnsinn treiben, dann beruht das Problem vielleicht auf Gegenseitigkeit.

Es ist die Seele dieser solitären modernen Kreatur, nach der ich auf der Global Pet Exo suchen will, einem riesigen fensterlosen Konferenzzentrum in Orlando, das so tief drinnen liegt, wie es nur geht. Während ich die endlosen Gänge mit Katzenprodukten auf der größten Verkaufsmesse der 58 Milliarden Dollar schweren Haustierindustrie[1] entlang schlendere, schaue ich mir Katzenkrallenspitzen in Gothic Black an, Katzen-Zahnstocher und Katzen-Kinderwagen mit Quick-Release-Rädern an. Ich erfahre, dass Kürbis ein natürliches Heilmittel für Haarknäuel im Magen ist, dass Matatabi die neue Katzenminze ist und es einen „Novelty-Protein"-Fimmel beim Katzenfutter gibt, über den sich Büffel und Kängurus vielleicht Sorgen machen sollten. Hier und da lehne ich höflich Angebote ab, für den menschlichen Geschmack aufgepepptes Katzenfutter zu probieren. Ich bleibe einen Augenblick stehen, um zuzuschauen, wie ein ausgewachsener Mann einen mammutbaumartigen Katzenbaum besteigt, um dessen Stärke zu testen, und oben angekommen, schließlich die Arme ausbreitet, während die Menge applaudiert.

Vor noch nicht allzu langer Zeit gab es so gut wie keine Katzen-„Produkte", geschweige denn Wälder aus falschen Bäumen oder handgefertigte Tipis und Haferflocken-Sonnenschutz.[2] Sie mussten meist mit Medikamenten klarkommen, die für Hunde entwickelt worden waren, und selbst so einfache Dinge wie ein Katzenkorb waren selten – eine Katze, die gebändigt werden musste, wurde oft einfach in einen alten Gummistiefel gesteckt. Kommerzielles Hundefutter kam in den 1860er-Jahren auf den Markt, kommerzielles Katzenfutter hingegen erst nach dem Zweiten Weltkrieg. Man ging – aus guten Gründen – davon aus, dass Katzen selbst für sich sorgen können.

Noch in den 1960er-Jahren machten Produkte wie Katzenfutter und Katzenspielsachen und Katzen-was-auch-immer nur kümmerliche acht Prozent des Tierproduktmarktes aus.[3] Damit lagen Katzen nicht nur deutlich hinter Hunden (40 Prozent), sondern auch hinter ihren alten Konkurrenten, den Vögeln (16,5 Prozent), und selbst weniger bedeutenden Beutegruppen wie Reptilien und Kleinsäugern.

Inzwischen bilden Katzenprodukte jedoch ein großes Marktsegment und holen gegenüber den führenden Hunden auf. Amerikaner geben heute jedes Jahr 6,6 Milliarden Dollar allein für Katzenfutter aus, selbst Katzenstreu liegt in der Zwei-Milliarden-Kategorie.[4] Was hat sich geändert? Katzen-Windeln und Katzen-Energy-Drinks mit Grüntee-Extrakt und beruhigende Schnurrkissen sind eindrucksvolle Neuerungen. Aber keine davon würde existieren ohne die Erfindung der reinen Wohnungskatze.

Katzen ausschließlich in der Wohnung zu halten, ist eine sehr neue Erfindung. In seiner 1920 verfassten Abhandlung über die Hauskatze, *The Tiger in the House*, beschrieb Carl Van Vechten einen Lebensstil an freier Luft, der bei Katzen noch vor weniger als einem Jahrhundert selbst mitten in Manhattan die Regel war. „Es gab Perserkatzen, die Seide und Satin des Wohnzimmers gegen das freie Leben auf den Dächern eintauschten", schrieb er. „Ein gewöhnlicher Kater, der am heimischen Herd lebte und auf bestem Fuß mit der Familie stand, besucht die Hausdächer und Zäune und wird zu einem gefürchteten Kämpfer."[5]

Aber heutzutage verbringen mehr als 60 Prozent der amerikanischen Hauskatzen jeden wachen Moment in der Wohnung,[6] und Millionen anderer Hauskatzen sind die meiste Zeit oder zumindest nachts drinnen. Der Wechsel von einem Leben unter dem Dach statt auf dem Dach fand in den letzten 50 Jahren statt, zunächst vorangetrieben von der Urbanisierung und ermöglicht durch Kastration (unkastrierte Kater und miauende Weibchen in Hitze sind keine besonders guten Wohnungsgenossen.) Als sich unsere eigene Art aus der eroberten natürlichen Welt erst in Städte und dann in immer höhere Wolkenkratzer zurückzog, kamen viele Katzen mit.

Aus der Sicht der einzelnen Wohnungskatze war der Umzug von draußen nach drinnen eine Herausforderung, denn er nimmt ihnen gewöhnlich die Chance, das zu tun, was sie am besten können: Sex haben und jagen. Aber was die feline Eroberung der Welt anging, war der Umzug nach drinnen eine hervorragende Strategie. Obgleich Wohnungskatzen nur einen kleinen Prozentsatz der Katzen weltweit ausmachen, sind sie wichtige Botschafter für ihresgleichen. Ohne diese Wohnungsstrategie hätten Straßenkatzen vielleicht nicht so viele menschliche Freunde, und es wäre politisch sehr viel einfacher, fragile Ökosysteme von Katzen zu säubern. Und sicherlich würde die moderne Katzenverrücktheit nicht derart boomen.

In freier Natur und an ihren Rändern machen sich Katzen weitgehend unsichtbar. Nur in der Wohnung eingeschlossen, verwandelt sich die Hauskatze von einer kapriziösen Präsenz in ein echtes Haustier voll eleganter Lethargie und wunderbarer Anmaßung und vielen verborgenen Gewohnheiten, die wir plötzlich rund um die Uhr beobachten können. In der räumlichen Beschränkung der Wohnung wurde die seit Langem bestehende menschliche Bewunderung für diese Geschöpfe bald zu einer Obsession. Wir verloren den Verstand. Und die neusten Studien sprechen dafür, dass Katzenliebhaber ihre Katzen nicht deshalb in der Wohnung halten, um die Vögel in der Nachbarschaft oder ihren Haushalt vor Toxoplasmose zu schützen, sondern um ihr Katzen-Schätzchen davor zu bewahren, Hunden oder Autos zum Opfer zu fallen.[7]

Diese besitzergreifende Liebe kostet Katzen nicht nur ihre Geschlechtsorgane und (manchmal) auch ihre Krallen, sondern oft auch ihre Würde. Wenn sich die Türen schließen oder der Fahrstuhl nach oben fährt, werden diese Spitzeprädatoren völlig abhängig von uns; wir müssen ihnen eine Katzentoilette hinstellen, ihnen Unterhaltung verschaffen und sie mit vielen, vielen Dingen füttern.

Auf der Global Pet Expo werden Hauskatzen meist nicht als Erzkiller dargestellt, sondern als süße, inkompetente Faulenzer, die auf Catnip-Bananen und Weißfisch-und-Minze-Mojitos abfahren. Die Katzenklappensektion ist geradezu traurig. Statt ein Portal zu den grünen Verlockungen des Hofs zu sein, führen diese kleinen Türen immer öfter nur zum Katzenklo im Erdgeschoss.

Aber vielleicht erhalten wir an dieser Stelle durch die intensive Bindung, die Halter zu ihrem Haustier aufbauen, endlich eine signifikante Gegenleistung für unsere Jahrtausende währende Verbindung mit Katzen. Vielleicht rechtfertigt die Freude, die Katzen uns bereiten, endlich die rätselhafte Anziehungskraft, die diese Tiere auf uns ausüben.

Die American Pet Products Association hätte wohl gern, dass wir so denken. Der Bran-

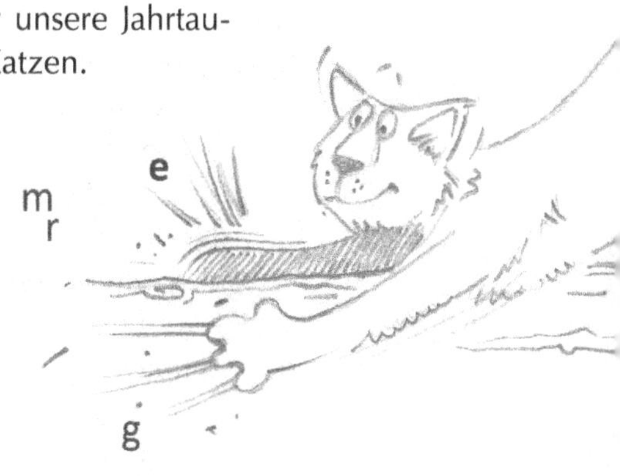

chenverband hat vor Kurzem begonnen, das Forschungsgebiet, das als Mensch-Tier-Interaktion bezeichnet wird, also die gegenseitige Beeinflussung von Mensch und Tier, finanziell zu unterstützen. Die Leiter des Verbands haben sogar eine gemeinnützige wissenschaftliche Organisation gegründet, um die Vorteile zu quantifizieren, die der Besitz eines tierischen Gefährten mit sich bringt, und um Haustiere „als positiven Faktor für die menschliche und tierische Gesundheit" zu propagieren. Die Wissenschaft sollte sich eigentlich nicht auf eine bestimmte Seite schlagen, doch hier ist die Betonung eindeutig positiv. „Haustiere machen uns glücklich", erklärt die Gruppe auf ihrer Webseite. „Haustiere sind gut für uns."

Die Nonprofit-Organisation ist auf der Expo gerade dabei, ihre ersten Forschungszuschüsse zu vergeben, doch ich bin enttäuscht, als ich später erfahre, dass vier der fünf Zuschüsse an Hundeprojekte gehen. (Hundestudien sind in diesen Tagen sehr beliebt, teilweise auch deshalb, weil die US-Regierung und andere Gruppen weiterhin nach neuen Wegen Ausschau halten, diese überaus nützlichen Tiere einzusetzen.) Der fünfte Zuschuss fließt in ein Projekt zur Pferdetherapie. Und so stehen Möchtegern-Katzenforscher mit leeren Händen da. Aber wie sich herausstellt, haben sich ein paar Forscher bereits mit der Beziehung von Mensch und Wohnungskatze beschäftigt – und das, was sie gefunden haben, klingt nicht immer warm und kuschelig.

Der Vater der Mensch-Hauskatzen-Forschung ist der amerikanische Biologe Dennis Turner. Er begann seine wissenschaftliche Karriere in den 1970er-Jahren mit der Erforschung eines ganz anderen Tieres, der Vampirfledermaus, und untersuchte die „Blutquellenselektion" und weitere Gewohnheiten der Fledermaus im Regenwald von Costa Rica. Mehrfach wurde Turner selbst als Blutquelle auserkoren, und nach dem Biss einer tollwutkranken Fledermaus bedurfte es 21 Impfinjektionen, um sein Leben zu retten.

Vielleicht trug diese riskante Feldarbeit zu Turners Entschluss bei, sich in Zukunft mit einem anschmiegsameren Geschöpf zu beschäftigen. Zurück in der Sicherheit seines Wohnzimmers überlegte er, zu welchem Versuchstier er wechseln solle, und erwog an einem Punkt sogar, die Leitung des berühmten Serengeti Lion Project zu übernehmen.

„Genau in diesem Moment, als ich überlegte, das Löwenprojekt zu übernehmen", erinnert sich Turner, „kam meine Hauskatze unter dem Tisch hervor und miaute. Ich sagte scherzhaft zu ihr: ‚Du wirst mein Löwe sein'. Und dann machte es ‚klick' bei mir." Einige Wissenschaftler hatten sich schon mit den Streif- und Jagdgewohnheiten von frei laufenden Katzen beschäftigt. Aber Turner interessierte sich mehr für unsere zunehmend intime und drinnen stattfindende zwischenartliche Beziehung. Da gab er viel zu erforschen. Können thermoregulatorische Probleme erklären, warum gewisse Katzen nicht auf den Schoß wollen? Beeinflusst das Geschlecht des Katzenhalters die Spieldynamik? Er publizierte Artikel mit neugiererregenden, wenn auch schrägen Titeln wie „Ehegatten und Katzen und ihre Wirkung auf die menschliche Stimmung". Mehrere andere Labors rund um die Welt traten in Turners Fußstapfen, und bald streichelten glückliche Studenten junge Katzen für ihre Forschungsprojekte. Ihre kollektiven Bemühungen haben inzwischen zu einer überschaubaren, aber bunten Palette an Literatur geführt; so setzten Forscher beispielsweise im Rahmen einer aktuellen Studie[8] „eine Plüscheule mit großen Glasaugen" auf den Boden eines Heims und registrierten die Reaktionen der dort residierenden Katze; dabei beobachteten sie Verhalten wie Lecken der Schnauze und Schwanzschlagen sowie Ereignisse wie „Rennen im Galopp“ und „die Augen werden weiter als normal geöffnet (‚glupschäugig‘)“.

Zum Glück für die Katzenforscher fielen ihre Bemühungen mit dem brandneuen, aber rasch expandierenden Gebiet der Mensch-Tier-Interaktionen zusammen. Da Landwirtschaft und Nutztierhaltung zunehmend aus unserem täglichen Leben verschwinden, ist es nur natürlich, unsere sich vertiefende emotionale Beziehung mit diesen neuen „Packeseln“ zu untersuchen und auszuloten, unseren Haustieren. Und da Menschen nun einmal vor allem selbstbezogen sind, interessieren sie sich speziell für den messbaren Einfluss, den Haustiere auf unsere Gesundheit haben.

Eine bahnbrechende Studie auf diesem Gebiet wurde 1980 veröffentlicht, als die Wissenschaftlerin Erika Friedmann Faktoren untersuchte, die das Überleben nach einem Herzinfarkt beeinflussen, und herausfand, dass 94 Prozent der Patienten, die ein Haustier hielten, das folgende Jahr überlebten, aber nur 72 Prozent der Patienten ohne Haustier.[9] Das daraus resultierende Mantra „Haustiere sind gut für uns“ ist inzwischen geradezu sprichwörtlich geworden. In seinem Buch *„The Healing Power of Pets“* (deutsch: *Heilende Haustiere*) fasst der Celebrity-Veterinär und häufige Gast der *Today*-Show, Marty Becker, diese Sicht so zusammen: „Ein Haustier kann eine Wunderpille sein, die Sie gesünder hält; nach dem Motto Daheim statt im Hospital verringert es Ihr Risiko für einen Herzinfarkt … mit einem Lecken der Zunge, einem Schwanzwedeln oder rhythmischem Schnurren … und das kostet kein Vermögen, sondern nur eine Dose Katzen- oder Hundefutter.“[10]

Als ich schließlich Alan Beck treffe, einen Tierökologen an der Purdue University, der dabei hilft, die neuen wissenschaftlichen Unternehmungen der Haustierindustrie zu begleiten, habe ich gerade die Lektüre einer wissenschaftlichen Arbeit mit dem Titel „Die Zuneigung zu Ziegen: Auswirkungen auf das menschliche Wohlergehen“ beendet („Als meine Lieblingsziege starb, war das für mich ein schlimmerer Verlust als der Tod meiner Mutter", berichtete ein Studienteilnehmer.) Ich weiß, dass sich Beck selbst mit Meerschweinchen und Autismus, Aquarien und Alzheimer sowie Kaltblutpferden beschäftigt hat. Ich bestelle einen großen Kaffee und mache mich auf eine Menge oberflächlicher Befunde über Katzen gefasst. Als ich ihn frage, in welcher Weise Katzen gut für uns sind, bin ich daher überrascht, dass ich erst mal eine lange Pause höre.

„Sobald man anfängt, etwas Schlechtes über irgendeine Art oder irgendeine Rasse zu sagen", meint er schließlich, „und glauben Sie mir, ich habe diese Erfahrung mit Pitbulls gemacht, gerät man in Schwierigkeiten. Aber ..."

Und nun spitze ich wirklich die Ohren.

„Aber die Wahrheit ist, dass es wenig Indizien für gesundheitliche Vorteile von Katzen gibt."

Das ist nicht so, weil die Leute keine Katzen mögen, beeilt er sich mir zu versichern. „Ich denke nur nicht, dass die Leute Katzen in einer Weise benutzen, die zu therapeutischen Ergebnissen führen könnte."

Eine offizielle Katzentherapie gibt es tatsächlich. Beispielsweise konnten die Studenten während ihres Abschlussexamens an der Pacific Lutheran University und anderen Colleges zwecks Stressabbau eigens trainierte „Trostkatzen" streicheln. Aber diese Praxis hat eindeutig Grenzen. Viele Leute – einer Erhebung zufolge fast 20 Prozent[11] – mögen keine Katzen, klinische Katzenphobien sind überraschend häufig, und Untersuchungen sprechen dafür, dass Katzen manchmal mit Leuten zu schmusen versuchen, die sie hassen.[12] (Ein Großteil der offiziellen Katzentherapien findet offenbar in Gefängnissen statt, wo vermutlich keiner von beiden Seiten einfach gehen kann.) Daher können sich feline Therapeuten rasch als kontraproduktiv erweisen.

Aber selbst begeisterten Haustierhaltern scheinen Katzen nicht die gesundheitlichen Vorteile zu bringen, die das „Haustiere sind gut für uns"-Mantra suggeriert. Ganz im Gegenteil. Als Erika Friedmann ihre Herzinfarktstudie 1995 wiederholte[13] und dabei genauer darauf achtete, welche Art von Haustier gehalten wurde, statt nur nach Haustierhaltung an sich zu fragen, stellte sei fest, dass Hundehaltung tatsächlich die Überlebensrate der Patienten förderte – Katzenhaltung hingegen senkte sie geringfügig. Eine neuere Folgestudie einer anderen Gruppe ergab, dass Katzen ein beträchtliches kardiologisches Risiko darstellen:[14] Im Vergleich zur Haltung von Hunden oder auch überhaupt keinen Haustieren ging Katzenhaltung „mit einem signifikant erhöhten Risiko einher zu sterben oder wieder ins Krankenhaus eingeliefert zu werden", schreiben die Autoren.

Andere Forscher haben ähnlich morbide Ergebnisse publiziert. Während eine amerikanische Studie über Krankenakten zeigte, dass Hundehalter den Arzt weniger häufig aufsuchten, was für eine bessere Gesundheit sprach, gingen Katzenbesitzer genauso oft zum Arzt wie alle anderen auch.[15] Dann kam eine niederländische Studie zu dem Schluss, dass Katzenbesitzer häufiger bestimmte medizinische Dienstleistungen in Anspruch nahmen – nämlich im Bereich psychischer Erkrankungen.[16] Eine andere Forschergruppe ergab, dass Katzenhalter einen höheren Blutdruck hatten.[17] Eine besonders vernichtende norwegische Studie bestätigte den hohen Blutdruck und fand auch Hinweise, dass Katzenhalter schwerer sind und über einen schlechteren Allgemeinzustand verfügen.[18]

„Je weniger körperliche Bewegung, desto höher die Wahrscheinlichkeit, dass die Person eine Katze hält", warnten die norwegischen Autoren. Angesichts der wachsenden Zahl von Katzenhaltern in Europa forderten sie eine weitere Beobachtung von Katzenhaltern, um festzustellen, ob „die Katze sie im Haus hält, was zu einer schlechteren Gesundheit führt".

Halten uns Wohnungskatzen tatsächlich in der Wohnung fest und schmusen mit uns, bis unser Gewicht und unser Blutdruck durch die Decke gehen? Ist Herzstillstand wirklich die wahre Gegenleistung für diese „Dose Katzenfutter", die Marty Becker erwähnt? Diese Befunde betrübten mein katzenliebendes Herz ein wenig, sodass ich erfreut war zu erfahren, dass es einige weniger finstere Erklärungen für sie gibt.

Das rituelle Gassigehen mit Hunden allein erklärt einen Teil der gesundheitlichen Unterschiede zwischen Katzen- und Hundebesitzern: Eine Studie ergab,[19] dass Hundebesitzer mit einer um 64 Prozent höheren Wahrscheinlichkeit als Nicht-Haustierbesitzer zumindest etwas spazieren gehen, Katzenbesitzer

hingegen neun Prozent weniger spazieren gehen als Nicht-Haustierbesetzer. Zudem könnten Katzenbesitzer eine selbstselektierte Gruppe sein, die von vorneherein weniger dazu neigt, sich zu bewegen oder sich um bereits existierende Gesundheitsprobleme zu kümmern und die sich daher eher eine Katze als einen Hund zulegt.

Es gibt noch andere Möglichkeiten – die zusätzliche körperliche Bewegung einmal beiseite gelassen, könnten Hundehalter vom sozialen Kontakt mit anderen Hundehaltern profitieren, die sie im Park oder auf der Straße treffen. Bei Katzenhaltern sind Kontakte dieser Art hingegen eher selten.

Das vorausgeschickt, wurden in einigen Experimenten wenigsten manche dieser Variablen kontrolliert, und es könnte doch sein, dass es einen grundlegenden Unterschied dabei gibt, wie Hunde und Katzen ihre Halter beeinflussen. „Das wird als Theorie der sozialen Unterstützung bezeichnet“, meint Beck. „Wir wollen mit anderen Menschen zusammen sein, wir fühlen uns dann weniger einsam, wir finden Trost in Berührung, wir benutzen einander, um uns in der Gegenwart zu verankern, und das tun wir auch mit unseren Haustieren. Leider tun wir dies mehr mit Hunden als mit Katzen.“ In einer Zeit, wo Familien auseinanderbrechen, wo geografische Isolierung und allgemeiner Überdruss herrschen, sind Hunde offenbar ein besserer Ersatz für menschliche Präsenz als Katzen.

Viele Katzenhalter werden sich gegen eine solche Kritik verwahren, und das ist verständlich. Ich kann mich an viele Gelegenheiten erinnern, an denen Katzen mich getröstet haben; Als ich nach dem College zu Hause auszog, nahm ich einen dicken Familienkater namens Coby mit, den ich nachts im Arm hielt wie einen lebendigen Teddybären. (Aber je länger ich über diese Erinnerung nachdenke, desto weniger tröstlich wird sie: In der kargen Umwelt meines ersten Apartments wurde Coby ganz melancholisch und verlor an Gewicht, bis ich gezwungen war, in wieder zu meiner Mutter zurückzubringen.)

Vielleicht liegt das Problem teilweise darin, dass wir, selbst wenn wir Hauskatzen in unserer Wohnung festhalten, viel mehr Kontakt mit unseren Hunden haben. Eine Studie zeigte, dass nur sieben Prozent der Haustierhalter den ganzen Tag mit ihren Katzen verbringen, während die Hälfte rund um die Uhr mit ihren Hunden herumhängt. Eine andere Studie ergab, dass sich Katzen und Menschen innerhalb einer Beobachtungszeit von 210 Minuten nur sechs Minuten auf einen Meter nahe kamen und sich der gegenseitige Austausch in der Regel auf weniger als eine Minute belief.[20] (In einer japanischen Studie zeigten Forscher anhand einer Analyse der felinen Ohrbewegungen, dass Katzen die Stimme ihres Halters tatsächlich erkennen, aber sich einfach entschließen, nicht darauf zu reagieren.[21])

Und wenn sie sich uns nähern, zeigen Katzen keine Tendenz, in einer menschlichen Weise Kontakt mit uns aufzunehmen. Vor Kurzem wiederholte der britische Veterinär Daniel Mills eine klassische Reihe von Experimenten aus den 1970er-Jahren, in denen es darum ging, die Bindung von Kindern an ihre Eltern zu testen – aber statt Kindern und Eltern nahm er Katzen und ihre Halter. Er hatte den Test bereits mit Hunden durchgeführt, die sich sehr ähnlich wie Kinder benahmen: Sie suchten nach Bestätigung und mieden Fremde, während sie den Raum erforschten. Als wir uns unterhielten, hatte Mills die Ergebnisse seiner Katzenexperimente noch nicht veröffentlicht, doch irgendjemand hatte seine Videoaufnahmen so schockierend gefunden, dass er sie unautorisiert ins Netz stellte, wo sie zu einer Internet-Sensation wurden. Auf einem Video kümmert es die Katze offenbar keinen Deut, dass ihre Halterin den Raum verlässt, sie übersieht diese vollkommen und himmelt einen völlig Fremden an. Mills kam zu dem Schluss, dass Katzen in einer fremden Umgebung keine Unterstützung bei ihrem Halter suchen, wie es Hunde tun, und unbeeindruckt mit beliebigen Leuten spielen.

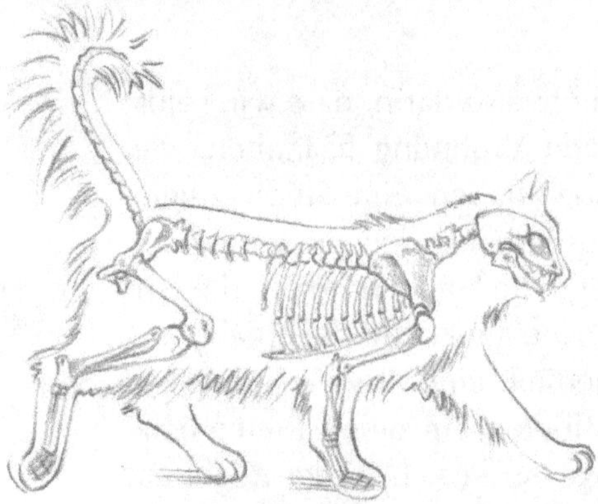

Die Studie „brachte mir eine Menge Hassmails ein", erinnert sich Mills. „Aber ich habe kein Problem zu sagen, dass Katzen uns, wenn es um Sicherheit geht, nicht brauchen."

Wie so vieles im Zusammenhang mit Katzen lässt sich ihr Interaktionsstil oder ihre mangelnde Interaktion auf Protein und dessen Beschaffung zurückführen. Und wieder ist die beste Weise, dieses Defizit zu verstehen, der Vergleich mit Hunden. Hunde sind Wolfsabkömmlinge und haben sich als soziale Jäger entwickelt. Ihr Überleben hing davon ab, zusammenzuarbeiten, um die Beute zu reißen. Kommunikation und Kooperation gehören daher ebenso zum Überlebensrepertoire von Hunden wie ihre Zähne. Menschen stammen mehr oder weniger aus derselben evolutionären Schule und sind vom Gruppenleben geprägt. Vielleicht haben wir uns sogar über viele zehntausend Jahre gemeinsam mit Hunden entwickelt: Japanische Forscher haben vor Kurzem spekuliert, dass Hunde im Gegensatz zu Wölfen, die Augenkontakt vermeiden, während ihrer langen Domestikationsphase den intensiven menschlichen Augenkontakt übernommen haben. Blickkontakt wurde schließlich zu einem so wichtigen Schlüsselelement unserer gemeinsamen Kommunikation, dass ein Hund, wenn er seinem Herrn in die Augen schaut, einen Schub des Glückshormons Oxytocin erfährt, und das gilt umgekehrt auch für den Herrn. (Eltern stärken die Bindung zu ihren Kindern auf ganz ähnliche Weise.) Hunde und Menschen wurden daher „soziale Partner". Und nach Jahrtausenden künstlicher Zuchtwahl und ständiger Abhängigkeit vom Menschen ist es keine Frage, dass Hunde heute stärker auf unsere Präsenz und die Signale, die wir ihnen übermitteln, abgestimmt sind als jemals zuvor. (Auf der Global Pet Expo sah ich eine Maschine, die einem Hund eine Duftwolke aus der Sockenschublade seines abwesenden Besitzers zupusten konnte, was Hunde offenbar genauso glücklich macht wie ein Leckerli.) Katzen sind jedoch, wie wir schon gesehen haben, eingefleischte Einzelgänger. Fast alle wilden Katzenarten leben und jagen allein und beanspruchen ein Revier, das ihnen allein gehört und in dem sie nur selten Artgenossen begegnen. Eine Kooperation gleich welcher Art ist so gut wie unmöglich – selbst gruppenlebende Löwen arbeiten nicht wirklich zusammen, wenn sie jagen –, und sie kennen daher auch keine Hierarchien. Als die Einsiedler der Natur haben Katzen niemals eine ausdrucksvolle Mimik entwickelt, denn es gab rund herum keinen Artgenossen, der sie hätte lesen können – daher ist das Markenzeichen der Katzenfamilie ihr Pokergesicht. Katzen wedeln weder mit dem Schwanz noch wackeln sie mit den Ohren oder sehen uns mit feuchtem Welpenblick an – und sie können solche Zeichen auch nicht interpretieren. Die wenigen visuellen Zeichen, die Katzen geben, beschränken sich gewöhnlich auf Gefahrensituationen, wenn sie ihren Rücken krümmen und ihr Fell sträuben.

Als Lauerjäger, dem es um Heimlichkeit geht, benutzen Katzen auch nicht viele akustische Signale. Katzen kommunizieren vorwiegend über Pheromone, Geruchsbotschaften, die in Abwesenheit von Artgenossen empfangen und abgesetzt werden können. Kurz gesagt, macht ihr Kommunikationsstil Hauskatzen so gut wie ungeeignet für das soziale Geben und Nehmen, das sich Menschen wünschen. Katzen brauchen Platz, keine Gesellschaft, und sie brauchen Proteine, kein Lob. Menschen und Katzen sind, biologisch gesehen, ein seltsames Paar.

„Katzen [besitzen] nur wenig oder kein instinktives Einfühlungsvermögen in das menschliche Verhalten ... und [wissen] nicht instinktiv ..., wie sie am besten mit Menschen interagieren", schreibt der Katzenforscher John Bradshaw in seinem Buch

Die Welt aus Katzensicht.[23] „Die Pflege einer freundschaftlichen Beziehung zu Menschen ist für die meisten Katzen nicht ihr wichtigster Lebensinhalt."

All dies hält uns Menschen, zwanghafte Kommunikatoren, die wir sind, nicht davon ab, unser Bestes zu tun, diese rätselhaften Wesen zu lesen, und darum schreiben Wissenschaftler Konferenzbeiträge mit Titeln wie „Affektive Haltungen von Kindern und Erwachsenen in Relation zum Pupillendurchmesser einer Katze: vorläufige Daten". Selbst für so renommierte Katzenforscher wie Bradshaw stelle eine Katzenaktivität wie Um-die-Beine-Streifen ein fortdauerndes Rätsel dar: „Trotz jahrelanger Forschung bin ich immer noch nicht sicher, ob die Wahl des Körperteils, mit dem die Katze sich reibt, von Bedeutung ist", klagt er."[24]

Um Katzen gegenüber fair zu sein, sei gesagt, dass einige Indizien dafürsprechen, dass sie sich bemühen, uns durch ihr begrenztes, auf Gerüchen basierendes expressives Repertoire zu erreichen, indem sie Urin verspritzen oder mithilfe von Drüsen an Kopf und Hinterteil subtilere Botschaften an unseren Beinen ausbringen. Aber Menschen sind oft zu begriffsstutzig, um diese Hinweise zu begreifen: Unser Geruchssinn ist einfach nicht hoch genug entwickelt. (In einer Studie konnten Katzenhalter nicht einmal ihre eigene Katze aus einer Reihe von Geruchsproben herausfinden, geschweige denn die tiefere Bedeutung eines Geruchs deuten.[25])

Dieses gegenseitige Kommunikationsversagen bringt Wohnungskatzen in eine schwierige Lage, denn einmal in unsere vier Wände eingeschlossen, können sie ohne menschliche Pflege nicht überleben. Um die Sache zu verkomplizieren, sind Katzen aufgrund ihres „Mangels an sozialen Fähigkeiten", wie Bradshaw es ausdrückt, unempfindlich für Strafen und auf Futter nur als Belohnung fixiert; darum ist es sehr schwierig, sie zu trainieren.[26]

Wir können ihnen unsere Lebensweise nicht beibringen.

Das ist der Punkt, wo Studien, die sich mit der Interaktion von Katze und Mensch beschäftigen, eine faszinierende Kehrtwendung nehmen: Wie so oft in ihrer Beziehung zur Menschheit übernehmen Katzen die Initiative und zähmen uns. Im Haus gefangen und ohne andere Möglichkeiten macht sich jede Wohnungskatze an die schwierige Aufgabe, ihren begriffsstutzigen Menschen gefügig zu machen. Da diese Aufgabe jenseits dessen liegt, was das normale (anti)soziale Verhaltensrepertoire einer Katze umfasst, muss die Katze ganz von vorn anfangen und zunächst eine ganze Reihe Tests mit ihren menschlichen Versuchspersonen durchführen. Und wie sich gezeigt hat, ist das, was wir für die Zuneigung unserer Katzen halten, keineswegs bedingungslose Liebe, sondern eine aktive Konditionierung. Die Katzen sind die Experimentatoren, wir sind die pawlowschen Hunde.

Einiges davon ist offensichtlich, und Katzenhalter freuen sich sogar darüber. „Honeybun ist so liebesbedürftig", wird ein Halter in einer Studie zitiert.[27] „Sie verlangt Streicheleinheiten und ‚schlägt' Leute mit ihrer Pfote, damit sie sie streicheln oder nicht mit dem Streicheln aufhören." Aber ein großer Teil des Zähmungsprozesses entgeht uns. Viele Katzen finden beispielsweise irgendwie heraus, dass Menschen gut auf akustische Signale reagieren. Denken Sie nur ans Schnurren. Unter Katzen hat diese Stimmbandschwingung keine feste Bedeutung – sie kann alles meinen, von „mir geht es gut" bis „ich werde gleich sterben". Aber Menschen mögen diesen Sound und fühlen sich durch Schnurren sogar geschmeichelt. In unserer Hörweite passen viele Katzen daher ihr zielloses Schnurren offenbar an und ergänzen es durch ein kaum hörbares, sehr nervendes und beharrliches Signal, einen Schrei – gewöhnlich nach Futter –, der dem Greinen eines Babys ähnelt. „Das Einbetten eines Schreies in eine Lautäußerung, die wir normalerweise mit Zufriedenheit assoziieren, ist ein recht subtiles Mittel, um eine Antwort auszulösen", meinte Karen McComb, die sich wissenschaftlich mit Katzenschnurren beschäftigt.[28] Sie beschreibt dieses „Aufforderungsschnurren", das Leute unterbewusst wahrnehmen, als „weniger harmonisch und daher schwieriger, sich daran zu gewöhnen" und behauptete, dass Katzen dieses Verhalten intensivieren, wenn sie erkennen, dass es zu den gewünschten Ergebnissen führt. Miauen kann ähnlich manipulativ sein. In freier Natur hat dieser selten gebrauchte Ruf keine besondere Bedeutung, doch viele Katzenhalter liegen richtig, wenn sie das Miauen ihrer eigenen Katzen als spezifisches Kommando verstehen. Denn Wohnungskatzen miauen nicht nur öfter – und lieblicher – als frei laufende und wilde Katzen, sondern in einem bestimmten Haushalt entwickelt eine Katze ein einzigartiges Repertoire an Miaus, um ihrem Halter Anweisungen zu geben. Diese Hinweise sind einzigartig und lassen sich nicht vom einen auf den anderen Haushalt übertragen – ein Halter kann die speziellen Anweisungen seiner Katze verstehen, aber nicht unbedingt die der Katze im Haushalt nebenan. Statt „eine gemeinsame Regel zu erlernen", heißt es in einer Studie, „ist die Klassifizierung von Katzenmiaus davon abhängig, die Lautäußerungen einer individuellen Katze zu erlernen".[29] Wie gewöhnlich ist es der Mensch, nicht die Katze, der sich Notizen macht.

Mit unserer hyperkommunikativen Festverdrahtung sind Menschen optimale Ziele für eine solche Ausbeutung. Eine Studie zeigte sogar mittels funktioneller Magnetresonanztomografie (fMRT), das sich das Durchblutungsmuster unseres Gehirns in Abhängigkeit vom Tenor der felinen Stimme verändert.[30]

Wenn offizielle Analysen des menschlichen Lebens unter felinem Einfluss schon selten sind, so wissen wir noch weniger über das persönliche Erleben unserer Haustiere. Wie es aussieht, tun diese asozialen Hypercarnivoren ihr Möglichstes, um mit den neuen Lebensumständen zurechtzukommen, und entwickeln einfallsreiche Überlebensstrategien. Zum Beispiel können Wohnungskatzen ihren nachtaktiven Lebensstil aufgeben, um sich dem Tagesrhythmus ihrer Halter anzupassen.[31] Und sie finden sich mit einem Territorium ab, das nur ein Zehntausendstel der Größe ihrer frei lebenden Artgenossen hat. Sie verzichten auf die Paarung. Und meistenteils geben sie auch das Töten auf, jenen Zeitvertreib, der jede Faser das felinen Seins definiert.

Aber ist das genug? Wie Bradshaw unterstreicht, geben Vertreter der Katzenfamilie notorisch schlechte Gefangene ab – in Zoos geht es nur Bären, anderen einzelgängerischen Carnivoren, ebenso schlecht. Während Großkatzen in ihrem Gehege hin- und herwandern, betreiben Hauskatzen ein Verhalten, das als „apathisches Ruhen" bezeichnet wird, eine Beschreibung, die bei mir eine Saite anschlägt: Ich sehe Cheetohs orangefarbene Masse stundenlang auf dem Bett liegen. Wie sonst soll sich ein unvergleichlicher Killer amüsieren? Wohnungskatzen interagieren nachweislich mehr mit ihren Haltern als Freigänger, vermutlich, weil sie wenig Alternativen haben, doch es gibt eine ziemlich aufwühlende Studie „Wahrnehmung der Halter, was Wohnungskatzen ‚zum Spaß' machen".[32] Offenbar verbringen mehr als 80 Prozent unserer Katzen bis zu fünf Stunden täglich damit, aus dem Fenster zu starren – auf Windspiele, Schmetterlinge oder manchmal auch auf „gar nichts".

Es ist nicht so, als wären unsere komfortablen Heime langweilig. Es gibt Elemente, die für diese hochgespannten, halb domestizierten Jäger in einer Weise stressig sein könnten, die Menschen gerade erst zu begreifen beginnen. Offenbar emittieren unsere Kühlschränke, Computer und andere Geräte schreckliche, hochfrequente Töne, die Katzen irgendwie ertragen müssen – auf der Global Pet Expo traf ich eine Frau, die eine Katzen-Symphonie mit viel Flöten- und Harfenklängen komponiert hatte, um diese Kakofonie zu übertönen. Haushaltsstaub und bestimmte Toxine, vor allem Passivrauchen, kann bei Katzen zu Asthma und Schlimmerem führen. Und unsere Feiertage sind für Katzen gewiss kein Grund zum Feiern – wir bringen giftige Belladonnalilien ins Haus, lassen ohrenbetäubendes Feuerwerk detonieren und Chanukkaleuchter können das Fell neugieriger Zuschauer in Brand setzen.

Für einige Katzen gehören jedoch ihre Mitbewohner zweifellos zu den unangenehmsten Aspekten unseres Heims.

Die meisten Haushalte, in denen es Katzen gibt, haben mehr als eine Katze,[33] während Hunde – die sich tatsächlich über Gesellschaft freuen würden – meist einzeln gehalten werden. Die meisten Katzen hassen ihre Artgenossen von Natur aus und sind nicht einmal bereit, kilometergroße Reviere mit ihnen zu teilen, aber weil wir felines Alleinsein mit Einsamkeit verwechseln, bestehen wir perverserweise darauf, uns mehr als einen bis an die Zähne bewaffneten Spitzenprädator zuzulegen, damit er mit dem ersten schmusen kann. Viele Katzen interpretieren direkten Blickkontakt als Drohung und können den Anblick des Gegenübers buchstäblich nicht ausstehen: Einer Studie zufolge gingen sich Katzen in einem Haushalt einander 50 Prozent der Zeit optisch aus dem Weg, auch wenn sie sich nicht mehr als drei Meter voneinander entfernt aufhielten.[34]

Natürlich sind Katzen auch bemerkenswert anpassungsfähige Geschöpfe, und wir haben alle erlebt oder auf Videos gesehen, dass Katzen miteinander und mit Hunden oder sogar mit Hamstern „Freundschaft schließen". Aber diese Szenarien sind vor allem deshalb interessant, weil sie eine Ausnahme sind.

Und während manche Katzen offenbar Menschen in einer besitzergreifenden Art zugetan sind, reagieren andere buchstäblich allergisch auf uns, keuchen und niesen,[35] und selbst diejenigen, die unsere Schuppen tolerieren können, finden unsere Gesellschaft möglicherweise abscheulich. Einige Hauskatzen vermeiden nicht nur, ihren Artgenossen in die Augen zu blicken, sondern mögen auch keinen Augenkontakt zu Menschen.[36] Andere hassen es womöglich, gestreichelt zu werden. Studien, bei denen der Stress, unter dem Katzen stehen, anhand des Cortisolspiegels in ihrem Kot bestimmt wurde, ergaben, dass es einigen scheuen Katzen – trotz der Schmach, ein Revier zu teilen – offenbar in einem Haushalt mit mehreren Katzen besser ging, vielleicht deshalb, weil die anderen Katzen die Hauptlast des Streichelns trugen.[37]

Da kann es nicht überraschen, dass reine Wohnungskatzen die Art Verhaltensprobleme entwickeln können, die Shows wie *My Cat From Hell* (Meine Höllenkatze) am Laufen halten.

Ein Phänomen, das als „umgeleitete Aggression" bezeichnet wird, flammt auf, wenn etwas – tatsächlich so gut wie alles – einer Katze gegen den Strich geht und sie ihre Frustration an den Menschen in der Nähe auslässt. „Wenn zwei Familienkatzen streiten, kann es beispielsweise sein, dass die Verliererin, noch immer unter Adrenalin stehend, hingeht und das Kind der Familie attackiert", erklärt eine Tierschutzorganisation auf ihrer Webseite.[38]

Der wohl berühmteste feline Angreifer in den letzten Jahren war ein gestörter Himalayan-Kater namens Luxe, der in Seattle ein siebenmonatiges Baby attackierte und die ganze Familie in ein Schlafzimmer trieb, wo sie den Notruf wählte. Ein Audioclip des Anrufs erlangte im Internet Berühmtheit.[39]

„Glauben Sie, der Kater wird versuchen, die Polizei anzugreifen?", fragt der Mitarbeiter, der den Notruf entgegennimmt.

„Ja!", antwortet Luxes Halter unmissverständlich, während sein mehr als zehn Kilogramm schweres Haustier im Hintergrund miaut.

Im Jahr 2008 erwähnte ein Artikel in der *New York Times* über Haustier-Antidepressiva einen Kater namens Booboo, der von seinem Halter als „Miniatur-Stalker mit der Psyche eines Berglöwen" beschrieben wurde.[40] Weitgehend durch Gewalt hatte Booboo seinen Halter, Doug – einen reichen Geschäftsmann, der seinen Nachnamen nicht nennen wollte, weil er mögliche berufliche Nachteile fürchtete – gezwungen, seine Hände zu waschen und manchmal sogar zu duschen, wenn er körperlichen Kontakt mit einem anderen Menschen hatte, vor allem mit einer Frau, die Parfüm trug.

Das reichte nicht aus. Als die Kratz- und Bissangriffe zunahmen, begann Doug, Hosen zu tragen, „die er mit einem dicken, synthetischen Nylongewebe ausgekleidet hatte".

Aggressive Katzen wie Booboo und Luxe mögen Extremfälle sein, doch abweichendes felines Verhalten ist beileibe nicht ungewöhnlich. Andere durch die Medien bekannt gewordene übergeschnappten Katzen mussten mit dem Staubsauger abgewehrt oder mit mehreren Tasse Tee besänftigt werden. Einer Studie zufolge hat fast die Hälfte aller Katze ihre Halter schon einmal mit Klauen und Zähnen angegriffen (stellen Sie sich so etwas einmal bei Hunden vor), wobei sich die Aggressivität der Katzen „meistens im Zusammenhang mit Streicheln und Spielen" entlud.[41] Neben „Streichelintoleranz" sind weitere umweltbedingte Auslöser Kastrationsstatus, Zugang nach draußen, Präsenz von Besuchern in der Wohnung, Präsenz einer anderen Katze, Bleigehalt in der Umwelt, hochfrequente Geräusche, ungewöhnliche Gerüche – die Liste lässt sich weiter fortführen. Eine Studie mit dem Titel „Berichtete Katzenbisse in Dallas: Typisch Merkmale der Katzen, der Opfer und der Angriffe" kam zu dem Schluss, dass das typische Opfer eine Frau zwischen 21 und 35 Jahren an einem Sommermorgen ist. Viele diese dokumentierten Bisse stammen von Streunern, doch Wohnungskatzen richten in der Regel mehr Schaden an: Ihre Bisse betreffen häufiger „das Gesicht oder mehrere Körperstellen" und führen auch häufiger dazu, dass das Opfer in der Notambulanz erscheint.

Neben Problemen mit dem Aggressionsmanagement gehört zu den neuen, bei Wohnungskatzen auftretenden Verhaltensstörungen das sogenannte „Tom und Jerry"-Syndrom, ein rätselhafter, an Epilepsie erinnernder Zustand, der kürzlich erstmals in England aufgetreten ist:[42] Die Tiere rennen gegen Möbel und krampfen. Fast immer wird dieses seltsame Verhalten durch ganz alltägliche Geräusche im Haushalt ausgelöst, zum Beispiel durch das „Rascheln von Zeitungen und Chips-Packungen", das „Klicken einer Computermaus", das „Herausdrücken von Pillen aus einer Blisterpackung", das „Einschlagen von Nägeln" und das „Geräusch, wenn ein Halter sich gegen die Stirn schlägt".

In Großstädten gibt es auch das „Hochhaussyndrom", bei dem Katzen aus den oberen Stockwerken von Wolkenkratzern stürzen (und, da sie Katzen sind, oft einen Sturz aus dem zwölften Stock und noch höheren Stockwerken überleben). Eingepfercht in einem Penthaus, sind einige Katzen vor Langeweile so verblödet, dass sie aus Versehen aus dem Fenster fallen. (In anderen Fällen versuchen sie, eine sehnsüchtig betrachtete Taube zu fangen.)

Die ernsteste Erkrankung moderner Katzen ist jedoch die feline idiopathische Cystitis – im Englischen wird sie auch manchmal als Pandora-Syndrom bezeichnet.

Das wichtigste Symptom des Pandora-Syndroms ist schmerzhaftes Harnlassen, oft mit Blut im Urin und oft außerhalb des Katzenklos. Es ist ein außerordentlich häufiges Syndrom und zugleich ein teures Problem, denn es steht gewöhnlich ganz oben auf der Liste der wichtigen Versicherungsansprüche im Veterinärbereich. Manchmal kommt es zu Ausbrüchen, die sich über eine ganze Stadt erstrecken. Tony Buffington zufolge, einem Veterinär an der Ohio State University, der sich der Erforschung dieser Krankheit verschrieben hat, war dieses Syndrom lange einer der Hauptgründe für den Tod von Katzen. Die Krankheit selbst ist nicht tödlich, aber Millionen Halter – die ihre urinbefleckten Teppiche leid waren und nicht mehr an eine Heilung glaubten – ließen ihre von Pandora geplagten Katzen einschläfern.

Zusätzlich zu dem berüchtigten Katzentoiletten-Problem ist feline idiopathische Cystitis mit einer ganzen Palette gastrointestinaler, dermatologischer und neurologischer Probleme verknüpft. Daher der Beiname „Pandora“: Sobald man den Deckel anhebt, kommen unendlich viele weitere Krankheiten zum Vorschein. „Lungensymptome, Hautsymptome, all diese vagen Dinge“, meint Buffington.

Als sich Buffington daranmachte, das Pandora-Syndrom zu untersuchen, dachte er wie all seine Kollegen, es handele sich um eine Erkrankung der unteren Harnwege. Er begann, betroffene Katzen zu sammeln, was nicht allzu schwierig war. Einer seiner ersten Rekruten war eine Perserkatze namens Tiger, die er von seinem eigenen Frisör erhielt. Er brachte Tiger und die anderen Katzen in einer spartanischen Forschungskolonie unter – jedes Tier erhielt einen 1-m-breiten Käfig, die Mahlzeiten wurden von derselben Person jeden Tag zur gleichen Zeit serviert, und es gab regelmäßig Zugang zu einem gemeinsamen Gang voller Spielzeug.

Und dann, als sich Buffington überlegte, wie um alles in der Welt er dieser seltsamen Krankheit auf den Grund gehen sollte, geschah etwas Bemerkenswertes.

„Allen Katzen ging es besser“, erinnert er sich.

Nach sechs Monaten in der Kolonie verschwanden nicht nur die Harnprobleme der Katzen, sondern auch die ganze Liste von Atemwegs- und anderen Problemen. Die Art und Weise, in der der verblüffte Buffington diese Wende beschreibt, erinnerte mich an *Awakenigs – Zeit des Erwachens*, in dem der Neuropsychologe Oliver Sacks beschreibt, wie er katatonische

Patienten mit einem neu entdeckten Medikament ins Leben zurückruft – nur in diesem Fall gab es keine Medikamente. Die Gesundheits- und Verhaltensänderungen von Buffingtons Katzen hielten so lange an, wie sie in der Forschungskolonie lebten, und das zuvor unverbesserliche Katzenweibchen Tiger wurde zu einem so liebenswerten Haustier, dass Buffington es nicht übers Herz brachte, sie wie geplant zu töten und zu sezieren. Sie verbrachte den Rest ihres Lebens in der Kolonie.

Rein zufällig war Buffington auf eine Therapie und damit indirekt auch auf eine Ursache gestoßen. Ihr Zuhause hatte die Tiere krank gemacht. „Die Behandlung besteht darin, die Umweltbedingungen zu verbessern", meint er.

Bei seiner Literaturrecherche stellte Buffington fest, dass die Krankheit schon zuvor manchmal mit dem Leben im Haus verknüpft worden war – bereits 1925 hatte ein Veterinär bestimmte Harnwegsprobleme auf ein „zu enges Eingeschlossensein im Haus" zurückgeführt.[43] In diesem Licht betrachtet, ergibt die epidemische Natur der Erkrankung auf einmal einen Sinn – stark betroffene Gebiete wie Großbritannien in den 1970er-Jahren und Buenos Aires in den 1990er-Jahren (als eine verzweifelte argentinische Katzenfutterfirma Kontakt zu Buffington aufnahm, nachdem Haustierbesitzer sie für den Ausbruch verantwortlich gemacht hatten), machen häufig eine schnelle Urbanisierung durch, wobei Zuwanderer zu Apartmentbewohnern werden und ihre Katzen zu reinen Wohnungskatzen.

Für Katzen ist der Reiz des verlorenen Lebens im Freien schmerzhaft offensichtlich. Aber Buffington heilte seine Versuchstiere nicht dadurch, dass er sie Singvögel jagen oder durch den Garten streifen ließ. Konnten die schlichten Käfige seiner Forschungskolonie – obgleich offenbar geruhsamer als beispielsweise die Käfige in einem durchschnittlichen Tierheim – tatsächlich ansprechender sein als unsere üppig ausgestatteten Wohnräume?

Anscheinend war das der Fall. „Wir fanden, dass Katzen vor allem auf Beständigkeit und Vorhersagbarkeit Wert legen", meint Buffington. Wohnungskatzen sind Spitzenprädatoren ohne Pyramide und Revierherren ohne Revier. Aber in ihrem eigenen Käfig, sicher vor Rivalen, unerwarteten Geräuschen, unerwünschtem Augenkontakt und uns, ist jede Katze das, wofür sie geboren ist: eine Königin.

Um unsere Haustiere zu heilen, so Buffington, müssen wir Möglichkeiten finden, ihnen die ihnen zustehende Position wiederzugeben. Zunächst einmal müssen wir begreifen, dass Katzen nicht die bequemen Haustiere sind, für die wir Menschen sie halten. Es mag scheinen, als kämen sie mit ein paar Dosen Katzenfutter gut über ein langes Wochenende. Aber Katzen legen Wert darauf, dass wir nicht kommen oder gehen, wie es uns in den Sinn kommt, sondern uns wie ein gut ausgebildeter Butler an einen strengen Terminplan halten. Und gerade für Wohnungskatzen heißt „streng" auch wirklich „streng": kein allgemeines „Füttern am Abend", so Buffington, sondern ein striktes Einhalten der Dinnerzeit. „Wenn man Katzen um acht Uhr abends füttert, dann füttert man sie nicht um sechs Uhr oder um zehn Uhr" – plus/minus einer Viertelstunde, sonst kann es sein, dass Katzen quengelig werden. Katzen brauchen auch ein Gefühl physischer Kontrolle. Paradoxerweise stammten die Katzen, die Buffington erhielt, von den enthusiastischsten Haltern, die eher dazu neigten, hohe Tierarztrechnungen anzusammeln, als ein Problemtier einfach loszuwerden. Aber manchmal sind die liebevollsten Halter auch die aufdringlichsten. „Sie möchten mit der Katze schmusen, daher ziehen sie sie unter dem Bett hervor, versuchen, ihnen ihre Liebe zu zeigen, und die Katze fühlt sich oft bedroht", erklärt Buffington. Seiner Meinung nach betrachten uns gestresste

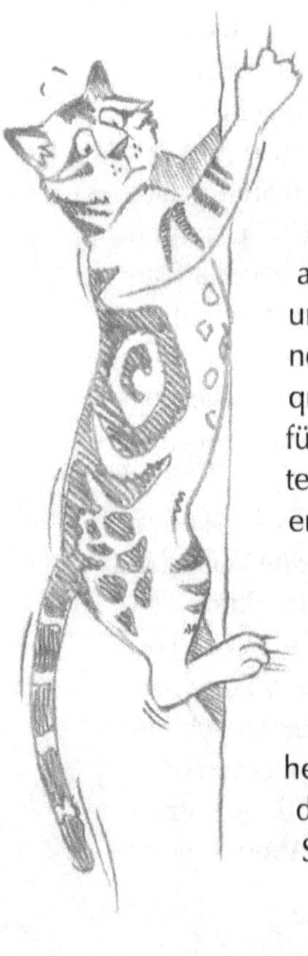

Katzen als eine seltsame Art von Raubtier, das ausführlich mit ihnen spielt, bevor es sie schließlich verschlingt.

„Ich habe wohl nie einen Halter getroffen, der seiner Katze bewusst schaden wollte", meint Buffington, „doch es gibt eine Menge Leute, die auch ihre Beziehung zu Familienmitgliedern verbocken, ohne es zu wollen."

Zum Glück haben viele Wohnungskatzen gelernt, dass man Menschen beibringen kann, sich zu benehmen. Zu diesem Zweck hat Buffington ein Online-Projekt namens Indoor Cat Initiative ins Leben gerufen, um die vielen Fehler von Katzenhaltern zu diagnostizieren und zu beheben. Herauszufinden, was genau Ihre Katze verrückt macht, ist jedoch keine leichte Aufgabe. „Es ist wie bei Tolstois unglücklichen Familien – Katzen sind aus tausend Gründen unglücklich", sagt er. „Wir müssen über die Probleme nachdenken, denen sich die Katze gegenübersieht, und das könnte alles Mögliche sein."

Einer der ersten Schritte in Richtung Reue und Buße ist die Zuordnung eines eigenen Reviers. Buffington schlägt vor, jede Katze in einem Haushalt sollte ein ganzes Zimmer für sich allein haben. Diese Kerndomäne sollte reich an Ressourcen wie Futter, Wasser und weichen, gemütlichen Materialien sein, aber frei von Menschen und anderen Katzen. Buffington verwendet dafür einen Begriff aus dem Management für bedrohte Großkatzen und nennt diesen Raum nur für die Katze einen „Rückzugsort" oder ein „Refugium".

Manche Katzenhalter kommen – vielleicht aus Not – offenbar von selbst auf diese Idee. Doug, der Mann mit den verstärkten Hosen, trat sein Schlafzimmer schließlich an den skrupellosen Booboo ab. „Der 100 Quadratmeter große Raum hatte einen begehbaren Schrank, ein Himmelbett und einen Panoramablick über die Häuser von Beverly Hills, die sich wie Punkte über einen malerischen Canyon verteilten", schrieb die *Times*. „Die Suite gehörte allein Booboo, auch wenn Doug meinte, er könne inzwischen ein paar Tage die Woche dort nächtigen."

Viele noch aufgeklärtere Halter gehen noch deutlich weiter und gestalten ihr ganzes Haus – oder wie einige Katzen-Aficionados lieber sagen, „Habitat" – um. Buffington (dessen neuestes Buch den Titel *Your Home, Their Territory* trägt [etwa: *Dein Heim, ihr Revier*]) und andere Katzenexperten geben verschiedene (und manchmal widersprüchliche) Empfehlungen für die beste Politik, eine möglichst umfassende feline Besänftigung zu erreichen.

Zunächst sollten Sie die Lichter im Haushalt dimmen, denn Katzen mögen keine grelle Beleuchtung. Und stellen Sie den Thermostaten hoch – die meisten Katzen lieben Temperaturen um 30 Grad Celsius. Benutzen Sie ein Schallmessgerät, um zu vermeiden, dass Ihre dröhnende menschliche Stimme die Lautstärke einer gepflegten Konversation überschreitet. Reinigen Sie die Luft von „potenziell abstoßenden Gerüchen",[44] wie sie Buffington zufolge offenbar von Hunden und anderen niederen Lebensformen ausgehen, aber auch von „Alkohol zum Händedesinfizieren, Zigaretten, Reinigungsmitteln (auch Waschmitteln, aber nicht Bleichmitteln, diesen Geruch scheinen sie zu mögen), einigen Parfüms und Zitrusdüften". Stattdessen können Sie Ihr Zuhause mit Feliway einnebeln, einem Katzenpheromon.

Und wenn Sie Ihr Herz närrischerweise an bestimmte Möbelstücke gehängt haben, umwickeln Sie diese mit Alufolie, doppelseitigem Klebeband oder einem anderen kratzfesten Material. (Die umstrittene Option, einer Katze die Krallen zu ziehen, ist aus der Sicht eines Katzenflüsterers offensichtlich ein Rohrkrepierer.) Und dann lassen Sie die besagten Möbel da, wo sie sind: Katzen hassen Umdekorieren.[45]

Wenn Sie unbedingt ein Baby in den Haushalt einbringen wollen, achten Sie darauf, dass Sie Ihren Körper schon eine ganze Zeit zuvor mit Babyöl, Lotionen und anderen Produkten einreiben, damit sich die Katze an diese neuen und potenziell üblen Gerüche gewöhnen kann – eine Tierschutzseite schlägt sogar vor, sich jemandes Säugling zu borgen, um einen Testlauf zu machen.[46] Zeitweilige Hausgäste sind definitiv unwillkom-

men; wenn Sie wissen, dass Ihre Dinnerparty für Ihre Katze „verwirrend und erschreckend"[47] ist, hält Sie dies vielleicht von einer Einladung ab. Und Sie sollten auch wissen, dass das, was die eine Katze angenehm findet, die andere auf die Palme treiben kann. John Bradshaw schreibt über eine Katze, die sich völlig närrisch benahm, bis ihr Halter bestimmte Fenster zum Garten abdeckte, sodass die Katze vor den Blicken eines freigängerischen Rivalen sicher war. Andere Katzen können sich hingegen so an den Ausblick aus einem bestimmten Fenster gewöhnen, dass jahreszeitliche Veränderungen sie verstimmen können – wenn aus dem geschäftigen Herbst zum Beispiel ein öder Winter wird, sollten Sie überlegen, ob Sie nicht ein Aquarium mit Fischen aufstellen oder auf Ihrem großen Bildschirm eine Endlosschleife mit hoch auflösenden Katzen-DVDs mit Namen wie *Cat Dreams* laufen lassen sollten, bei denen es sich im wesentlichen und Beutepornos handelt. Buffington unterstreicht, wie wichtig es ist, die Vorlieben Ihrer Katze – Vögel, Insekten oder Nager – zu kennen und Ihr Heim mit anatomisch korrektem Spielzeug auszustatten. Und denken Sie stets daran, dass eine einzige Katzentoilette im Haushalt für diese besitzergreifenden kleinen Pedanten keinesfalls ausreicht. Mathematisch klingende Gesetze geben die erforderliche Anzahl von Katzenklos an: Eins auf jeder Etage im Haus, meinen einige Experten, eins pro Katze und noch eins zusätzlich, meinen andere.

Das Faszinierendste an dieser Kampagne für eine vollständig häusliche Kapitulation ist, dass es sich nicht nur um Außenseiterstandpunkte oder um akademische Wunschträume handelt, sondern dass all dies in weiten Kreisen als cool betrachtet wird.

Der beste Beweis dafür ist die große Attraktivität von Dekorations-Blogs wie Kate Benjamins *Hauspanther*, wo Katzenvergötterung mit gehobenem Design verschmilzt und der Benjamin zur Fahnenträgerin für die schicke moderne Katzenlady gemacht hat. Bevor ich ihre Seite besuchte, glaubte ich, Benjamin gehe es darum, Katzenhaar zu verbergen, den Geruch von Katzentoiletten zu maskieren und auch anderweitig die Probleme zu lindern, die die Haltung von Katzen in den kleinen, aber sorgfältig durchgestylten Apartments mit sich bringt, die bei Generation Y so populär sind.

Dann erfuhr ich, dass Benjamin gegenwärtig 13 Katzen hat. In ihrem Blog geht es nicht um einen Interessensausgleich, sondern um eine bedingungslose Kapitulation gegenüber Dazzler, Simba, Ratso und allen übrigen. Statten Sie Ihr Wohnzimmer mit Katzenhängematten aus! Ziehen Sie an Ihren Wänden vertikal angebrachte Katzenbetten hoch! Einige der abgebildeten Möbelstücke versuchen immerhin, eine zwischenartliche Balance zu erzielen – beispielsweise gibt es einen Walnussesstisch, an dem Menschen tatsächlich essen können, aber mit einem in der Mitte wachsenden Streifen Katzengras, an dem die Katzen sich delektieren können. Und es gibt auch eine richtige Couch, auf der man sich zumindest theoretisch zurücklehnen kann, bis man feststellt, dass sie einen langen Katzentunnel enthält. Wenn man glaubt, irgendein Möbelstück diene allein dem menschlichen Ergötzen, erlebt man eine bittere Enttäuschung: Bei dieser modernen französische Skulptur handelt es sich tatsächlich um einen Kratzbaum.

Wohl aus Notwendigkeit sind *Hauspanthers* Stärke gut getarnte Katzentoiletten, die gleichzeitig als Nachtkonsole und Kaffeetischchen dienen können. (Benjamin braucht, wenn ich richtig gerechnet habe, mindestens 14 Katzenklos, potenziell sogar 28, wenn ihr Haus zweistöckig ist.)

In ihrem durchgehend in Farbe gehaltenen Manifest für eine katzenzentrierte Lebensstilphilosophie, das sie zusammen mit dem Celebrity-Tierverhaltensforscher Jackson Galaxy verfasst hat, ruft Benjamin Katzenhalter auf, sich dem zu ergeben, was sie als „Katzifizierung“ bezeichnet.

„Keine Katzentoilette im Wohnzimmer haben zu wollen", schreiben die beiden, „ist nicht nur eine ästhetische Entscheidung." Es spreche vielmehr „für einen „Mangel an wahrer Empathie und mangelnde Hingabe zur *Katzenliebe*" – sogar für eine Art „Katzenschämen".[48] Auf der anderen Seite stellt Katzifizierung unsere „Reifung als Mensch" dar. Die „Sprache der Katzen zu lernen", unseren Wohnraum für sie zu opfern „ist ein Symbol unserer Evolution". (Als Bonus glaubt Jackson – Gastgeber von *My Cat From Hell* –, dass extreme feline Umgestaltungen sogar zu umgänglicheren Katzen führen können.)

Hoffnungsvolle Katzifizierer sollten zunächst einmal in sich gehen. „Alle Eltern haben Träume für ihre Kinder; welche Hoffnungen haben sie für Ihre Katze?", wollen Benjamin und Galaxy wissen.[49] Welchen Problemen sehen sie sich gegenüber und „wie würde die Erfüllung ihrer Träume aussehen?" Als Nächstes sollten Sie sich Ihre Wohnung ansehen, als wäre sie eine Löwenhöhle, keine Reihe kleiner Sofas und bequemer Sesseln, sondern voller Hinterhalte und Sackgassen; das gibt Ihnen Gelegenheit, hier einen „Katzenkreisverkehr" und dort eine „Katzendrehtür" zu installieren. Galaxy besteht zudem auf einer „Katzen-Superautobahn", einer Reihe von erhöhten Plattformen und Stegen, die einer Katze erlauben, sich überall durch den Raum zu bewegen, ohne eine Pfote auf den Boden zu setzen. Vielleicht können Sie neben Ihrem Hi-Fi-Center Kletterwände anbringen oder einen vom Boden bis zur Decke reichenden Sisal-Kratzbaum, oder auch die Beine Ihres Esstischs umwickeln, sodass sie ebenfalls zum Krallenschärfen dienen können. Und die Liebe zum Do-it-yourself lässt sich ausleben, indem man ein Möbelstück, das eigentlich für die menschliche Nutzung vorgesehen ist – ein Ikea-Bücherregal, beispielsweise – in einen wunderbaren Katzensitz verwandelt.

Manchmal schüttelt Benjamin offenbar ein wenig missbilligend den Kopf über fehlgeleitete Halter, zum Beispiel, wenn sie schreibt: „Beth und George hatten nur wenige katzenspezifische Dinge daheim, nur einen einzigen Kratzbaum im Wohnzimmer",[50] oder wenn Galaxy eine meisterliche, handgemachte Wendeltreppe für Katzen kritisiert, weil sie nicht mit der Katzen-Superautobahn verbunden ist, die oben über einen Schrank führt. Und immer wieder erinnern uns die beiden: „Wenn Sie daran denken, Ihr Haus zu katzifizieren, müssen Sie sich als Erstes fragen: *Was wünscht sich meine Katze?* Und dann ergibt sich alles Übrige ganz von selbst."[51]

Manchmal wünscht sich Ihre Katze vielleicht, dass Sie ein Dutzend Kratzpfosten an der Zimmerecke anbringen, damit sie sich über Kopf flezen kann, oder dass Sie Ihr winziges Fleckchen urbanen Grünraums in ein Katzenparadies umwandeln. Ihre Katze könnte der Meinung sein, Sie sollten Familienfotos und anderen unnötigen Krempel von erhöhten glatten Flächen entfernen und diese stattdessen mit Antirutschmatten ausstatten, sodass sie wie ein Leopard herumspringen kann. „Wir wollten das Dekor im Wohnzimmer minimalistisch halten", erklärte ein Katzenliebhaberpaar, das eine „Katzenrennstrecke" in seinem neuen Heim errichtet hatte. „Wir haben uns entschlossen ... keine Bilder an die Wände zu hängen oder Bücherregale oder Regale für Dekorationsobjekte aufzustellen. Wir haben uns vorgestellt, dass die Katzen unsere kinetische Kunstinstallation sind."[52]

Liath, Arleigh, Arbolina, Stanley, Irmo, Dido, Zaria, Simone, Dark Matter, Lucy und Yani werden ganz ihrer Meinung sein.

Wir wissen, wie schnell Katzen darin sind, ein Stück Land zu übernehmen, daher war klar, dass es nur eine Frage der Zeit sein konnte, bis sie unser Heim usurpieren würden. Und es gibt tatsächlich Plätze – vielleicht eine Vorausschau auf eine schöne neue Welt –, wo diese Beschlagnahmung schon ein *fait accompli* ist.

Einer dieser Plätze ist das Katzencafé, ein neuartiger Typ von Speiselokal, das sich – in einer viralen und sehr katzenhaften Weise – in den letzten 15 Jahren über die ganze Welt ausgebreitet hat. Katzencafés wurden zuerst in Taiwan eröffnet, wurden in Japan zu einer absoluten Sensation, kamen dann nach Europa und werden inzwischen auch in Nordamerika populär;[53] die ersten Außenposten liegen in Kalifornien, und weitere entstehen in großen Städten von der West- bis zur Ostküste. Das Design variiert, aber interessanterweise sehen die ursprünglichen asiatischen Speiselokale nicht wie Cafés oder feline Shangri-Las aus, sondern erinnern eher an ein reguläres altmodisches Wohnzimmer.

Einem ethnografischen Bericht zufolge sind diese Cafés „höchst häusliche Räume, die das Gefühl hervorrufen, durch einen sorgfältig inszenierten Einsatz von Mobiliar, Beleuchtung, Lesematerial und Hintergrundmusik in der eigenen Wohnung zu sein".[54] (Zum Glück sind es Sozialwissenschaftler, die die offizielle Untersuchung dieser mystifizierenden Umgebung übernehmen.)

Natürlich davon abgesehen, dass die Menschen hier nur Gäste sind. Die einzigen wirklichen Bewohner sind die Katzen, und die Menschen stehen Schlange, um eine kleine Weile bleiben zu dürfen. Manchmal müssen die Kunden beim Betreten ein kätzisches Benimmbuch lesen und Katzenköpfe und Persönlichkeitsprofile studieren. Nur dann können sie so wunderbare Dinge miterleben wie Katzen, die gebürstet werden oder ihr Abendessen erhalten – offenbar ist das so beruhigend, dass die Besucher oft auf den Katzensofas einnicken, sodass die Cafés voller schnarchender Menschen sind. (Eine Katze zu wecken, verstößt eindeutig gegen die Etikette, bei schlafenden Menschen ist die Situation hingegen nicht ganz so klar.)

Katzenkenner könnten darauf hinweisen, dass Katzencafés für ihre ständigen Bewohner nicht ideal sind, wenn man bedenkt, dass ständig stinkende Fremde vorbeikommen können, die einen streicheln wollen. Aber diese falschen Wohnzimmer illustrieren, wie wir dazu erzogen wurden, die Idee zu begrüßen, extravagante Ressourcen für Katzen aufzuwenden, unseren Kotau zu machen und auf Zehenspitzen um sie herumzuschleichen und uns unserer eigenen Unterwürfigkeit hinzugeben. (In einer seltsamen Wendung der Theorie der sozialen Unterstützung genießen die Kunden des Cafés offenbar die gemeinsame Erfahrung, von hochmütigen Katzen brüskiert zu werden, eine gemeinsame öffentliche Zurückweisung, die – wissenschaftlich gesprochen – zu „einem Knoten oder Intermediär wird, durch den einsame Kunden Bindungen aufbauen können".[55]

Der nächste Schritt ist klar – Wohnräume, in denen Katzen absolut herrschen und aus denen Menschen verbannt sind. Zumindest ein solches Paradies existiert bereits: ein „Altersruhesitz" der Spitzenklasse für Katzen, wo sie, bestens verköstigt, ihren Lebensabend verbringen können, das Sunshine Home im ländlichen Honeoye, New York. Es wurde 2004 eröffnet und ist seit 2008 voll in Betrieb; inzwischen interessieren sich Anrufer aus dem ganzen Land für das Geschäftsmodell. Dieses Modell ist sehr einfach: Leben, Finanzen und Zeit, alles dreht sich vollständig um Katzen.

Einige der „Katzen im Ruhestand" sind noch gar nicht so alt, haben aber vielleicht große Verhaltensprobleme oder verlangen „ein besonderes Ausmaß an Pflege",[56] so wie eine Katze mit obskuren Allergien, die ihr gesamtes Fell abgeleckt hatte und einen ausladenden elisabethanischen Kragen tragen musste. Die Halter dieser Tiere haben sich eine Auszeit für einige Jahre oder auch für immer genommen – vielleicht unternehmen sie eine Forschungsreise in die Antarktis, leisten Aufbauarbeit in Afghanistan oder sind ganz einfach gestorben.

„Bei einigen von ihnen wissen wir nicht, was aus ihnen geworden ist – sie sind ganz einfach in der Versenkung verschwunden", meint der Eigentümer Paul Dewey, der die Ex-Halter galant als „frühere Mamas" und „frühere Papas" bezeichnet.

Für die bemerkenswert humane Summe von 460 Dollar im Monat – oder für eine deutlich größere Summe, wenn der Halter bereit ist, einen Scheck für eine lebenslange Pflege auszustellen – steht einem Sunshine-Home-Bewohner ein privater Raum zur Verfügung, der es mit vielen Manhattaner Einzimmerwohnungen aufnehmen kann; die Decken sind hoch, und das Panoramafenster bietet Aussicht auf Beutetiere aller Art.

Dewey ermutigt die Halter, die Katzen-Suiten mit Sitzkissen und Futons und anderen Elementen von zu Hause auszustatten. „Eine unserer allerersten Klientinnen baute ihr gesamtes Wohnzimmer nach, vom Zeitungsständer über die Lampe bis zum La-Z-Boy-Sessel", erklärt er.

Abgesehen davon, dass die Einrichtung nun allein für die Katze da ist. Frühere Mamas können, wenn sie es wünschen, zu Besuch kommen, und für zusätzliche fünf Dollar im Monat können sie eine spezielle, gebührenfreie Nummer einrichten, über die sie ihre früheren Haustiere Tag und Nacht erreichen können. Aber um ganz ehrlich zu sein, vertraut mir Dewey an, sitzen die Katzen nicht wartend neben dem Telefon.

„Manchen Menschen fällt es schwer, sich an Veränderungen anzupassen", meint er, „aber Katzen gelingt das immer."

Der schöne Schein

Diese voluminöse Schildpatt-Perserkatze hier ist gemeinhin unter dem herrschaftlichen Titel Grand Champion Belam's Desiderata of Cinema bekannt, doch ihre Bewunderer nennen sie schlicht Desi. Wann immer sie – von hinterwärts aufgeföhnt – aus ihrem Käfig bei der World Cat Show geholt wird, flüstern die gebannten Zuschauer Lobpreisungen: „Diese Beine, wie Baumstämme! Dieser gedrungene Kopf! Diese winzige Nase!"

Desi besteht sozusagen aus einer Reihe vollendeter Kreise: ein kugelförmiger Rumpf, ein gewölbter Kopf, zwei winzige runde Ohren und zwei O-förmige Augen, die sehr, wirklich sehr weit auseinanderstehen. Manche Perserkatzen sehen fast rebellisch aus, doch Desis Gesichtsausdruck erscheint „süß", der Blick aus ihren kupfermünzenartigen Augen wirkt nicht arglistig. Sie macht sich nie über ihre gewonnenen Schleifen her. Sie tut auf der Showbühne nie so, als würde sie schlafen. Ihr Gesicht ist so platt, dass es im Profil fast eingedrückt wirkt. Manchmal wendet sie es den Scheinwerfern an der Decke zu, wie eine Satellitenschüssel auf der Suche nach einem Signal.

Ich brauche eine Weile, bis ich Desi unter den 1000 Top-Katzen auf der Show der Cat Fanciers' Association in Novi,

Michigan, entdecke. (*Cat fanciers*, „Katzen-Liebhaber“ sind glühende Verehrer von Rassekatzen und opfern häufig viel von ihrer Lebenszeit, um ihren Lieblingskatzen zu nationalen Titeln zu verhelfen.) Rassereine Katzen aus aller Welt sind hier vertreten; es ist „der Super Bowl für Katzen“, so eine Saalsprecherin. Ich möchte herausfinden, welche Katzen Anwärter auf den Titel der „Besten der Besten“ sind, doch die Struktur der Show erweist sich als komplizierter als gedacht. Die Ausstellungshalle ist ein Labyrinth aus Ständen und Showbühnen. Es gibt lilafarbene Schleifen und mintgrüne Rosetten, die rätselhafte Auszeichnungen wie „14. Platz Kätzchen“ kundtun. Und was ist eigentlich der Unterschied zwischen Chartreux und Russisch Blau?

„Allerletzter Aufruf für Balinese 321!“, ertönt eine strenge Stimme aus dem Lautsprecher. „Ring 1 wartet noch auf Orientalisch Kurzhaar 474 für das Championship-Premier-Finale!“

Per Mietroller werden alle möglichen Rassen – Cornish Rex und haarlose Sphynx mit Pulloverchen – zu einem Dutzend Showbühnen gekarrt; ausladende Maine-Coon-Katzen werden mit hochgereckten Armen umhergeschleppt, außer Reichweite streichelwilliger Fans mit klebrigen Fingern.

Ich habe keine Ahnung, wo ich mit meiner Rassekatzenschulung anfangen soll, und beginne mit den Persern. Die unter ihnen herrschende Konkurrenz galt lange als die schärfste (wenn auch flauschigste) im ganzen Ausstellungsbetrieb.

Inmitten von 150 Perserkatzen ist es ein bisschen so, als stünde man zu dicht an der Zuckerwattemaschine auf dem Jahrmarkt – man inhaliert umherschwebende zuckersüße Flusen. Besonders die Kätzchen sind unwiderstehlich: Ich habe das Verlangen, mir einen dieser kleinen Pompons mit Augen einzustecken, doch leider ist nicht einmal Streicheln erlaubt. Viele Besitzer sind seit drei Uhr morgens auf den Beinen, um das Fellkleid ihrer Katzen zu entfetten, zu frisieren und aufzuhübschen, mit leistungsstarken Föhns und Haarwässerchen für mehr Volumen und Evian-

Mineralwasser für die Statik. (Das Herausputzen der Katzen geht offensichtlich oft auf Kosten der eigenen Herrichtung; neben Luxus-Katzenshampoos werden hier deshalb praktische Klemm-Accessoires für schlappes menschliches Haar feilgeboten.) Viele der Frauen tragen ziselierte goldene Halsbänder mit Anhängern, die von früheren Siegen zeugen.

An diesem denkwürdigen Tag steht einer der prestigeträchtigsten Titel der Katzenschauszene auf dem Programm, und die Perserkatzenleute tuscheln darüber, wer „Fell bis dorthinaus" hat und welcher Preisrichter keine silberfarbenen Tiere mag, während sie die Tasthaare in den breiten Muffingesichtern ihrer Katzen zurechtzupfen. Ein mordlüstern aussehendes schokoladenbraunes Tier, dessen Fell absteht wie dunkles Baiser, scheint besonders gute Aussichten auf den Sieg zu haben.

Doch allem fliegenden Fell und Klatsch und Tratsch und angeblichen Rätselraten zum Trotz antwortet mir die erstbeste Person, die ich frage, wer wohl die Katzenausstellung gewinnen werde, ohne Zögern: „Oh, die Bicolor" – so nennt die Konkurrenz Desi.

Und sie hat vollkommen recht.

„Was für eine wunderbare Katze", sagt eine Preisrichterin einige Stunden später, während sie Desi für den ersten Platz in ihrer Kategorie auszeichnet. „Ich hatte das Vergnügen, ja die Ehre, die Gelegenheit, sie schon mehrmals zu sehen. Ich bin wirklich in diese Katze verliebt."

„Schau dir das Fell dieses Mädchens an", sagt eine andere. „Kleine Mininase. Kleine Miniohren. Als wollte sie dich zum Lächeln bringen. Das ist meine beste Katze!

Selbst die Konkurrenz räumt ein, dass Desi „das gewisse Etwas" habe und „den Standard lebt". Der Preisrichter, der sie schließlich zur Besten der Besten kürt, versucht sichtlich, den Gleichmut zu bewahren, doch als er Desi auf Augenhöhe hebt und ihr direkt ins Gesicht blickt, spitzen sich seine Lippen fast reflexhaft zum Kussmund.

Desis eigener Käfig ist mit Perlenschnüren, einer kleinen Flasche Chanel No. 19 und einem Schild mit der Aufschrift „Gute Mädchen gewinnen immer" behängt, aber sie zeigt kein Interesse an diesen Spielereien.

„Dumm wie Bohnenstroh", sagt ihre Besitzerin, Connie Stewart, deren Brillengestell in dezentem Leopardenmuster schimmert. Stewart bemüht sich sehr um ein bescheidenes Auftreten, doch jeder mit Augen im Kopf kann sehen, dass Desis baiserartiges Aussehen und ihre dumpfe Miene die Krönung von 100 Jahren künstlicher Katzenselektion darstellen.

Auf den ersten Blick wirken die Katzen bei Rassekatzenausstellungen, als hätten sie ihren biologischen Status als Spitzenprädator völlig hinter sich gelassen und seien nur noch die Karikatur eines Raubtieres. Hier und da zeigt sich zwar die wahre Natur der Tiere – in einem Beutel blutigen Fleisches neben einem Katzenbettchen mit rosa Rüschen oder dem teilweise bandagierten Unterarm einer Besitzerin –, doch Exemplare wie Desi scheinen erste Anzeichen davon zu sein, dass wir Menschen zumindest angefangen haben, Hauskatzen immer mehr nach unserem Geschmack zu gestalten. Vielleicht werden wir ihrer auf diese Weise irgendwann Herr: indem wir sie nach unserem Ermessen züchten.

Forschungen ergaben allerdings, dass sogenannte rassereine Katzen, selbst jene, die Wasser aus einer Spritze trinken müssen, um ihre aufwändige Frisur nicht zu gefährden, doch gar nicht so anders sind als ihre Artgenossen von der Straße, und auch ihr Stammbaum sagt nicht viel aus. Die Begeisterung für

Katzen ist gerade einmal 100 Jahre alt, und mit unserem Herumexperimentieren haben wir die genetischen Grundlagen dieser Tiere bisher höchstens ein bisschen angekratzt.

In einigen Jahrhunderten wird der Mensch vielleicht – vielleicht! – etwas tiefere Spuren im Erbgut der Katzen hinterlassen haben. Doch die Zukunft hat mehr zu bieten als hübsche Kätzchen, deren Lebenszweck darin besteht, uns zu gefallen. Die nächste Generation von Katzen ist womöglich weniger durch einen gehobenen Stammbaum wie den von Desi gekennzeichnet als vielmehr durch jene Mutanten, die schon jetzt in Straßen und Scheunen geboren werden. Manche dieser Neulinge sehen vielleicht gar nicht so sehr aus wie Katzen, sondern mehr wie Elfen oder Werwölfe oder Erdmännchen, Wesen, die bereits einige neue Rassen inspiriert haben.

Andere neue Zuchten dagegen werden uns möglicherweise unangenehm bekannt vorkommen.

Nicht lange vor der World Cat Show und nur eine kurze Autofahrt entfernt, im rauen Nordosten Detroits, machten Berichte von einer umherstreifenden großen Katze mit Raubkatzen-Fleckenmuster die Runde. Es war eine entlaufene Savannahkatze – eine Kreuzung zwischen einer Hauskatze und dem Serval, einer afrikanischen Wildkatzenart mit großen Ohren. Diese Rasse gibt es erst seit Kurzem, doch sie erfreut sich schon jetzt weltweit enormer Beliebtheit. Das besagte Exemplar brachte es Gerüchten zufolge auf leopardenähnliche 90 Pfund Gewicht (tatsächlich waren es nur rund 22).

„Das Viech wollte auf mein Baby losgehen, Mann", äußerte ein Anwohner gegenüber der *Detroit Free Press*.[1]

Wie die Großwildjäger von einst erschossen die Bewohner des Viertels schließlich das umherstreifende Haustier und warfen seinen Kadaver in den Müll.

Diese furchterregend aussehenden neuartigen Wesen, halb Kreation, halb Reinkarnation, nehmen Anleihen aus dem Genpool von im Verschwinden begriffenen verwandten Arten und geben einem uralten Katzenstandard Kontur, mit dem die engelhafte Desi so gar nichts zu tun hat. Eine dieser gefragten neuen Hybridrassen wird Cheetoh (englisch *cheetah*, „Gepard") genannt, wie ich mit einem gewissen Unbehagen zur Kenntnis nehme.

Welche Zuchtstrategie wird sich durchsetzen? Werden die Katzen der Zukunft Befehlen folgen – oder das Kommando übernehmen?

Man bezeichnet die alten Ägypter als die ersten „Katzenzüchter", aber sie schufen in ihren Zuchten ganz offensichtlich keine typischen Rassen: Wie wir wissen, waren ihre Katzengottheiten überwiegend graubraun gefleckte Exemplare.

Auch im Laufe der folgenden Jahrtausende machten sich, während die Domestikation weiter voranschritt und die Zahl der Katzen auf der Welt exponentiell anwuchs, kaum ein Mensch Gedanken über Fellfarben oder andere Varianten, die sich langsam ausbildeten, ganz zu schweigen von der angeblich noblen Abstammung bestimmter Einzeltiere. In den USA des 19. Jahrhunderts, so schreibt Katherine Grier, hätte „schon die Vorstellung" von einer reinrassigen Katze die meisten Katzenbesitzer „sehr erstaunt".[2]

So wie die Tierschutzbewegung entstand auch die Idee der Rassekatzen im 19. Jahrhundert. Großbritannien strebte im viktorianischen Zeitalter danach, der ganzen Welt (s)eine Ordnung aufzudrücken, und die neu aufgekommene Disziplin der Naturkunde verkörperte dieses Ideal – Männer, die mit den Mitteln der Wissenschaft das Chaos der Natur unterwarfen und dabei noch die wildesten Bestien erlegten. Die Briten liebten es einfach, ihre Haustiere – ob Hund oder Huhn – in ein System einzuordnen, so wie sie alles Lebendige einordnen wollten.

Die Unzahl an Hauskatzen, die bereits in London und den ländlichen Bezirken Englands umherstreiften, waren von dem begeisterten Brimborium um reinrassige Haustiere ausgeschlossen. Wenn man sie überhaupt zeigte, dann als „Ergänzung zu einer Kaninchen- oder Meerschweinchenausstellung", wie Harriet Ritvo in ihrem Buch *The Animal Estate* schreibt.[3]

Katzen lassen sich also nur unter Schwierigkeiten klassifizieren. Ihre widerspenstige Natur bestürzte ihre viktorianischen Besitzer, vielleicht weil sie diese daran erinnerte, dass in den entferntesten Winkeln des britischen Empire immer noch hin und wieder Großkatzen ihre Landsleute verspeisten. Sie hatte aber auch Folgen für die Fortpflanzung. So merkte Charles Darwin (der die Vorstellung von reinrassigen Katzen verächtlich abtat) an, „dass nach der nächtlichen und herumtreibenden Lebensweise völlig bunte Kreuzungen ohne viel Mühe nicht verhindert werden können".[4] Menschen, so Darwin, könnten ebenso gut versuchen, das Geschlechtsleben der Honigbienen zu regulieren.

Dennoch kündigte ein Künstler namens Harrison Weir im Jahre 1871 die erste große Katzenausstellung im Crystal Palace an, damals erste Adresse für Veranstaltungen dieser Art. „Ich war vielerlei Witzeleien, Spott und Hohn ausgesetzt", erinnerte er sich später.[5] Als der Tag des „Experiments" da war, hatte er selbst Bedenken: „Ich war mehr als ängstlich ... wie würde es verlaufen? Würden viele Katzen dort sein? Würden sie wütend sein, nach ihrer Freiheit rufen, jegliche Nahrung verweigern? Würden sie sich beruhigen und die Situation gelassen über sich ergehen lassen, oder würden sie den Aufstand proben? Ich konnte mir den Ablauf ... überhaupt nicht ausmalen."[6]

Zu seiner Erleichterung blieben die Katzen friedlich, das Volk strömte in Massen herbei und Weir erhielt einen silbernen Krug für seine Bemühungen. Schon bald gab es „in allen Winkeln und Ecken" Englands Katzenschauen, so Weir,[7] und manchmal wurden sogar Katzen in Margarinekisten gesperrt und zu weiter entfernten Wettkämpfen verschickt.[8]

Das lästige Problem der durcheinandergemischten Blutlinien aber blieb. Weirs erste Champions waren ohne Frage Schönheiten: Manch ein früher Katzenliebhaber beträufelte seine Ausstellungskatzen mit Sahne, damit sie sich das Fell glänzend leckte, oder verstärkte die Fellfarben mit Farbstoff.[9] Doch alle ausgestellten Tiere waren im Grunde Straßenkatzen. Gezeigt wurden auch ein paar Vertreter heute bekannter Rassen, darunter langhaarige „Perser“ und „Königliche Siamkatzen“ mit dunklen Körperspitzen, deren natürliche genetische Ausstattung andeutungsweise „rassetypisch“ war. Doch diese recht normalen Wesen ähnelten den aufgerüschten Geschöpfen von heute kaum und waren vermutlich nie gezielt gezüchtet worden. Bestenfalls waren es Straßenkatzen aus besonders entlegenen Straßen. Und selbst unter diesen Exoten war nichts von der Formenvielfalt zu sehen, wie sie bei Hunderassen vom Dachshund bis zur Deutschen Dogge zu beobachten ist – die Katzen sahen alle mehr oder weniger gleich aus.

Die unerschrockenen viktorianischen Katzenliebhaber erfanden darum einfach Kategorien: „Die meisten Katzenzüchtungen waren eher verbale als biologische Schöpfungen“, so Ritvo.[10] Es gab Kategorien für „dicke“, „fremdländische“, „Schildpatt“- und „gefleckte“ Katzen. „Schwarz-weiße“ und „weiß-schwarze“ Katzen galten als völlig unterschiedliche Kreaturen. Die erste US-amerikanische Katzenschau fand 1878 in der Boston Music Hall statt; dort gab es „kurzhaarige Katzen jeden oder keines Geschlechts und jeglicher Farbe“, „langhaarige Katzen“ und „Besonderheiten aller Varietäten“.[11]

Rassedefinitionen, die sich ausschließlich an oberflächlichen Merkmalen wie Haarlänge oder Musterung orientieren, werden schnell schwammig. Dieses Problem wurde auch in den höchsten Kreisen der Szene anerkannt. Anfang des 20. Jahrhunderts warnte ein Preisrichter, bei Katzen sei

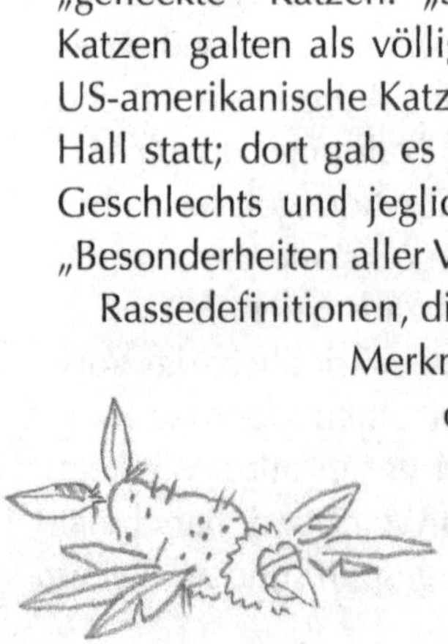

der Begriff „Rasse" stets „mit Bedacht zu verwenden, denn ganz gleich, wie die äußere Hülle, die Länge oder Farbe des Fells beschaffen ist, die Kontur sämtlicher Katzen ist praktisch dieselbe".[12] Eine Pionierin der Perserkatzenzucht gab zu, dass selbst sie den Unterschied zwischen Persern und sogenannten Angorakatzen nicht erkennen könne und vermute, dass es sich um ein und dieselbe Art von Katzen handele.[13]

Bei all den verzweifelten Versuchen, Unterscheidungsmerkmale zwischen ganz normalen Hauskatzen zu finden, überrascht es nicht, dass eine der frühen Katzenausstellungen von einem Katta gewonnen wurde, einem zu den Lemuren zählenden Primaten.[14] Dieser stand den menschlichen Preisrichtern der Schau verwandtschaftlich näher als der miauenden Konkurrenz.

Ein Jahrhundert später war die Katzenzucht immer noch ein eher kümmerliches Unterfangen. Die Briten gaben ihr Bestes, um respektable Katzendynastien zu erschaffen, doch das Chaos des Zweiten Weltkriegs machte viel von dem Erreichten (das anfangs ohnehin wenig beeindruckend war) wieder zunichte. Noch in den 1960er-Jahren erkannte die amerikanische Katzenzüchtervereinigung Cat Fanciers' Association gerade einmal eine Handvoll Rassen an. Die Mehrzahl der heute rund 50 Rassen wurde erst danach entwickelt, einige erst in den letzten Jahrzehnten.

Die moderne Genetik half derweil dabei, einige der berühmtesten „Naturrassen" von ihrem im 19. Jahrhundert erklommenen Podest zu stoßen. „Ich gebe eigentlich nicht viel auf Überlieferungen, es sei denn, sie sind nachweisbar", sagt die Katzengenetikerin Leslie Lyons von der University of Missouri. Bei manchen Rasseschaukatzen sind deren folkloristische Verbindungen zu fernen Ländern offenbar nicht echt. Perserkatzen stammen beispielsweise nicht wirklich aus Persien, sondern leiten sich eher von einer westlicheren Stammlinie ab. Dasselbe gilt für die Ägyptische Mau. Generell haben exotische Namen oft wenig mit der geografischen Wirklichkeit zu tun: Havana-Katzen etwa stehen in keinerlei Verbindung zu Kuba.

Ein paar Naturrassen haben wirklich fremdländisches Blut, besonders die Siamkatze und ihre Verwandtschaft.[15] Über alte Handelswege gelangten vielleicht zufällig gezüchtete Katzen nach Südostasien, fernab des Verbreitungsgebiets der anderen Unterarten von *Felis silvestris,* mit denen sie sich sonst meist paaren. Innerhalb einer kleinen, lange isolierten Population konnten sich unschädliche Mutationen leichter ausbreiten, so der Katzengenetiker Carlos Driscoll. Innerhalb der asiatischen Gruppe jedoch unterscheiden sich die Rassen meist dennoch in einigen grundlegenden Merkmalen voneinander. Meist ist es die Fellfarbe: Siamesen haben dunkle Körperspitzen („Points", die Akren, wie Ohren, Nase und Pfoten), bei Birmakatzen ist das Fell weiß, bei Koratkatzen blau und bei Burmakatzen sepiafarben.

Solche quasi unter die Haut gehenden Unterscheidungsmerkmale, die auf einfachsten genetischen Merkmalen basieren, sind typisch für die Rassekatzenzucht. Die meisten Rassen wirken bis heute schwer greifbar. Besonders außerhalb der Ausstellungshallen sehen viele sogenannte reinrassige Katzen unterschiedlicher Varietäten wie Klone aus, die unterschiedlich gefärbte Fellmäntel tragen. Im „Lion Cut" mit bis auf eine mähnenartige Halskrause kurz geschorenem Fell sieht Desi gar nicht so viel anders aus als die streunenden Vorfahren, von denen sich all diese Kreaturen ableiten – zumindest ist der Unterschied nicht so groß wie zwischen einem Zwergpudel und einem Mastiff.

Interessanterweise sind viele heutige Hunderassen ebenfalls im 19. Jahrhundert entstanden, und auch hier sind es manchmal nur oberflächliche Merkmale wie Fellfärbung oder -beschaffenheit, die den Unterschied zwischen nahe verwandten

Rassen machen. Doch die Hundezucht jener Zeit blickte schon auf eine längere Tradition der künstlichen Selektion zurück, die bereits eine Fülle unterschiedlichster Formen, Profile und Staturen (und Dispositionen) hatte entstehen lassen, noch bevor 1877 die erste Westminster Kennel Club Dog Show über die Bühne ging.

Der Unterschied zwischen der Zucht von Hunden und derjenigen von Katzen (sofern es diese überhaupt gab) spiegelt unsere historische Beziehung zu unseren jeweiligen tierischen Begleitern wider. Zunächst einmal wurde der Hund Jahrtausende vor der Katze domestiziert, und schon annähernd ebenso lange wirken wir selektierend auf Hunde ein; archäologische Funde belegen, dass es schon zu Zeiten der Jäger und Sammler unterschiedlich große Hunde gab.

Hunde leben nicht nur länger in der Gesellschaft des Menschen als Katzen, sie waren auch größtenteils den Entscheidungen ihrer Herren stärker ausgeliefert als Katzen. Da Hunde (im

Gegensatz zu Katzen) stark auf uns angewiesen sind, entschieden die Menschen, welche Hunde das beste Futter erhielten und – zumindest in gewissem Ausmaß – welche Hunde sich miteinander paarten. Somit büßten die Hunde schon vor langer Zeit die Kontrolle über ihre eigene DNA ein. Diese engmaschige genetische Überwachung bietet eine Erklärung dafür, weshalb heute so viele Hunde – erstaunliche 60 Prozent der amerikanischen Haushunde –[16] reinrassig und fast alle „Mischlinge" Kreuzungen verschiedener Hunderassen sind. Bei Katzen dagegen geht man davon aus, dass weniger als zwei Prozent der weltweit lebenden Tiere reinrassige Vorfahren haben.[17]

Indem sie weiterhin selbst für ihr Überleben sorgten und unabhängig sowohl jagten als auch ihre Jungen aufzogen, umgingen Katzen unsere Regeln und entzogen sich unserem Einfluss. Wir hätten die Katzenzucht in alter Zeit selbst dann nicht bis ins Detail regeln können, wenn wir gewollt hätten.

Und das war vermutlich gar nicht der Fall. So wie wir zunächst nie versuchten, Katzen zu domestizieren, hatten wir auch nie einen Grund dazu, verschiedene Katzenrassen zu erschaffen. Wir hatten stets weitaus mehr praktische Verwendung für Hunde und damit mehr Anreize, sie zu formen, sodass manche für die Antilopenjagd geeignet waren und andere Fischernetze einholten oder Gefängnisse bewachten. Selbst die Zucht auf den grundlegenden Gehorsam des Hundes hatte vielleicht körperliche Auswirkungen. Die auffällige Variationsbreite bei der Form von Hundeschädeln – vielzitiertes Beispiel für das Domestikationssyndrom und bei Katzen fast völlig fehlend – könnte eine Begleiterscheinung von Jahrtausenden der Selektion auf eine liebenswerte Tendenz zur Jugendlichkeit sein, so Bob Wayne, Evolutionsbiologe der University of California in Los Angeles. Die Schädel verschiedener moderner Hunderassen ähneln, so Wayne, denen junger und halbwüchsiger Wölfe, stehen geblieben in verschiedenen Stadien der Entwicklung. Die Schädel von Kätzchen und adulten Katzen dagegen sind sehr ähnlich geformt und ähneln stark demjenigen von *Felis silvestris lybica*.

Als man im 19. Jahrhundert mit der Zucht auf vorrangig dekorative Merkmale begann, brauchten die Züchter die bereits vorhandene körperbauliche Formenvielfalt der Hunde nur noch zu verfeinern. Und obwohl Hunde heute nur in den seltensten Fällen noch echte Arbeit verrichten müssen, spielt der Aspekt der Funktionalität bis heute in die Zucht hinein, selbst wenn die meisten Retriever oder Terrier inzwischen reine Gesellschaftstiere sind.

Bei Katzen kann die Form nicht der Funktion folgen, weil es keine eindeutige Funktion gibt – von ihrem gewaltigen, aber unkalkulierbaren Killerinstinkt einmal abgesehen, den Landwirte oder Hirten nicht unbedingt noch verstärken wollen: Würde man einen Mastiff in Katzenform züchten, käme das Ergebnis einem Löwen wohl ziemlich gleich.

„Vermutlich war niemand erpicht darauf, große Katzen zu züchten", so Wayne. „So was will man doch nicht auf dem Kratzbaum sitzen haben."

Da funktionale Ziele fehlen, „neigt jeder dazu, Extremformen zu züchten", erläutert Wayne. „Das ist am einfachsten." In unserer Obhut haben die am merkwürdigsten aussehenden Tiere die meisten Sexualpartner. Unzählige edle Perserkatzen verdanken ihr Äußeres drei lächerlich plattgesichtigen, aber äußerst fortpflanzungsfreudigen Katern aus den 1980er-Jahren. Einer von ihnen trug den Namen Lullaby Abracadabra.

Wenn die Katzenliebhaber ihr Augenmerk mehr auf das Verhalten als nur auf das Aussehen richten würden, so Rhazib Khan, Katzengenetiker der University of California in Davis, dann würden Katzen nicht nur bessere Haustiere, sondern es entstünde auch eine körperliche Formenvielfalt ähnlich der bei Hunden. Und einige neue Rassen spielen tatsächlich mit diesem Konzept: Die von den Persern abgeleitete Ragdollkatze ist für ihr nachlässiges Äußeres bekannt, und die Australian Mist wurde angeblich für ein ruhiges Leben als Wohnungskatze gezüchtet (ein Friedensangebot an die einheimische Natur des Kontinents, so der Werbeslogan). Revolutionäre Neuentwicklungen sucht man allerdings bis heute vergebens.

„Bislang", so Lyons, „spielen die Katzenzüchter nur mit dem, was einfach geht." Züchter sind ständig auf der Suche nach aufregendem neuem Material, vielleicht, weil die Hauskatze sich unter unserem Einfluss äußerlich nur wenig verändert hat. Gesucht wird an exotischen Orten – ein Züchter sagte mir, dass er in Haiti nach ungewöhnlich aussehenden Streunern gesucht habe, und ein anderer bezahlte angeblich indische Kinder dafür, dass sie ihm Straßenkatzen mit einem besonderen Schimmer im Fell („Glitter") brachten. Eine noch junge Rasse ist die Sokoke, die von der Küste Kenias stammt und deren Gene Zeugnis von alten afrikanischen Handelsrouten ablegen. (Allerdings sieht sie ziemlich, nun ja, normal aus.)

Immer mehr gehen Züchter jedoch dazu über, das Besondere direkt vor ihrer Haustür zu suchen, so wie Model-Scouts im örtlichen Einkaufszentrum. Viele sogenannte neue Rassen basieren auf Mutationen, die vor Kurzem im näheren Umfeld aufgetreten sind. Manche dieser Sonderformen sind vermutlich im Laufe der Jahrhunderte immer wieder aufgetaucht, finden aber erst jetzt, im Zeitalter der wachsenden Katzenbesessenheit, große Aufmerksamkeit und werden zur Zucht verwendet statt entsorgt.

Wahrscheinlich treten jedoch heute insgesamt mehr natürliche Mutationen auf, weil der weltweite Bestand an Hauskatzen immer größer wird. Und obwohl es immer noch weitaus mehr anerkannte Hunderassen gibt (der Westminster Kennel Club erkennt rund 200 Rassen an, die Cat Fanciers' Association lediglich 41), scheint die Zahl der Katzenrassen doch schneller anzusteigen, da die Menschen aufmerksamer für veränderte Formen sind und diesen Namen geben.

Bekannte Beispiele für neue Rassen mit einer einzelnen Mutation (von denen nicht wenige aus Hofkatzenpopulationen stammen) sind die haarlose Sphynx – Nachkömmlinge zweier Katzen namens Dermis und Epidermis, die in den 1970er-Jahren in Minnesota lebten – und eine Reihe von Mutanten mit lockigem Fell, darunter die Cornish Rex (England um 1950), die Devon Rex (England 1960), die LaPerm (Oregon 1982) und die Selkirk Rex (Montana 1987).[18] Die Vorfahren von Taylor Swifts Schottischer Faltohrkatze (Scottish Fold), deren geknickte Ohren einerseits vielleicht den fortschreitenden Domestikationsprozess dokumentieren, andererseits aber auf möglicherweise beeinträchtigende Knorpeldeformationen hinweisen, wurden 1961 entdeckt, und die ebenfalls mit Knickohren ausgestattete American Curl folgte in den 1980er-Jahren. Allein in den letzten zehn Jahren sind noch einmal etliche Rassen – viele von ihnen noch nicht offiziell registriert – hinzugekommen, wie Brooklyn Wooley, Helki und Ojos Azules.

Eine der umstrittensten neuen Rassen – von einem großen amerikanischen Rassekatzenverband umjubelt, von einem anderen abgelehnt – ist die kurzbeinige Munchkin, deren Stammmutter man unter einem Lastwagen in Rayville, Louisiana, entdeckte. Die Nachkommen dieser gedrungenen Urmutter der Rasse sind sehr gefragt, stehen aber auch als „Mutantenwürstchen" der Katzenwelt in der Kritik.[19]

Wie viele andere eine Katzenrasse definierende Merkmale basieren die um die Hälfte verkürzten Beine der Munchkinkatze auf nur einer dominant vererbten Genmutation, doch sie zählen zu den offensichtlichsten Veränderungen des Hauskatzenkörpers, die es bis heute gibt. Im Jahr 1995 wurde die Rasse von der International Cat Fanciers' Association anerkannt; daraufhin trat ein bekannter Preisrichter von seinem Amt zurück.

Die derzeit wohl am seltsamsten anmutende und am meisten Aufsehen erregende neue Rasse aber ist wohl die Lykoi aus dem US-Bundesstaat Tennessee. Man nennt sie auch ... die Werwolfkatze.

Die Familie Gobble aus Sweetwater, Tennessee, hat schon so gut wie alles gezüchtet, was da wächst und kreucht und fleucht: französische schwarze Trüffel, siamesische Kampffische, Bäume zur Bauholzgewinnung, Nektarinen, Schnecken, Zebrafinken, Yorkshireterrier, American Quarter Horses und Laufhühnchen. Das riesige, dampfend feuchte Terrarium in ihrem Wohnzimmer zeugt von ihrer kürzlich entbrannten Liebe zu Pfeilgiftfröschen. („Sie haben sich einfach immer weiter vermehrt", sagt Johnny Gobble düster.) Nach der Zucht anerkannter Rassekatzen jedoch stand ihnen bis vor Kurzem nicht der Sinn: In dieser von Milchviehhaltung geprägten ländlichen Kommune wirkt der Gedanke an eine rassereine Katze immer noch ein bisschen abwegig.

„Hier kauft eigentlich keiner eine Katze", erklärt Gobble, der Tierarzt ist. „Man geht einfach in Nachbars Scheune und holt sich eine."

Doch die Neugier überwog bei Gobble und seiner Ehefrau Brittney, und so kaufte sich das Paar zu guter Letzt doch eine haarlose Katze. Binnen kurzer Zeit waren sie berühmte Züchter, und Brittney lancierte sogar ein Liebhabermagazin mit dem Titel *Owned by a Sphynx*.

Im Jahr 2010 hatten sie aus Sphynxzüchterkreisen von zwei „hässlichen Sphynxkatzen" gehört, die in einem Tierheim auf der anderen Seite der Appalachen säßen. (Dabei räumen die Gobbles durchaus ein, dass selbst eine preisgekrönte Sphynxkatze nicht gerade dem herkömmlichen Schönheitsideal entspricht.) Die beiden dürren Streunerkätzchen waren an Pfoten, Nase und Ohren kahl, wo selbst die Sphynxkatzen meist leicht behaart sind, doch dafür waren diese seltsamen Tierchen überall sonst behaart.

Schon auf den ersten Blick vermutete Gobble, dass es sich bei den Tieren gar nicht um Sphynxkatzen handelte. Vielleicht waren es bloß ein paar Streuner, die an einer Ringelflechte oder Milbenbefall oder gar einem angeborenen Gendefekt litten.

„Die meisten Tierärzte denken beim Anblick solcher Katzen sofort: bloß schnell kastrieren!", erinnert sich Brittney.

Doch Johnny hielt die merkwürdig unbehaarten Katzen nicht für krank, ihm gefielen ihre goldenen Augen und die ungewöhnliche rötlichgraue Farbe des verbliebenen Fells. Er vermutete eine neue Mutation. Wenn sich das Paar als gesund erwies, wollte er mit ihm züchten.

„Mein Mann ist ein bisschen verrückt, das muss ich schon sagen", so Brittney.

Die beiden nahmen also zwei etwas rattenähnlich aussehende Katzen auf, ein Männchen und ein Weibchen, und dazu die Mutter der beiden, eine normale schwarze Katze. Doch damit fing ihr Glück erst an. Einige Monate später stieß ein Sphynx-Züchterkollege in der Nähe von Nashville auf zwei ganz ähnliche, teilweise haarlose Katzen. Dank diesen beiden nicht blutsverwandten Kätzchen konnten die Gobbles ihr Zuchtprogramm ohne die Gefahr von Inzest aufnehmen.

Es folgte der eigentliche Durchbruch – dank einer unschlagbaren Marketingstrategie. „Am Anfang nannten wir die Katzen Catpossums, weil sie aussahen wie eine Kreuzung aus Opossum und Katze", erinnert sich Johnny Gobble. (Eine ihrer aufgenommenen Kätzchen nannten sie Opie, kurz für Opossum Roadkill, „überfahrenes Opossum".) Glücklicherweise trat dann ein attraktiverer Aspekt hervor. Mit ihrer hellen, nackten Haut, die durch schütteres, dunkles Haar schimmerte, und ihren unbehaarten, fast menschlich anmutenden und von Fell gesäumten Gesichtern erinnerten die Katzen die Gobbles an altmodische Werwölfe mitten in der Verwandlung. Daher der Name „Lykoi", die Mehrzahl des griechischen Wortes *lykos* für Wolf.

Nach etlichen Untersuchungen der Haut und des Herzens war klar, dass beide Katzenpaare gesund waren. Die Gobbles wussten allerdings immer noch nicht, ob die Mutation vererbt würde. Im Jahr 2011 verpaarten sie das Männchen des einen Wurfs mit dem Weibchen des anderen und waren zunächst enttäuscht, als dabei ein schwarzes weibliches Kätzchen mit komplettem Fell herauskam. Doch nach einigen Wochen begann das Kätzchen, flächig kahl zu werden – diesen Prozess nennen die Gobbles heute *wolfing out*, die „Wolfswerdung". Sie gaben dem Kätzchen den rumänischen Namen Daciana.

Die Gobbles suchen mithilfe der Katzengenetikerin Leslie Lyons nach den genetischen Ursachen für dieses Merkmal, doch es scheint so, dass auch die Lykoi wieder nur auf eine rezessiv vererbte Mutation eines einzigen Gens zurückgehen. Zum Glück für den Fortgang ihrer Zucht ist diese Mutation auch außerhalb der Appalachenregion aufgetreten; in den Jahren seit Entwicklung der Rasse wurden Dutzende von Lykoi-Würfen in aller Welt entdeckt. „Fast alle fand man in Tierheimen oder Müllcontainern", berichtet Johnny Gobble. (Er muss rasch an die Katzen herankommen, denn besorgte Tierärzte sind schnell mit dem Kastrieren.)

Es ist alles eine Frage der Zahlen: Mehr Katzen auf dem Planeten bedeutet mehr Mutationen, unter denen man wählen kann. Doch die Ausbeute an Lykoi spiegelt möglicherweise auch unsere zunehmende Katzenbesessenheit wider: Gut möglich, dass es die Mutation schon länger gab, doch es brauchte eine katzenverrückte Kultur, um sie in den Fokus zu holen, und das Internet, um Besitzer ähnlich merkwürdig aussehender Katzen miteinander in Kontakt zu bringen, die sich sonst nie begegnet wären.

In ihrem Haus und den Zwingern von Johnnys Tierarztpraxis betreiben die Gobbles heute eine beachtliche Werwolfzucht, und wie ihre (darüber vermutlich ziemlich erstaunten) Milchbauern-Nachbarn haben sie sogar ein Zertifikat des amerikanischen Landwirtschaftsministeriums. Sie geben monatlich rund 600 Euro für Katzenstreu aus und beschäftigen mehrere Vollzeitangestellte, deren wichtigste Aufgabe darin besteht, die teilweise haarlosen Katzen zu verhätscheln.

Es gibt bislang erst einige Dutzend dem Standard entsprechende Lykoi-Katzen auf der Welt, und die Rasse wurde erst vor Kurzem für die Teilnahme an einigen Rassekatzenausstellungen zugelassen, aber das wird sich bald ändern: Johnny Gobble, der sich selbst als „sehr ehrgeizig" bezeichnet, will das Ansehen der Rasse unbedingt steigern und verteilt seine Katzen in aller Welt. Seine Zucht hat Ableger in Kanada, England, Israel und Südafrika, und als ich die Gobbles besuchte, saß eine Lykoi gerade auf dem Weg nach Australien in Quarantäne. (Wie das in der Katzenbekämpfung erprobte Umweltministerium des Landes den Werwolf-Ankömmling aufnehmen wird, bleibt abzuwarten.)

Die seltenen Katzen sind derzeit für etwa 2500 Euro zu haben, und Hunderte von Möchtegern-Werwolfbesitzern stehen auf der Warteliste.

Als Show-Naturtalente lassen die Gobbles auch mich warten, bis endlich drei Lykoi in ihr Wohnzimmer laufen. Deren kahle Schnauzen und blanke, gelbe Augen sind wirklich ein Hingucker, und ihre braunen Nasen fühlen sich bei vorsichtiger Berührung mit dem Zeigefinger überraschenderweise an wie ein Gummiband.

Die Gobbles behaupten steif und fest, dass die Katzen ungewöhnlich hundeähnliches Verhalten zeigen und bei Wildgeruch oder dem Rascheln einer Keks-Packung ganz wild werden. Das Wichtigste aber ist zweifellos das (eigentlich zweckfreie) Äußere. Ich starre den Katzen auf die Pfoten, die aussehen wie menschliche Hände, aus denen gerade die ersten Wolfsborsten sprießen.

„Wir haben Hassmails von Leuten bekommen, die drohten, sie würden kommen und unser Labor abfackeln", sagt Brittney, die vielleicht meinen Blick registriert hat.

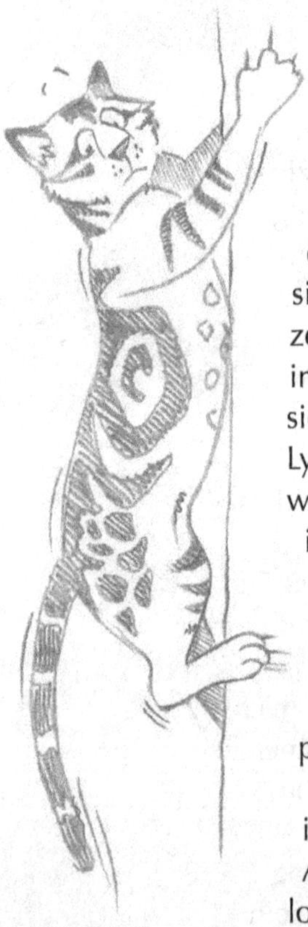

„Ja", sagt Johnny, „die dachten, ich würde sie künstlich erschaffen …"

„… im Reagenzglas!" kichert Brittney.

„Es gab sogar Leute, die wollten, dass ich ihnen noch Flügel anbaue."

Die Lykoikatzen scheinen gesund zu sein, doch das heißt nicht unbedingt, dass sie allein auf sich gestellt überleben können. Wie die Sphynxkatzen, die vor Rassekatzenausstellungen manchmal in gepolsterte Räume gesperrt werden, damit sie sich ihre empfindliche Haut nicht verletzen, sind Lykoi sehr empfindlich gegen Kälte und würden wahrscheinlich sogar das relativ gemäßigte Klima in Tennessee nicht überleben. Die Werwolfkatzen reagieren außerdem merkwürdig sensibel auf direktes Sonnenlicht – wenn sie in der Sonne baden, bekommt ihre Alabasterhaut Flecken und wird schließlich innerhalb von Tagen komplett schwarz, wie eine Extremform der Bräunung.

Die neuen Rassen werden durch Kreuzungen oft immer seltsamer: Eine Sphynx verpaart mit einer American Curl ergibt beispielsweise eine haarlose, knickohrige „Elf Cat", und eine „Meerkat" ist eine schwanzlose, kurzbeinige Mixtur aus mehreren

Neuschöpfungen. Offenbar gibt es außerdem eine wachsende, äußerst umstrittene Tendenz, alle bestehenden Rassen zu „munchkinisieren".

Manche Neuzüchtungen sind eindeutig grauenvoll, wie die sogenannte Kängurukatze, die durch grotesk gekrümmte Knochen der Vorderbeine ein eichhörnchen- bzw. känguruartiges Aussehen hat. Bei anderen ist es manchmal schwer zu sagen, was zu weit geht.

Leslie Lyons kann sich vorstellen, wie sich das überprüfen ließe: „Wenn man all diese Katzen freiließe und nach fünf Jahren wiederkäme", sinniert sie, „welche wären noch am Leben? Die Sphynx? Ich weiß nicht. Die Perser? Fraglich." (Allerdings vermutet sie, dass die viel geschmähten Munchkins allein ganz gut zurechtkämen.)

Bei der World Cat Show wurde ich zufällig Zeugin eines Perser-Fluchtversuchs: ein sanfter Plumps vom Frisiertisch auf den Boden, gefolgt von heilloser Verwirrung. Die runden Scheinwerferaugen der Katze aber blickten gleichbleibend trüb drein.

Die modernen Rassen gehen oft lediglich auf einige wenige Gene von ansonsten ungehobelten Straßenkatzen zurück, doch einige haben das für Katzen wohl typischste Merkmal eingebüßt: die Fähigkeit zu überleben.

Das gilt jedoch keineswegs für alle neuen Rassen. Zwar hätscheln wir Menschen einerseits die oben beschriebenen hinfälligen Mutanten, doch andererseits bevölkern wir unsere Häuser auch mit Rassen einer ganz anderen Sorte. Es sind die Hybridrassen, entstanden aus der Kreuzung von Hauskatzen mit verschiedenen Wildkatzen, die erst seit wenigen Generationen nicht mehr in der Wildnis leben.

Hybridrassenzüchter haben ein klares ästhetisches Zuchtziel vor Augen. Ihr Leitbild ist die Biologie der Großkatzen; sie haben es nicht auf absonderliche Geschöpfe abgesehen, die irgendwo hinter einem Müllcontainer hervortappen. Die meisten Züchter mögen immer abwegigere Extremformen der Hauskatze erzwingen, doch Hybridrassenzüchter versuchen, das Wesentliche der Katze zu bewahren und die Auswirkungen der Domestikation zu verbergen (jedoch nicht aufzuheben). Die Namen der Hybridrassen – wie Toyger, Pantherette und Cheetoh – sind eine Hommage an bezwungene Könige. Aus praktischen Gründen werden Hauskatzen meist mit den kleineren Wildkatzenarten verpaart, doch die Züchter träumen von etwas wirklich Großem.

„Unser Ziel ist es letztlich, das schönste Tier zu züchten, das zwar wild aussieht, aber domestiziert ist", sagt Anthony Hutcherson, der Bengalen züchtet, einen Mix aus Hauskatzen und der asiatischen Bengal- oder Leopardenkatze. „Es ist schon toll, bei einer Ausstellung den ersten Preis zu holen, aber mir bedeutet es mehr, etwas zu schaffen, das wie ein kleiner Leopard oder Jaguar oder Ozelot aussieht, Katzenfutter frisst und schnurrt, wenn ich es ansehe."

„Ich möchte ein Kätzchen züchten, das aussieht, als wäre es aus dem Wald direkt in die Arme eines Kindes gelaufen", sagt Carol Drymon, Schöpferin der Cheetoh-Katze. Diese ist ebenfalls eine Kreuzung mit der asiatischen Bengalkatze und bekannt für ihr geflecktes Fell, ihr dschungeltaugliches Pirschen und (ich ahnte es schon fast) ihre beachtliche Größe. Manche Cheetohmännchen erreichen fast 15 Kilogramm Gewicht, und die Tiere zeigen alle möglichen Farben, darunter auch einen Orangeton. Drymon päppelt sie mit rotem Fleisch und hartgekochten Eiern.

Hybridrassenzüchter sind sich uneins darüber, ob ein 45- oder ein 60-Grad-Winkel zwischen den Ohren besser sei, wie die ideale Nase aussieht und wie sich die weißen Zeichnungen im Gesicht vieler Großkatzen am besten nachzüchten ließen. Als große Herausforderung erwies es sich, weiße Flecken auf den Hinterseiten der Ohren der Bengalen zu erzielen – diese finden sich bei etlichen Großkatzenarten, vielleicht damit Jungtiere ihre Mutter besser ausmachen können, wenn sie ihr durch die Wildnis folgen. Hauskatzen fehlen diese Flecken jedoch.

Doch ebenso wie die Domestizierung mit bestimmten körperlichen Anzeichen einhergeht, könnte ein „wilderes" Äußeres ein wilderes Wesen mit sich bringen. Wissenschaftler beschäftigen sich mit der Frage, ob der Körperbau eines Tieres dessen Verhalten vorgibt – ob also beispielsweise ein domestizierter Silberfuchs mit Schlappohren (wie es mit der Domestikation einhergeht) von vornherein umgänglicher ist als sein wild aussehendes Wurfgeschwisterchen mit Stehohren.

Fest steht, dass die Zucht eines ruhigen Schoßleoparden weitaus schwieriger ist, als man denken könnte. (Die Katzen, die ich Monate zuvor im Keller von Tierärztin Melody Roelke-Parker kennengelernt hatte, waren zum Beispiel ebenfalls Kreuzungen mit der asiatischen Bengalkatze, und von ihnen hatten die meisten ihr Dschungelverhalten keineswegs abgestreift.) Hauskatzen der Rasse Bengal – die in den 1970er-Jahren entstand – haben viele Generationen Abstand zu ihren wilden Urahnen und tragen somit nur noch wenig von deren Genen in sich; meist liegt deren Anteil bei nicht einmal 12,5 Prozent. Und doch unterscheiden sie sich im Verhalten von anderen Hauskatzen, wie Untersuchungen der Verhaltensforscher Lynnette und Ben Hart von der University of California in Davis zeigten: Hauskatzen der Rasse Bengal neigen eher zu aggressivem Verhalten gegenüber ihren Besitzern und Fremden, außerdem sind sie berüchtigt dafür, Katzentoiletten zu ignorieren und ihren Harn überall im Haus abzusetzen.

Dennoch gelten die Bengalen als die zahmsten der Hybridrassen. Savannahs, die Servalkreuzungen, von denen ein Exemplar die Einwohner Detroits erschreckte, gelten heute bei manchen Zuchtverbänden als „Championrasse“ und werden auf Ausstellungen neben altem Adel wie Perser- und Siamkatzen gezeigt. In einer neueren Folge der Reality-TV-Serie *My Cat from Hell* sieht man Savannahkatzen, die auf Metallstäben herumbeißen, die Fallschirmausrüstung ihres Besitzers beschädigen und so gewagt auf eine Dunstabzugshaube springen, dass Gastgeber Jackson Galaxy erschreckt aufschreit.[20]

Selbst die Züchter von Hybridrassen hegen manches Vorurteil darüber, welche kleinere Wildkatzenarten sich für Kreuzungen eignen. Carol Drymon zufolge haben manche von diesen eine „problematische Einstellung“. Die Kleinfleckkatze ist eine hübsche Wildkatze und wird mit der Hauskatze zu der neuen Hybridrasse Safarikatze gekreuzt. Doch sie ist nach Drymons Ansicht „eine böse kleine Kreatur, die man besser im Wald lassen sollte“.

Das sollte man vielleicht wirklich, aber aus anderen Gründen. Manche dieser Wildkatzenarten sind bedroht. Die International Union for the Conservation of Nature (IUCN) stuft die Kleinfleckkatze in manchen Lebensräumen bereits als gefährdet ein. Weitere für die Hybridisierung verwendete Arten sind unter anderem die Sandkatze, die Tigerkatze und die Langschwanzkatze (Margay); um sie alle ist es nicht allzu gut bestellt.[21] Einige wenige Zuchtprogramme greifen sogar auf die asiatische Fischkatze zurück, die auf der Roten Liste der IUCN ebenfalls als gefährdet eingestuft wird. Normalerweise leben die wilden Eltern der Hybriden bereits in Gefangenschaft, sodass ihr Einsatz in der

Zucht die natürlichen Bestände nicht direkt bedroht. Manche Umweltschützer sind dennoch der Ansicht, dass die allgegenwärtige Hauskatze nicht auch noch Abstammungslinien beeinflussen sollte, die im Verschwinden begriffen sind. (Jedenfalls nicht, wenn es sich vermeiden lässt; in Schottland wurde die dortige Form der Europäischen Wildkatze durch Vermischung mit der Hauskatze fast ausgelöscht.)

Hybridzüchter, darunter auch Hutcherson, vertreten die Auffassung, das Zusammenleben mit Minileoparden würde uns für die Belange gefährdeter Großkatzen sensibilisieren. Doch das Gegenteil könnte ebenso zutreffen: Die Verwässerung von Wildkatzen-Abstammungslinien könnte den Eindruck erwecken, die tatsächlich gefährdeten Arten seien gar nicht so selten; es könnte die Illusion von Mitgefühl für Tiere entstehen, die wir in Wahrheit systematisch ausrotten. Diese Praxis kratzt jedenfalls am Zauber der Wildkatzen, und dieser ist derzeit so ziemlich das Einzige, was ihnen noch helfen kann.

Hybridrassen könnten außerdem in die letzten Rückzugsgebiete der Großkatzen vordringen. Wegen ihrer Eigenheiten im Verhalten bereut so mancher Besitzer die Anschaffung der teuren Haustiere und trennt sich wieder von ihnen. Sie landen jedoch nicht immer in regulären Tierheimen, sondern manchmal auch in finanziell ohnehin schon in Schwierigkeiten steckenden Wildkatzen-Auffangstationen, die eigentlich Refugien für misshandelte Zirkuslöwen und dergleichen sein sollen.[22]

Einige der Auffangstationen wurden dermaßen mit unerwünschten Bengalen und Savannahs überschwemmt, dass sie diese inzwischen abweisen und stattdessen den überforderten Besitzern Tipps geben, wie sie ihre Garage in „beheizte Höhlen" für ihre halbwilden Hauskatzen verwandeln können.[23] Schon haben die ersten auf Hybride spezialisierten Tierheime eröffnet, etwa die mehrere Hektar große Avalo Farm in Wagener, South Carolina, die erst kürzlich Spenden sammelte, um ihren Zaun zu erhöhen.

Da nicht alle Besitzer die Möglichkeit haben, einen maßgeschneiderten Zaun mit 45-Grad-Winkelung im oberen Abschnitt zu errichten, entkommen diese Katzen manchmal.[24] Außer der unglücklichen Savannahkatze von Detroit gab es Berichten zufolge entwischte Hybridkatzen, die über die Dächer von Las Vegas pirschten, verlassene Bauernhöfe bei Chicago durchstreiften und die Basketballarena der University of Maryland inspizierten. Einige dieser Kreaturen würde man optisch eher unter einer Schirmakazie in der Serengeti vermuten.

Im Oktober 2014 streifte in den Außenbezirken von Delaware eine besonders stattliche, gefleckte Hybridkatze umher und ließ besorgte Eltern in Erwägung ziehen, ihre Kinder an Halloween im Haus zu behalten.[25]

Das Tier trug den passenden Namen *Boo* (sprich: „Buh!").

Mehr als von jeder menschlichen Marotte wird jedoch die Zukunft der Hauskatze davon beeinflusst, wie sie sich selbst verändert. Ganz gleich, wie viele Streuner kastriert und wie sicher Hauskatzen eingesperrt werden oder wie ausgefeilt die Zuchtaktivitäten des Menschen – die große Mehrheit der Katzen wird stets außerhalb unserer selektiven Kontrolle sein. Werden diese Tiere größer werden? Oder kahler?

Mancherorts scheint es, als wäre dies bereits der Fall. Der Biologe Luke Dollar erforscht die scheue Fossa; sie ist ein seltenes, den Mangusten ähnliches Raubtier und der Spitzenprädator von Madagaskar. Die einzigen Katzen auf der riesigen afrikanischen Insel sind eingeführte Tiere, überwiegend eher kümmerliche Haustiere, die in Dörfern leben. „Spindeldürr und voller Parasiten", so Dollar, „wirklich mitleiderregend."

Doch als er im Jahr 1999 eine durch Brandrodung geschaffene landwirtschaftliche Fläche am Rande des tiefen Waldes unter die Lupe nahm, fand sich in einer seiner Raubtierfallen

ein ganz anders aussehendes katzenartiges Tier.

„Dieses Wesen drehte sich zu uns um und brüllte uns praktisch an", erinnert er sich. „Es war riesenhaft und hätte uns in Stücke gerissen, wenn es gekonnt hätte – es war im Panikmodus."

„Dann fingen wir noch eines. Und noch eines. Dutzende. Das war ein Moment, wo wir dachten: ‚Heilige Scheiße!'"

Als Leiter der National Geographic's Big Cats Initiative kennt sich Dollar mit Katzen aus. Doch diese kräftigen Vertreter der Familie ähnelten den örtlichen Haustieren so wenig, dass er sich zu dem ungewöhnlichen Schritt entschloss, ihre DNA zu untersuchen, um abzusichern, dass es sich wirklich um Hauskatzen handelte (das tat es). Dollar wog und vermaß sie außerdem, „und sie zeigten deutliche anatomische Eigenheiten". Sie waren groß, kräftig und in bester körperlicher Verfassung, nahezu frei von Parasiten. Die Dorfkatzen hatten alle unterschiedliche Fellfarben – schildpatt, schwarz, orange –, doch ihre verwilderten Verwandten waren ausschließlich graubraun gefleckt mit einigen schwarzen Streifen. Die Madagassen, so erfuhr Dollar, haben unterschiedliche Bezeichnungen für die beiden Katzentypen und betrachten sie als unterschiedliche Tierarten.

Ob diese Hauskatzen nun mit weißen Forschungsreisenden schon vor Jahrhunderten auf die Insel kamen oder erst vor relativ kurzer Zeit entliefen, es sind noch keine größeren genetischen Veränderungen aufgetreten, die die Population auf natürlichem Wege hätten verändern können. Solche Vorgänge brauchen Jahrtausende.

Das veränderte Aussehen der Katzen aus dem Wald war schlichtweg das unmittelbare Ergebnis der von ihnen gewählten Lebensweise. Größere Katzen mit tarnfarbenem Fell setzen sich in einem Wald schnell durch, wo „sie niemand füttert", so Dollar, „und die Natur ungehindert einwirken kann". (Desgleichen sollen orangefarbene Katzen in der kargen australischen Wüste vorherrschen, graue und schwarze Katzen dagegen im schattigen Dschungel.)[26] „Dort gibt es weder Katzenfutter noch Laserspielzeug noch Katzenstreu“, so Dollar weiter. Missgebildete und schwächliche Tiere sterben jung. Starke Tiere überleben und lassen die am besten angepasste, „fitteste“ Version ihrer selbst entstehen: Hauskatzen im Naturzustand.

Dollar hat keine präzise Liste der Beutetiere der Katzen von Madagaskar, geht aber davon aus, dass sie „alles“ jagen. Als Beweis dafür, dass sie auch die bedrohten Sifakas (Lemuren der Gattung *Propithecus*) töten, bedienten sich seine Kollegen derselben Technik, mit der Anthropologen einst nachwiesen, dass frühe Menschen von Leoparden erbeutet wurden: Sie zeigten, dass ihre Fangzähne in die rätselhaften Löcher passten, die sich manchmal in den Schädeln toter Primaten fanden.[27]

Diese Hauskatzen haben offenbar in der Wildnis ein besseres Leben als bei uns. Dennoch profitieren sie wahrscheinlich noch von ihrem Erbe als ehemalige Haustiere. Oberflächlich mögen sie verändert aussehen, doch sie besitzen dasselbe verhältnismäßig kleinere Gehirn wie ihre mit dem Menschen lebenden Verwandten: Selbst wenn äußerliche Domestikationserscheinungen wie die Fellfärbung im Verlauf von wenigen Generationen verschwinden, bleiben die kognitiven Veränderungen doch bestehen. Wenn man inmitten der ehemaligen Reisfarmen Madagaskars lebt, im Übergangsbereich zwischen Zivilisation und Natur, ist es hilfreich, keine zu große Angst vor Menschen zu haben. Im Gegensatz zu echten Wildtieren zeigten die Katzen beispielsweise keine Scheu vor Dollars Fallen – besonders nachdem sie erkannt hatten, dass sie immer wieder freigelassen wurden. Der Forscher fing einige Exemplare so oft ein, dass er ihnen Namen gab. „Wir fingen Sylvester drei Wochen hintereinander jeden Tag aufs Neue ein", berichtet er verwundert. „Es war ja nicht so, dass er schnurrte oder sich an unseren Beinen rieb oder so was, aber er wusste: ‚Ich gehe in diese Kiste, fresse den Köder, und dann kommen diese Leute am nächsten Tag und lassen mich heraus.'"

Berichte über riesige Hauskatzen gibt es auch aus anderen Ländern, insbesondere aus Australien, wo sich solche Gerüchte schon in Kolonialberichten aus dem 19. Jahrhundert finden.[28] In jüngerer Zeit machen Fotos von toten „Mega Moggies" im Internet die Runde. (Allerdings ist nicht ersichtlich, ob diese angeblichen Riesen vielleicht neben besonders kleinen Aborigines fotografiert wurden.) Zweifellos geistern solche Wesen durch unsere Fantasie, etwa in der paranoiden Geschichte vom angeblichen „Löwen von Essex".

In ein paar Millionen Jahren erfolgt vielleicht ein evolutionärer Sprung. Säbelzahn-Siamkatzen sind nicht ganz auszuschließen. Katzenartige haben im Verlauf der letzten 40 Millionen Jahre mehrfach Säbelzähne hervorgebracht, und noch bis vor 11 000 Jahren gab es im heutigen Los Angeles Säbelzahnkatzen.[29] Wissenschaftlicher rechnen fest damit, dass dieses typische Zahnmerkmal irgendwann wieder auftritt.

Evolutionär hat hierbei der Nebelparder klar die Nase vorn, denn er weist Schädelmerkmale auf, wie sie auch die ausgestorbenen Säbelzahnkatzen zeigten. Doch heute gibt es nur noch wenige Tausend Tiere dieser Art, und diese werden kaum die sieben Millionen Jahre überdauern, die nach Schätzungen von Wissenschaftlern bis zum nächsten Auftreten von Säbelzähnen vergehen werden.

Welche Art stellt wohl die nächste Säbelzahnkatze? „Ich tippe auf die Hauskatze", so Christopher Shaw, Paläontologe der La Brea Tar Pits in Los Angeles, im Gespräch.

Ich glaube, das war nur ein Scherz. Und doch: Eine Katzenpopulation mit 600 Millionen Individuen, die immer weiter wächst, bietet viel Raum für Experimente.

Der vielleicht faszinierendste Aspekt der evolutionären Zukunft der Hauskatze aber ist nicht so sehr, wie sehr sie sich verändern wird, sondern wie wenig.

Hauskatzen passen schließlich perfekt in unsere Zeit und stehen ziemlich weit oben in der Nahrungskette. Wenn es keine Krankheitsausbrüche gibt, „wirken in der Situation, die fast überall auf der Welt besteht, kaum selektive Kräfte auf Hauskatzen ein", so der Katzengenetiker Carlos Driscoll. „Sie haben keine Raubfeinde, und ihr Fell kann eine beliebige Farbe haben", denn ob sie nun innerhalb unserer Siedlungen leben oder in den beeinträchtigten Gebieten jenseits davon – sie sind bereits die Herrscher.

Überdies spricht einiges dafür, dass es – zumindest in vielen Umgebungen unserer Zeit – gar nicht erforderlich für Hauskatzen ist, größer, listiger und monströser zu werden (schließlich war es auch nicht die pure Kraft allein, die sich für Löwen und Tiger auszahlte). Da die Populationen von Menschen und Hauskatzen in unseren wachsenden Großstädten stetig dichter werden, sind große, aggressive Tiere sogar im Nachteil, wie eine Studie an Katzen in Frankreich enthüllte.[30]

Die Forscher konzentrierten sich auf die Fellfarbe und dabei insbesondere auf Katzen mit orangefarbenem Fell. Dieses ist sowohl mit dem Geschlecht gekoppelt (es gibt deutlich mehr Kater als Katzen mit dieser Fellfarbe) als auch ein Marker für bestimmte Verhaltensweisen, ein Zeichen für Größe und Kraft. Orangefarbene Kater sind oft schwerer und aggressiver als Kater mit anderen Fellfarben (was ich für meinen Kater Cheetoh durchaus bestätigen kann).

Wie die französischen Forscher herausfanden, können diese großen, aggressiven Männchen auf dem Land, wo die Katzenpopulationen weniger dicht sind, ihre Rivalen oft zurückdrängen und die Weibchen für sich beanspruchen.

In Großstädten aber, wo die Katzenpopulationen um das Zehnfache dichter sind, ist es unmöglich, die Unzahl von Mitbewerbern in Schach zu halten. Die beste Strategie dort ist für die Kater, sich mit so vielen Katzen wie möglich zu paaren und die Konkurrenz ansonsten höflich zu ignorieren. Die orangefarbenen Männchen aber verwenden offenbar zu viel Zeit auf das Kämpfen und zu wenig auf das Sich-Paaren, sodass ihre Gene hier nicht so oft weitergegeben werden wie diejenigen der kleineren, ruhigeren schwarzen oder getigerten Artgenossen.

Vielleicht werden die sanften Gemüter doch am Ende die Welt übernehmen – oder zumindest die Straßen der Großstädte.

Hinsichtlich der Frage, wie die ästhetische Zukunft der Hauskatzen aussieht, steht nur eines fest: Katzen werden immer fetter. Obwohl eher umwelt- als genetisch bedingt, ist dieser Effekt doch sehr grundlegend. Annähernd 60 Prozent der US-amerikanischen Hauskatzen sind übergewichtig oder fettleibig, und Wissenschaftler berichten auch über extrem beleibte Streuner.[31] Immer wieder las ich Berichte über 15-Kilogramm-Buddhas, 18-Kilogramm-Meatballs, 17-Kilogramm-McLovins und ihresgleichen. (Ein gesundes Körpergewicht entspricht ungefähr einem Viertel dessen, was diese Tierchen auf die Waage bringen.)

Bis jetzt ist die Extra-Speckschicht der augenfälligste Beitrag, den der Mensch zur äußeren Form der Katze geleistet hat. Zugegeben, viele unserer tierischen Begleiter werden runder; selbst die Straßenratten von Baltimore sind heute 40 Prozent schwerer, vor allem dank unserem reichhaltigeren Müll.[32] Doch die Hauskatzen sind ein Extremfall, und das aus mehreren men-

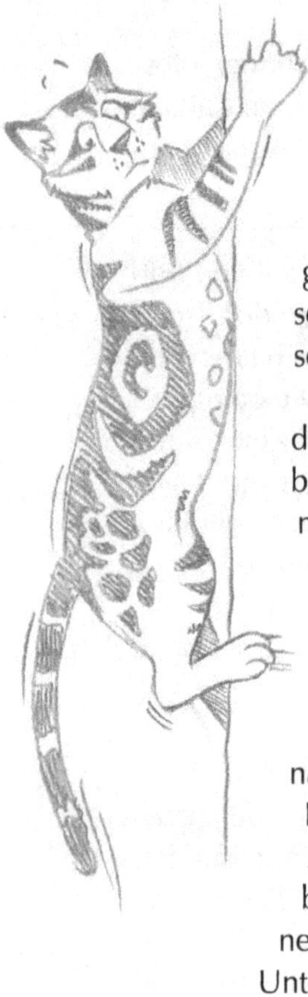

schengemachten Gründen (von den immer reichhaltigeren Köstlichkeiten, die sie in ihrem Fressnapf und unserem Müll finden, ganz abgesehen). Die Haltung von Katzen ausschließlich in der Wohnung bewirkt, dass sie weniger Bewegung haben, die Kastration senkt ihre Stoffwechselrate und die Tatsache, dass sie reine Fleischfresser sind, macht es schwer, sie auf Diät zu setzen.

Ich besuchte das College of Veterinary Medicine der University of Tennessee, wo Experten für Fettleibigkeit bei Tieren kürzlich eine (nötig gewordene) neue Aufstellung des Body Fat Index für Katzen des 21. Jahrhunderts entwickelt haben. Die alte Version endete bei 45 Prozent Körperfett – für die heutige Klientel völlig unzureichend. Die aktuelle Version dagegen geht bis zu 70 Prozent, ja sogar darüber hinaus. Die Forscher benutzten – natürlich – Fotos von Katzen mit orangefarbenem Fell, um die verschiedenen Stadien der Verfettung zu illustrieren. Die Körperformen reichten von botticellihaft bis unförmig fett und gipfelten in einer komplett kugelförmigen Gestalt, bei der „keine Unterscheidung von Kopf und Schultern" möglich ist und sich die Rippen „nicht mehr erfühlen lassen".

Doch selbst diese erweiterten Richtwerte helfen möglicherweise nicht weiter, denn Studien ergaben, dass Katzenbesitzer selbst die fettesten Tiere noch völlig falsch, aber unbeirrbar als schlank einstuften.[33]

Vielleicht halten wir an den dicker werdenden Katzen fest, weil Katzen – wie Forschungen nahelegten und wohl jeder Katzenbesitzer im Grunde weiß[34] – uns am meisten Aufmerksamkeit schenken, wenn wir sie füttern, und wir wollen, dass sie uns mögen. Oder vielleicht wollen wir auch einfach nur nicht, dass sie uns nicht mögen: Hungrige Katzen tun ihre Forderungen oft weitaus nachdrücklicher kund als Hunde, wie Angela Witzel, Expertin für fettleibige Katzen, mir sagte, und ein drängelnder 15-Kilo-Brummer ist nicht gerade ein Vergnügen.

Die Fettleibigkeit von Katzen schlägt zudem möglicherweise auch bei den zunehmenden Umweltauswirkungen durch Katzen zu Buche. Einer Schätzung zufolge vertilgen die rund 100 Millionen US-amerikanischen Hauskatzen tagtäglich eine Fleischmenge, die drei Millionen Hühnern entspricht.[35] Doch diese Schätzung geht davon aus, dass sie nur ungefähr 60 Gramm Fleisch pro Tag benötigen. Extrem fette Katzen verlangen vielleicht entsprechende Futtermengen, die irgendwie zu beschaffen sind – ob nun durch die Singvögel aus Nachbars Garten oder Dosenfisch, der in den fernen Winkeln der Weltmeere gefischt wurde.

Und auch eine fein abgestimmte Skala wird dieser Geschichte (und besonders ihrem Ende) nicht ganz gerecht. Darum gelangen so viele Lebensformen letztlich ins Internet, wo Lebewesen aus Pixeln, nicht aus Pfunden bestehen. Für die Eroberung dieses schier unendlichen virtuellen Territoriums haben die Hauskatzen, jene zähen Ultrakarnivoren, alles Fleischliche komplett hinter sich gelassen.

Die Vergötterten

Die Katze kann mich leider noch nicht empfangen, und so lässt mich die Empfangsdame in einer eleganten Lounge mit gläsernen Wänden warten. Die Dekoration dieses Hotels in Manhattan – ritzhafte Residenz von Lil Bub, einem samtpfotigen Internetstar – umfasst unter anderem falsche Bisonfelle, die über schnittige Sofas drapiert sind, sowie ein Regal voller Naturbücher, die vielleicht wegen ihrer hübschen Buchrücken ausgesucht wurden.

Ich nehme mir eines mit dem Titel *Das Leben auf unserer Erde* und betrachte darin Fotos von einem einsamen Geparden, der eine Gnuherde jagt: Das auserwählte Opfer der Großkatze scheint in Vorwegnahme seines Schicksals bereits den Kopf zu beugen. „Von allen Jägern sind die Katzen am stärksten auf den Verzehr von Fleisch spezialisiert“, so der Text. Ihre Zähne sind „Schlachtwerkzeuge“.

Lil Bub aber ist zahnlos – ihr wuchsen nie Zähne, und das ist nur eine ihrer körperlichen Absonderlichkeiten. Ihr Unterkiefer ist unterentwickelt, ihre Oberschenkelknochen sind verdreht, sie leidet an Osteopetrose und einer Form der Kleinwüchsigkeit. Ihre Blase funktioniert manchmal nicht richtig; ihr Besitzer

Mike Bridavsky hat gelernt, sie durch spezielles Kratzen ihres Bauches pinkeln zu lassen, und ihr Harn, der sich mit dem Duft ihres bevorzugten Kokosnuss-Katzenshampoos vermischt, riecht befremdlich nach Thai-Essen.

Dennoch hat Lil Bub einen Platz im Pantheon der größten Internet-Katzenstars sicher. Diese illustren Wesen haben Agenten, stellen eigene Marken dar und werden womöglich in Stretchlimousinen durch Hollywood kutschiert, wo über Filmrechte verhandelt wird. Einige dieser Tiere verdienen angeblich eine Million Dollar pro Jahr,[1] andere sind prominente Wohltäter: Lil Bub, dieser Zwei-Kilogramm-Mutant, den man zu anderen Zeiten einfach seinem Schicksal überlassen hätte, war Teil einer Kampagne zum Schutz der letzten Tiger.

Ich werde schließlich hereingebeten und sehe Lil Bub durch den Konferenzraum laufen. Ihre kurzen Beine bewirken, dass sie ein bisschen in Schlangenlinien geht. Ihr Gesicht kenne ich von unzähligen Trägerhemden, Tragetaschen, Teebechern, Kniestrümpfen und Handyhüllen: Die grünen Augen wirken besonders groß, und ihre rosafarbene Zunge hängt heraus, sodass sie immer irgendwie erfreut aussieht. Bridavsky strickt Lil Bubs fröhliches Online-Image rund um dieses berühmte „Lächeln".

Sie äußert ein trillerndes Schnurren, als ich den Raum betrete. „Komm her, Bub", sagt Bridavsky, ein Mittdreißiger, und hebt sie hoch. Er verbringt praktisch jede Minute des Tages mit der Katze; sein Körper ist übersät mit tätowierten Bildern von ihr. Als er 2011 beschloss, sie aufzunehmen, war das ein Akt der Freundlichkeit. Er hatte keine Ahnung, wie berühmt er durch sie werden würde. Er war ein Musikproduzent, der einige Schulden hatte und bereits vier Katzen besaß. Lil Bub war der Kümmerling eines Streuner-Wurfes, den man in einem Werkzeugschuppen in Indiana gefunden hatte. „Sie war nur so groß wie ein Jonglier-Ball, sagt Bridavsky. „Ich konnte gar nicht anders, als sie mitzunehmen."

Doch selbst Lil Bubs Besitzer – und ersten Fan – macht die öffentliche Reaktion auf sein Haustier ein bisschen ratlos. Eines der Fotos von ihr, das er im April 2012 auf Tumblr postete, verbreitete sich sofort viral im Netz. Schnell hatte sie Twitter- und Instagram-Accounts, einen eigenen YouTube-Kanal und eine Facebook-Seite mit mehr als zwei Millionen Likes. Dazu kamen Buchverträge, Sendungen auf dem Fernsehkanal Animal Planet und Verträge mit dem Bekleidungskonzern Urban Outfitters, ganz zu schweigen von Auftritten in der *Today Show* und Knuddeleinlagen mit Stars vom Range eines Robert de Niro und der Sängerin Kesha. (Lil Bubs eigene Fortpflanzungsaussichten stehen eher schlecht, doch vermutlich hat sie diejenigen von Bridavsky durchaus verbessert – er hatte Dates mit so einigen schönen Frauen, und nur wenige Stunden vor unserem Treffen hatte eine berühmte Fernsehschauspielerin ihre Brust „na ja, irgendwie aggressiv" gegen seinen Arm gedrückt.) An diesem Abend wird Lil Bub der Ehrengast beim ausverkauften Internet Cat Video Festival in Brooklyn sein.

„Das ist alles surreal", sagt Bridavsky. „die Leute brechen bei den Treffen um sie herum in Tränen aus. Sie werden wirklich, wirklich emotional." Ein Tier-Medium orakelte sogar, „dass Bub ein Wiedergänger ist – ein Geist, der in einen anderen Körper wandert. Sie ist eine Seele, die schon seit Millionen von Jahren oder was auch immer existiert und aus irgendeinem Grund hier bleibt."

Er ist sich nicht sicher, ob er das glauben soll, aber Lil Bub ist es unbestreitbar gelungen, ihre irdischen Fesseln abzustreifen.

„Ach Herrje, wie spät ist es?", sagt Bridavsky plötzlich. Er muss los, um auf diesem oder jenem Account Fotos hochzuladen – vielleicht treffen er und Lil Bub und ich uns ja später auf dem Festival. Ich werde sie bestimmt entdecken.

Internetstars wie Lil Bub und Maru (eine Schottische Faltohrkatze aus Japan) sind nur die Spitze des virtuellen Eisbergs. Es sind so viele Katzen online unterwegs, dass bei einer Analyse von YouTube-Videos, die Google X durch eine „unüberwachte" Schar von 1600 Computern durchführen ließ, die Rechner so an die Suche nach Katzendaten gewöhnt wurden, dass sie Katzengesichter fast mit derselben Genauigkeit wie menschliche Gesichter erkannten, nämlich mit einer Trefferquote von 74,8 Prozent.[2] Niedliche Katzenbilder sind so unwiderstehlich, dass IT-Abteilungen von Firmen sie benutzen, um Mitarbeiter zu erwischen, die verbotenerweise auf dem Firmencomputer im Internet surfen. Eine Studie ermittelte vor wenigen Jahren, dass allein britische Internetuser täglich 3,8 Millionen Katzenfotos hochladen (aber nur etwa 1,4 Millionen Selfies) und mehrere hunderttausend Briten Accounts in sozialen Netzwerken für ihre Katzen unterhalten.[3]

Ein verschwindend geringer Anteil all dieser Katzen-Inhalte ist wirklich nützlich. Es gibt Websites, die bei Krisen in der Wurfbox helfen, Onlineforen, in denen wichtige Fragen zur Pflege geklärt werden („wenn ich im selben Raum wie mein Kätzchen rauche, wird es dann high?"), und – natürlich aus Australien – eine Spiele-App, bei der die Teilnehmer (ab sechs Jahren) streunende Katzen erlegen sollen und die den jungen Spielern Wissen über invasive Arten vermittelt. („Bewege deinen Cursor und feuere … und achte immer auf Munitionsverbrauch und Zielgenauigkeit.")[4] Katzen geben online Wetterberichte ab, unterrichten Spanisch und bekämpfen Schreibblockaden. (Eine Website (www.writtenkitten.co) schickt Autoren alle 100 Wörter Katzenbilder, und ich bin untröstlich, dass ich das erst beim Schreiben des letzten Kapitels dieses Buches entdeckt habe.)

Doch wie die meisten realen Hauskatzen sind auch fast alle digitalen Vertreter der Art quasi bewusst nutzlos und dienen nur dem Vergnügen. Es gibt immer wieder virtuelle Hits – Katzen, deren Kopf durch eine Brotscheibe gesteckt ist, Katzen, die angeblich Angst vor Gurken haben, Katzen, die jodeln, Yogaposen einnehmen, auf Staubsaugerrobotern mitfahren, in Kisten springen, wie Ziegen meckern und Dinge umwerfen, Katzen, die als Sushi oder dekadente, bewaffnete Gangster in Szene gesetzt werden oder solche, die tatsächlich aussehen wie Adolf Hitler. Menschen filmen sich selbst, halb unter Katzenfutter begraben, teilen Bilder von dreibeinigen Katzen mit Kopfputz oder spielen *Die Tribute von Panem* ausschließlich mit Katzendarstellern nach. Als die belgische Regierung nach den Terroranschlägen von 2016 um Ruhe in den sozialen Medien bat, wurde Twitter von Katzenfotos überschwemmt. Und während des Vorwahlkampfs um die Präsidentschaftskandidatur der amerikanischen Demokraten 2016 wurde Senator Bernie Sanders aus Vermont unzählige Male neben niedliche Kätzchen montiert.

Warum hat ein Tier namens Grumpy Cat („griesgrämige Katze") – vermutlich die berühmteste Katze im Internet – einen Werbevertrag für Honey Nut Cheerios? Warum wurde die Bibel in LOLSpeak übersetzt, die Pidginsprache der Internetkatzen? Das kann niemand so recht sagen. Als Sir Tim Berners-Lee, oft als „Vater des Internets" bezeichnet, gefragt wurde, welcher Aspekt der heutigen Internetnutzung ihn am meisten überrasche, antwortete er: „Kätzchen."[5] Forscher der Harvard Kennedy School und der London School of Economics beschäftigen sich mit diesen „Katzenobjekten", wie ein Gelehrter sie nennt; sie wurden aus dem Blickwinkel „feministischer Medienuntersuchungen"[6] und „Unternehmenskontrolle" beleuchtet,[7] während sich Linguisten mit der „Orthografie und Phonetik" von LOLSpeak auseinandersetzen.[8]

Gleichzeitig stehen Internetkatzen für die dämlichsten Online-Inhalte und für die Idiotenkultur allgemein; der Medienwissenschaftler Clay Shirky bezeichnet das Versehen von Katzenbildern mit

Beschriftungen als den „dümmsten nur denkbaren kreativen Akt".[9]

Vielleicht sind Internetkatzen noch etwas Schlimmeres als dumm – vielleicht sind sie einfach nur zufällig da. Die scheinbar unerklärliche Popularität von Internetkatzen „könnte einfach nur ein Zufall sein", so Katherine Milkman, Expertin für Datenauswertung von der Wharton School of Business. Würde das Internet noch einmal von vorn anfangen, wäre vielleicht eine andere Kreatur sein Star.

Wahrscheinlicher erscheint es jedoch, dass die Internet-Invasion der Hauskatzen etwas mit ihren einzigartigen, realen Fähigkeiten und ihrer besonderen Geschichte zu tun hat. Ihre Online-Allgegenwart fügt sich nahtlos in einen viel umfassenderen ökologischen und kulturellen Siegeszug. Schließlich verbreiten sich Katzen viral, seit die Ptolemäer über Ägypten herrschten.

Inhalte, die mit Katzen zu tun haben, scheinen etwas Mysteriöses, ja fast Magisches an sich zu haben, was bewirkt, dass sie von unzähligen Usern geteilt werden. Neueren Daten des Medienportals BuzzFeed zufolge hat ein Katzen-Posting bei BuzzFeed im Durchschnitt fast doppelt so viele virale Aufrufe – von äußeren Quellen wie Facebook oder Twitter – wie ein durchschnittliches Hunde-Posting in diesem Portal.[10] Im Verlauf von zwei Jahren hatten die fünf beliebtesten BuzzFeed-Katzenpostings etwa viermal so viele virale Aufrufe wie die beliebtesten Hunde.

Und Katzeninhalte sind nicht einfach nur viral – sie sind oft auch „memetisch". Als Meme bezeichnet man in diesem Zusammenhang (meist lustige) virale Inhalte, die sich bei der Weitergabe geringfügig verändern – oder anpassen, wenn man es so ausdrücken will. (Die Medienwissenschaftlerin Kate Miltner bezeichnet sie als „Insiderwitze oder angesagtes Untergrund-

Wissen, das in sozialen Netzwerken kursiert".)[11] Manchmal feilen mehrere User nacheinander an einer Katzenbildbeschriftung, verändern das Originalbild oder setzen ein ganz neues ein. Das berühmteste Katzen-Mem ist beispielsweise ein Bild von einer grauen Katze mit offenem Maul mit der Unterschrift „I Can Has Cheezburger?" („Ich kann hat Cheezburger?"). Eine memetische Permutation davon ist unter anderem ein Bild von einer Katze mit hitlerähnlichem Aussehen, die sagt „I Can Has Poland" („Ich kann hat Polen"). Wann immer ein falsches „has" oder „haz" online erscheint, hebt die graue Katze – allseits bekannt als Happy Cat – den Kopf.

Meme, als geistiges Gegenstück zu den Genen benannt, verhalten sich ganz ähnlich wie Lebewesen: Sie zeigen eine hohe Mutationsrate und stehen in einer Art virtuellem Lebensraum, in dem die menschliche Aufmerksamkeit den einzigen Lebensquell darstellt, in harter Konkurrenz zueinander. Und sie werden auch wie Organismen erforscht:[12] Unter Anleihen von darwinschen Vorstellungen und Modellen aus realen Forschungsgebieten wie der Epidemiologie versuchen Informatiker und andere Wissenschaftler zu verstehen, was online überdauert und warum.

„Wenn ich wüsste, was diese Katzen so beliebt macht, wäre ich Milliardär", sagt Christian Bauckhage, Professor für Informatik an der Universität Bonn und Memforscher. „Ich kenne kein anderes Genre, in dem individuelle Meme so lange Bestand haben. Sie sind praktisch unsterblich."

Tier-Meme zeigen generell die Tendenz, sich auszubreiten – BuzzFeed beschäftigt eine ganze Reihe von Redakteuren (die sogenannten Beastmasters), um all die tierischen Inhalte zu verwalten –, und wenn man das weltweite Online-Publikum betrachtet, ergibt das durchaus Sinn. Die Einzelheiten von Politik und Kultur sind nicht immer über alle Grenzen und Kontinente hinweg verständlich, doch Tierbilder sind es.[13] (Die Flut von belgischen Katzenbildern nach den Terroranschlägen 2016 wurde beispielsweise über Nacht „ein international anerkanntes Symbol der Solidarität", so die *New York Times*.)[14]

Doch Katzeninhalte sind selbst unter Tier-Memen eine Besonderheit. Da sie über längere Zeit grafisch bearbeitet werden, haben sie meist eine ungewöhnliche Form. Einige Meme – beispielsweise die „O-RLY?"-Schneeeule oder das Montauk-Monster (ein an einem Strand von Long Island angespülter Tierkadaver) – erleben einmal große Popularität und verlieren sich dann in vereinzelten Erwähnungen, während Katzen-Meme oft über Monate, ja sogar Jahre beliebt bleiben. Sie haben sozusagen sieben Leben.

Katzen haben so manche ernsthafte Konkurrenz überdauert. Faultiere und Plumploris etwa hatten ihre Augenblicke im Scheinwerferlicht. „Eine Zeit lang war der Socially Awkward Penguin überall zu sehen", so Michele Coscia, der zu Digital Humanities (Anwendungen und Verfahren digitaler Ressourcen in den Geisteswissenschaften) an der Harvard Kennedy School forscht. Aber „heute wird der Pinguin nur noch selten viral. Er ist eindeutig auf dem Rückzug. Die Leute werden der Meme, die so dauerhaft verwendet werden, einfach irgendwann überdrüssig. Nach ein paar Jahren verschwinden sie wieder. Nur Katzen tun das offensichtlich nicht."

„Mir ist wirklich nicht ganz klar, warum sie so viel Erfolg haben", fügt er hinzu. „Es passt zu nichts von dem, was ich über Meme weiß."

Coscias Analyse legt beispielsweise den Schluss nahe, dass sehr erfolgreiche Meme vor allem eine Eigenschaft gemein haben: Sie sind neuartig. Wir sehen nicht sehr oft Bilder von Schneeeulen oder Plumploris, darum schießt die Aufmerksamkeit kurzzeitig hoch. Hauskatzen aber sind denkbar normal. Und sie sehen – vor allem im Vergleich zu der Formenvielfalt der Hunde – immer ziemlich ähnlich aus,

selbst Rassekatzen und Mutanten. In einem Artikel über Katzenvideos schreibt die Medienwissenschaftlerin Radha O'Meara, es sei so, „als ob eine einzige Katze in Millionen von Videos auftritt".

Auch die Umgebung in den Videos ist von Gleichförmigkeit geprägt, ganz egal, wo in der Welt sie aufgenommen wurden. Fast immer geschah dies im häuslichen Umfeld, meist in einem Wohnzimmer (obwohl auch Badezimmer stark vertreten sind). Die Handlung ist denkbar einfach, oft fast absurd.

Eine Katze attackiert einen Drucker oder einen zahmen Papageien, der sich unter dem Couchtisch versteckt, oder ihren Besitzer oder eine Wassermelone. Eine Katze schießt unter dem Sofa hervor oder schleicht auf den Hängeschränken in der Küche herum oder springt in einen Karton.

Manchmal springt sie sogar wieder hinaus.

Katzen tauchten schon früh im Internet auf – die satirische Website Bonsai Kittens (die angeblich mit Kätzchen handelte, die in Glasbehältern in Form gebracht wurden), The Infinite Cat Project (zum Thema Katzen und Spiegel), My Cat Hates You und sogar eine beliebte Wurfbox-Livecam stammen aus der Frühzeit des World Wide Web. „Es gibt sogar niedliche Katzenseiten aus den späten 1990ern", sagt Ethan Zuckerman, Leiter des Center for Civic Media des Massachusetts Institute of Technology (MIT) und früher Internetunternehmer. „Sie zählen zweifellos zu den ersten Formen einer nutzergenerierten Kultur."

Vielleicht war alles eine Frage des Timings. In der Natur können die Arten, die eine Nische als Erste besetzen, gedeihen und machen es damit höheren Organismen schwer, später ebenfalls dorthin vorzudringen. (Nachdem etwa das Schwarze Meer überfischt und verschmutzt worden war, breiteten sich invasive Quallen aus, die dort bis heute vorherrschen.)

Der Siegeszug der Internetkatzen aber ist vielleicht doch ein katzentypischeres Phänomen, das in seiner Art den Australiern vermutlich ziemlich bekannt vorkommt. Internetkatzen wurden zu einem bestimmten Zweck eingeführt und haben sich dann schlichtweg selbstständig gemacht.

Der Inbegriff der Online-Katzen, Wegbereiter für alle, die nach ihnen kamen, waren die LOLCats, kurz für Laughing Out Loud Cats (deutsch etwa „Ich-lach'-mich-kaputt-Katzen"). Sie tauchten Mitte der 2000er-Jahre auf *4chan* erstmals auf, einer eingeschworenen Community von Technikfreaks – überwiegend jungen Männern –, die für ihren grenzwertigen Humor bekannt war.[15] (Eine andere *4chan*-Schöpfung ist Pedobear, ein pädophiler Bär.) Mitte der 2000er-Jahre verkündete *4chan* einen wöchentlichen freien Tag namens *Caturday*, den die Menschen mit hochgeladenen Katzenbildern feierten. Einige davon trugen Beschriftungen.

Ob die *4chan*-Anhänger eine besondere Vorliebe für Katzen hatten, ist unbekannt. Vielleicht nutzen Katzenliebhaber das Internet besonders intensiv, weil sie nicht so viel draußen sind wie Hundebesitzer. Das Internet ist außerdem ein geschützter Ort, an dem sich Katzenfreunde über ihre Liebe zu den Samtpfoten austauschen können. Heute besteht eindeutig ein Zusammenhang zwischen der Liebe zu Katzen und der Liebe zur Technik: Ein notorischer Hacker wurde vor Kurzem aufgespürt, nachdem er den Namen seiner Katze als Computerpasswort benutzt hatte,[16] und ein enttarnter Troll namens Violentacrez, der sich auf der Social-News-Website *reddit* betätigt hatte, entpuppte sich als Mann mittleren Alters, der sieben Katzen besaß.[17]

Doch die Frage, ob die ersten Anhänger des Caturdays wirkliche Katzenliebhaber waren, ist aus soziologischer Sicht eher irrelevant. Medienwissenschaftler sehen in der Erschaffung und im Teilen von Memen in erster Linie einen Weg, wie anonyme Internetnutzer die Zugehörigkeit zu einer bestimmten digitalen Gruppe demonstrieren und Außenseiter disqualifizieren können. Kate Miltner nennt dies „das Etablieren und Überwachen der Abgrenzung als Gruppe".[18] Für eine kleine Gruppe privilegierter Nutzer „bestand der Wert der LOLCats in ihrem Subkulturstatus" und nicht in ihrer Niedlichkeit, so Miltner. Die ersten mit Beschriftungen versehenen Katzenbilder waren absichtlich undeutlich, ein klassischer Insiderwitz.

Doch dann geschah etwas, das besonders war und dennoch nicht ungewöhnlich: Die Katzen entwischten, oder, wie Miltner es formuliert, sie „wanderten ab".

Im Januar 2007 postete der hawaiianische Softwareentwickler Eric Nakagawa ein Bild von Happy Cat in seinem Blog.[19] Das Bild der grauen Katze kursierte schon seit 2003,[20] doch Nakagawa versah es mit einem Text im Stil der LOLCats. Dieser eine Post wurde allein im März des Jahres 375 000-mal aufgerufen (damals eine gewaltige Zahl). Nakagawa stellte noch mehr LOLCats ins Netz, und die Leser überfluteten seine Seite ihrerseits mit eigenen Katzen-Kreationen. Die Zahl der Aufrufe für den Blog – der schließlich den Titel *I Can Haz Cheezburger* erhielt – verdoppelte sich im darauffolgenden Monat und anschließend noch einmal. Im Mai kündigte Nakagawa seine reguläre Arbeitsstelle, und noch im selben Jahr verkaufte er die Seite an den Medienunternehmer Ben Huh, der vermutete, dass LOLCats ein noch größeres Publikum finden würde.

„Das ursprüngliche Katzen-Mem stammt von *4chan*", so Huh 2014 gegenüber der *The International Business Times*.[21] „Aber *4chan* richtete sich vor allem an anonyme Freunde, es war keine Seite, die jeder besuchen konnte. Und sie benutzten eine grobe Sprache." *I Can Haz Cheezburger* dagegen war herzlich und kuschelig und auch für Außenstehende zugänglich.

„Erst dort traten die Katzen ins öffentliche Bewusstsein."

Die LOLCats bildeten schnell eine spezielle Nische für Frauen mittleren Alters, die Stammgäste auf Huhs Website wurden und sich bald selbst als „Cheezfrenz" oder „Cheezpeepz" bezeichneten – zum blanken Entsetzen der Mitglieder von *4chan* mit ihrem schwarzen Humor, die ihr Haustiermem schnell fallenließen. Aus Sicht der Internet-Schlauberger hatten die LOLCats, nachdem sie einmal „die Mainstream-Kultur gestört hatten, ihren Biss verloren", so Miltner. „Sie wurden zum Symbol einer ernsthafteren, technisch weniger findigen Nutzergruppe." Schon bald kam die noch lahmere Fraktion derer hinzu, die sich bei der Arbeit langweilten.

Doch diese demografische Verschiebung war genau das, was die Internetkatzen brauchten, um sich wie verrückt zu vermehren. Nachdem sie nicht mehr nur, wie von ihren ursprünglichen Besitzern vorgesehen, ein Insiderwitz waren, drangen sie überallhin vor, sie überrannten Plattformen von Twitter über GIFs bis hin zu YouTube und passten sich jedem neuen Lebensraum an.

Und statt von Mäusen leben sie von Mausklicks.

Die Geschichte der entlaufenen LOLCats erklärt zwar, wie sich die Katzen das Online-Reich zu eigen machten, aber nicht warum. Ein anderes Internetbild, das sich schon früh verbreitete, war das von einem Walross mit Eimer. Der Begriff „LOLrus" aber hielt sich nicht lange. Warum gibt es keine LOLFerrets (Frettchen) oder viralen Füchse?

Die Antwort auf diese Frage hat zunächst einmal etwas mit der realen Fruchtbarkeit und weltweiten Verbreitung der Katzen zu tun. Es gibt heute mehr als eine halbe Milliarde Hauskatzen auf der Erde, somit ist es weder finanziell noch zeitlich aufwändig, neue Katzeninhalte zu generieren. Riesenpandas sind ebenfalls ganz entzückend, doch von ihnen gibt es nur noch rund 2000 Exemplare, die überwiegend in entlegenen chinesischen Bambuswäldern leben, darum sind Pandabilder teurer und seltener, und die Wahrscheinlichkeit, dass sie lustig (und viral) werden, ist deutlich geringer. (Tatsächlich geriet ein Panda-Spinoff von *I Can Has Cheezburger* zum Flop.)[22] Katzen bringen außerdem ihr Publikum gleich mit: Als beliebteste Haustiere haben sie bei vielerlei Arten von Internetnutzern eine Pfote in der Tür und sind damit Tieren wie Walross oder Frettchen automatisch um Längen voraus. Manche Computerwissenschaftler glauben, dass die Qualität eines Mems praktisch keinen Einfluss auf dessen Erfolg hat:[23] Vor allem zählt, in wie vielen sozialen Netzwerken es unterwegs ist. Und Katzen sind überall.

Doch es geht nicht allein um bloße Zahlen. Entscheidend ist auch der relativ neue Trend, die Tiere als reine Wohnungskatzen zu halten. Die Invasion unserer Computer ist die logische Fortführung der Invasion unserer Wohnungen. Als Katzen ihr Leben überwiegend draußen lebten, erschwerte ihre eher verborgene Lebensweise nicht nur Beobachtungen, sondern auch das Fotografieren, Filmen oder das sonstige Dokumentieren ihres Lebens. In ihrem Buch *The Photographed Cat* stellen der Soziologe Arnold Arluke von der Northeastern University und seine Koautorin Lauren Rolfe wackere, aber größtenteils vergebliche Versuche vor, Anfang des 20. Jahrhunderts Katzen zu fotografieren. Die meisten der Tiere durchstreiften normalerweise die Umgebung – offensichtlich gaben damals „zahme Pferde, Hirsche, Ziegen" und sogar „Baby-Kojoten" bessere Fotoobjekte ab.[24] Die wenigen fertiggestellten Katzenporträts waren technisch unterirdisch schlecht, „selbst im Vergleich zu Bildern von Wildtieren". Heute aber steht es uns erstmals ständig frei, unsere eingesperrten Hauskatzen aufzunehmen. Kein Wunder, dass Katzenvideos fast immer in irgendwelchen Wohnzimmern aufgenommen wurden – das Einsperren der Hauptdarsteller ist eine Voraussetzung für ihre digitale Odyssee.

Doch obwohl die heutige Art der Haustierhaltung Internetkatzen logistisch erst ermöglicht, sind es die unbezähmten Instinkte und insbesondere der ausgeprägte Jagdtrieb der Katzen, die ihnen einen Vorsprung vor ihrer niedlichsten Konkurrenz verschaffen – Hunden und Babys.

Denn selbst wenn sie in die Ecke gedrängt und – womöglich noch inmitten von kitschigem Puppenzubehör – gefilmt oder fotografiert werden, bleiben Hauskatzen einzelgängerische, fleischfressende Jäger aus dem Hinterhalt. (Die Phrase „I Can Haz Cheezburger" ist im Grunde nichts anderes als der Schlachtruf eines Fleischfressers.) Und diese einsamen Pirscher gedeihen in der Einöde des Cyberspace eben besser als ein Labrador.

Hunde sind sogar dermaßen im Einklang mit Menschen und ihr Verhalten spiegelt unsere Emotionen so perfekt wider, dass sie ohne Menschen in ihrer Nähe geradezu unvollständige Wesen sind. Die Existenz des Hundes gründet in der Interaktion mit uns: Sie verstehen unsere Hinweise, suchen den Blickkontakt und leben in echter Gemeinschaft mit uns. Ein Hund wird erst durch persönlichen Umgang erlebbar und lässt sich nicht „aus der Ferne genießen". Katzen dagegen sind sich selbst genug. Sie brauchen keine Menschen, um vollständig zu sein. Für sich allein fühlen sie sich wohl, ob in der Natur oder in der virtuellen Welt. Ob man eine Katze nun neben sich auf dem Sofa oder in einem virtuellen Beitrag aus einem anderen Kontinent betrachtet, der Genuss ist fast derselbe.

Interessanterweise hat die Verhaltensbiologie, die Katzen im Internet solche Vorteile verschafft, sie von traditionellen Erzählformaten größtenteils ausgeschlossen. Der Autor Daniel Engber verweist darauf, dass Hunde in allen literarischen Genres vom Roman bis zur Kurzgeschichte weitaus häufiger vertreten sind als Katzen[25] – vielleicht weil sich der Hund in einer Art Dialog mit uns entwickelte und ihre Geschichten somit praktisch selbst erzählen können. Hunde sind geborene literarische Figuren, und wir verstehen einander insoweit, als unsere Geschichten einander ähneln, mit Anfang und Ende, weiten Strecken dazwischen und dem am Ende wartenden Tod.

Literarische Katzen dagegen sterben selten, wenn sie denn überhaupt einmal zum Leben erweckt werden. Katzen sind keine Figuren, sondern kryptische Daseinsformen. Kommunikation ist nicht ihre Stärke, und für sie gibt es weder nennenswerte Komplikationen noch Auflösungen. Sie agieren entweder lautlos oder äußerst gewalttätig.

Engber weist darauf hin, dass Katzen nur in einem traditionellen literarischen Genre zu dominieren scheinen: in der Poesie, die nicht linear, intuitiv und spontan ist, ein literarischer Hinterhalt. Und natürlich tauchen sie hier überall auf, vom Kinderreim bis hin zu Gedichten von T. S. Eliot. Die wenigen herausragenden Katzenfiguren in längeren literarischen Werken wiederum scheinen poetische Irrläufer zu sein – die Grinsekatze etwa ist selbst in Alices Wunderland eine unkalkulierbare Existenz, ihr unvorhersehbares Auftauchen eine Art erzählerischer Überfall.

Das Internet hat mehr von einem Gedicht als von einem Roman. Es ist fragmentarisch, explosiv, es steht außerhalb der Zeit, es wartet lauernd und schlägt dann plötzlich zu, statt geordnete Geschichten von Anfang bis Ende zu erzählen. Das plötzlich zuschlagende Naturell der Katze passt ideal zu einem kurzen Videoclip oder überraschenden Tweet.

„Ein typisches Katzenvideo zeigt eine anfängliche Ruhe, die dann plötzlich unterbrochen wird", so Medienwissenschaftlerin O'Meara in ihrer Analyse. „Die beliebtesten Katzenvideos sind offenbar diejenigen mit der überraschendsten Unterbrechung und dem abruptesten Ende." Eine Katze schlägt einem Baby ohne Vorwarnung gegen den Kopf oder schießt plötzlich unter dem Bett hervor.

Was sie da beschreibt, ist nichts anderes als ein Angriff aus dem Hinterhalt.

Das Internet ist überdies eine einzigartig visuelle Plattform, was natürlich bedeutet, dass Katzen durch ihr zufällig kleinkindhaftes Äußeres, an dem wir uns gar nicht sattsehen können, wiederum einen Vorteil genießen.

Aber wenn wir Babys so lieben, warum schauen wir uns online nicht einfach Babys an? Warum haben wir vielmehr ein Tool namens Unbaby.me für soziale Medien entwickelt, das die Kinderfotos von Freunden automatisch durch Katzenbilder ersetzt?[26] Warum dominiert LOLspeak über das Dududu und Dadada der Babysprache?

Huh, der LOLCat-Magnat, behauptet, Katzen würden das Internet beherrschen, weil es „anders als bei Hunden, die nur eine Handvoll Gesichtsausdrücke haben, im Gesicht einer Katze und ihrer Körpersprache feine Nuancen gibt. Sie haben mehr Ausdruck."[27]

Tatsächlich aber ist das Gegenteil der Fall. (An dieser Stelle sei erwähnt, dass Huh keine Katze hat, da er gegen Katzen allergisch ist.) Katzen sind gar nicht expressiv, sondern eher teilnahmslos. Als einzelgängerische Jäger brauchten sie nie besondere kommunikative Fähigkeiten. Sie haben zwar kleinkindhaft wirkende Gesichter, aber keinerlei kleinkindhaften Ausdruck. Sie halten sich überwiegend bedeckt, ein Verhalten, das man wohl keinem Baby nachsagen kann.

Diese Ausdruckslosigkeit stellt, wie wir bereits wissen, im beengten häuslichen Umfeld ein Problem dar; das geht so weit, dass Katzenbesitzer ihre eigenen Tiere nicht einschätzen können und womöglich nicht einmal erkennen, ob ihr Liebling krank ist.

Online aber ist die Unergründlichkeit der Katzen ein Riesenvorteil. Katzengesichter sind leere Leinwände, die Menschen als hypersoziale Wesen geradezu zwanghaft mit Inhalt füllen wollen. Sie schreien geradezu nach Beschriftungen.

Internetnutzer vermenschlichen alle Arten von Lebewesen: Der einsame Akt des Surfens im Internet verstärkt noch unseren ohnehin allgegenwärtigen Hang zum Anthropomorphismus. Doch angesichts ihrer ungewöhnlichen Mixtur aus menschenähnlichen Gesichtszügen und Ausdruckslosigkeit ist es für uns besonders verlockend, Katzen zu „lesen". Selbst die Pioniere der Fotografie erkannten dies, was vielleicht erklärt, warum sie so viel Aufwand betrieben, um störrische Katzen abzulichten. „Kaninchen lassen sich am leichtesten in Kostümen fotografieren, aber sie können einfach keine ‚menschlichen' Rollen übernehmen", beklagte ein Tierfotograf Anfang des 20. Jahrhunderts.[28] „Das Kätzchen ist der vielseitigste Schauspieler unter den Tieren und übt auf vielfältigste Weise eine Anziehung aus."

Das Beschriften von Katzenfotos ist ein derartig verbreiteter Online-Zeitvertreib, dass Wissenschaftler der University of Lincoln zu Forschungszwecken ein Tool namens Tagpuss entwickelten, um es zu untersuchen. Die Teilnehmer konnten aus einer Liste von 40 Emotionen auswählen, um verschiedene Katzenbilder zu beschreiben, und sie „fanden heraus, dass die Nutzer den Katzen durchweg übertrieben komplexe menschliche Emotionen und Motive zuschrieben", so die Autoren.[29] Die schon recht lange Liste vorgeschlagener Begriffe zur Beschreibung (darunter spezifisch menschliche Gefühle wie „Mut", „Ängstlichkeit" und „Zorn") reichte bei Weitem nicht aus, um die Bandbreite an Emotionen einzufangen, die die Tagpuss-Nutzer in den Katzen (die nichts dergleichen empfanden) zu erkennen glaubten. Unzufriedene Teilnehmer setzten sogar dutzendweise eigene Bezeichnungen ein, darunter „albern", „neugierig", „missmutig", „frech" und „agoraphobisch".[30]

Nach Auffassung mancher Experten sind einfache „Emoticons" (wie Smileys :) die ursprünglichen Meme. In diesem Fall sind Katzen eine natürliche Weiterführung: Die scheinbar menschenähnlichen und dabei vollkommen leeren Katzengesichter sind sehr wandelbar und emoticonähnlich, ideal, um menschliche Gefühle in sie hineinzuprojizieren und durch sie auszudrücken.

Die realen Katzenberühmtheiten wie Lil Bub verstärken das Phänomen sogar noch. Sie faszinieren uns, weil sie unser Bedürfnis, Gesichter zu interpretieren, stimulieren und es auch noch befriedigen. Viele dieser seltenen Geschöpfe sind genau deshalb berühmt, weil ihr „Ausdruck" *nicht* leer erscheint. Anders als normale Katzen wurden sie mit eingebautem Ausdruck geboren.

Die größten Internet-Katzenstars sind, das sei hier erwähnt, nicht unbedingt die schönsten Tiere. Tatsächlich haben viele der berühmten Katzen ernste gesundheitliche Probleme und werden als besonders „bedürftig" beschrieben. Oft stimmt etwas mit ihrem Gesicht, insbesondere dem Maul, nicht, sodass auf wunderbare Weise ein Ausdruck vorhanden zu sein scheint. Lil Bubs unterentwickelter Unterkiefer lässt sie ständig fragend „lächeln"; ihre Konkurrentin, die ebenfalls zwergwüchsige Grumpy Cat, blickt dagegen derart missmutig drein, dass anfangs sogar vermutet wurde, ihr Foto sei bearbeitet worden.

Colonel Meow, ein finster wirkender Himalayan-Mischling, war die „wütende" Katze. Princess Monster Trucks grässlicher Unterkiefer-Überbiss (bei Persern nicht selten anzutreffen) sieht wie ein schiefes Lächeln aus; Sir Stuffington scheint piratenhaft höhnisch zu grinsen und die ungewöhnliche weiße Fellzeichnung um Hamilton the Hipsters Maul erinnert an einen gezwirbelten Schnurrbart.

Grimassierende Katzen mit Gaumenspalten hatten eine große Zeit, doch die sogenannte „OMG Cat" („Oh-mein-Gott-Katze") scheint ihre Popularität eingebüßt zu haben, seit ihr ausgerenkter Kiefer, Ursache ihres zuvor scheinbar entsetzten Gesichtsausdrucks, wieder verheilt ist. Damit war sie keine Emoticat mehr.

All diese „Gesichtsausdrücke" haben natürlich nichts mit dem tatsächlichen Innenleben der Tiere zu tun – Grumpy Cat ist offenbar ein freundliches Tier, und die lächelnde Lil Bub hat aufgrund ihrer gesundheitlichen Probleme oft Schmerzen.

Online aber zählt nur, was wir sehen wollen.

Memforscher sind, wie ich überrascht erfuhr, letztlich gar nicht so sehr am Internet interessiert. Meme sind für sie eigentlich ein Konzept, um nachzuverfolgen, wie sich alle möglichen guten Ideen in menschlichen Kulturen ausbreiten, und um zu bemessen, wie diese Inhalte (auch offline) von einem Geist zum nächsten gelangen.

Vielleicht sollten sich die Forscher dazu von den Computern ab- und den Katzen zuwenden. Katzen waren schon lange vor „I Can Has Cheezburger" intellektuell ansteckend. Sie haben nicht nur Ökosysteme, Schlafzimmer und Hirngewebe vereinnahmt, sondern ganze Kulturen.

Nehmen wir das Beispiel Japan, Heimat von Hello-Kitty-Entbindungskliniken und Hello-Kitty-Grabsteinen und allem, was dazwischenliegt. Die Katzenfigur ist von so großer nationaler Bedeutung, dass die japanische Regierung sogar eine Hello-Kitty-Puppe ins All geschossen hat.

Dieser bizarre moderne Katzenkult nahm seinen Anfang vor 40 Jahren, als eine ursprünglich als Seidenunternehmen gegründete Firma das Katzengesicht entwerfen ließ, das tausendfach Brotdosen zierte und zu einem nationenübergreifenden Symbol für eine Markendominanz wurde, der Marketingleiter in aller Welt huldigen. Es gibt von der Marke Hello Kitty geschätzte 50 000 Lizenzprodukte;[31] annähernd 500 weitere kommen *jeden Monat* hinzu, von Nachahmerprodukten ganz zu schweigen: Hello Kitty ist eine der am häufigsten abgebildeten Marken unseres Planeten, was belegt, welch ein machtvolles Mem sie darstellt. Die Produkte reichen vom Toaster bis zum Düsenjet. Rund 90 Prozent der Einkünfte aus der Marke kommen heute aus anderen Ländern als Japan,[32] und die erste Hello-Kitty-Convention (komplett mit Tattoostudio) fand vor nicht allzu langer Zeit in Los Angeles unweit der La Brea Tar Pits statt. Selbst der Slogan zur Katze ist bewusst viral: „Man kann nie zu viele Freunde haben."

Wie die Hauskatze selbst ist auch Hello Kitty ein anpassungsfähiges Raubtier.[33] Sie ist ein Beispiel für reines Design, ein Maskottchen ohne Produkt, für das es wirbt, ein Bild, das für sich steht und somit fast jedes Objekt zieren kann, eine sehr katzentypische Vielseitigkeit, die ihr das Vordringen in immer neue Märkte erlaubt. Auch ihre Kleinheit spielt eine entscheidende Rolle: Sie erscheint zumeist auf kleinen Produkten, etwa Federmappen; wird sie entsprechend vergrößert (etwa für die Thanksgiving-Parade von Macy's auf der 42. Straße in New York), wirkt sie fast löwenhaft.

Ihr herausragendstes Kennzeichen aber ist etwas, das ihr fehlt. So gefräßig sie auch sein mag, Hello Kitty hat keinen Mund. Dieses Handicap erklärt, warum sie – trotz winkender hoher Gagen und ihrer bemerkenswerten Anpassungsfähigkeit – nur selten in Film oder Fernsehen zu sehen ist. Doch es ist die Sache wert, denn ihre Designer glauben, dass der fehlende Mund gerade der Grund für ihr bezauberndes und universelles Wesen ist.

„Kitty hat keinen Mund, sodass sie die Gefühle all jener, die sie betrachten, besser widerspiegeln kann", so die Erklärung auf der offiziellen Website.[34]

Der Comicautor Scott McCloud bezeichnete Hello Kitty als „schwer zu deuten" und „angenehm unerklärbar".[35] Die Anthropologin Christine Yano von der University of Hawaii beschäftig sich mit Hello-Kitty-Fans und erklärt die Figur zur modernen „Sphinx".[36]

In Wirklichkeit aber ist sie eine primitive LOLCat: Wie derjenige so vieler viraler Hauskatzen verlangt ihr leerer Gesichtsausdruck nach einer Beschriftung.

Diese Katze hat andere Geheimnisse. Als Leitfigur der japanischen Kawaii-Kultur (japanisch *kawaii*, „niedlich") hat sie doch im Grunde britische Wurzeln. Nach Aussage von Yuko Shimizu, die die Originalfigur schuf, leitet sich der Name ihrer Schöpfung von dem Klassiker *Alice hinter den Spiegeln* von Lewis Carroll her.[37] Bevor sie durch den Zauberspiegel geht, spielt Alice mit einem Kätzchen namens Kitty.

In den harten Nachkriegsjahren flüchteten sich japanische Schülerinnen offenbar in die Kinderliteratur der siegreichen Briten, und besonders Carrolls Bücher „wurden Teil der Fantasiewelt japanischer Frauen", so Yano.

In seinem Buch *Alice im Wunderland* hatte Carroll natürlich noch eine weitere archetypische Katzenfigur geschaffen: die Grinsekatze (englisch Cheshire Cat), auf ihre Art ein wunderbar doppelbödiges Geschöpf. Wenn man beide als Meme betrachtet, ist es durchaus spannend, dass die Kultkatze ohne Mund und die Kultkatze, die oft nur als Grinsen erscheint, dieselbe Abstammung haben.

Doch vielleicht sollten wir noch weiter zurückblicken als ins Nachkriegsjapan oder ins viktorianische England und zum Schluss dorthin gehen, wo der ganze Wahnsinn seinen Anfang nahm.

„Die Katze ist eine Zeitreisende aus dem alten Ägypten", schreibt die Kulturhistorikerin Camille Paglia.[38] „Sie kehrt wieder, wann immer Zauberei oder Eleganz in Mode sind."

Felis silvestris libyca trat erstmals in neolithischer Zeit im Nahen Osten in unser Leben, doch die kulturelle Begeisterung für die Hauskatze setzte erst Tausende Jahre später im Niltal ein. Es ist keineswegs übertrieben, die Vorgänge in Ägypten als den ersten „Katzenhype" der Geschichte zu bezeichnen.

Zufälligerweise wird zu der Zeit, da Lil Bub Brooklyn erobert, im Brooklyn Museum eine Ausstellung mit dem Titel *Divine Fe-*

lines: Cats of Ancient Egypt gezeigt, und ich beschließe, sie mir anzuschauen.

Auf die Reihen ausgestellter Hauskatzen, die aus Bronze gegossen oder aus Stein gehauen, vergoldet und sogar mit goldenen Ohrringen verziert wurden, war ich durchaus vorbereitet.

Die Löwen aber waren eine Überraschung. Diese aus Kalkstein und Syenit gehauenen Statuen wirken lebensgroß; bei einer sind die Edelsteineinlagen der Augen herausgefallen, und der Blick des Löwen aus den verbliebenen Löchern ist so leer und weit wie die Wüste.

In Ägypten waren, wie fast überall auf der Welt, einst Großkatzen zu Hause, und die wichtigste von den Ägyptern künstlerisch dargestellte Katze war – jedenfalls für die meiste Zeit der fast drei Jahrtausende des Bestehens des ägyptischen Reichs – nicht die Hauskatze, sondern der Löwe. Löwen lebten am Rande der Wüste, dort, wo die frühen Könige ihre Grabstätten errichteten.[39] Es waren Löwen, die die Pharaonen in die Form der Sphinx einfließen ließen, und es gab mehrere löwenköpfige Gottheiten.[40] In älteren Grabmalereien finden sich viele Löwendarstellungen – als königliche Haustiere, angebliche Jagdgenossen und (vielleicht am häufigsten) als ruhmreiche Jagdbeute.

Auch die wichtigste ägyptische Göttin in (Haus-)Katzengestalt, Bastet, wurde anfangs als Löwin dargestellt. Die große Vorliebe der Ägypter für Hauskatzen erwachte erst kurz vor Ende des Reichs.

Die ersten Darstellungen von Hauskatzen datieren aus dem Mittleren Reich, um 1950 vor Christus.[41] Wie bei einer großen Agrargesellschaft zu erwarten, zeigen viele Grabmalereien Katzen, die Ratten gegenüberstehen. Andere stellen Katzen dar, die Wildvögel erbeuten oder große, vom Menschen bereitgestellte Fleischmengen vertilgen. Tatsächlich sind einige dieser Katzen regelrecht fett. Der Ägyptologe Jaromir Malek beschreibt eine als „unansehnliches Geschöpf"[42] und eine andere, die mit Ohrringen und Halskette dargestellt ist, als „plump und von eher säuerlichem Aussehen ... man vermutet, dass sie ihre Ernährung eher der Freundlichkeit ihres Besitzers verdankt als der eigenen Betätigung als Jägerin."[43]

Auch wenn sie eindeutig bereits in den ägyptischen Haushalten lebten, waren diese Katzen doch nur verwöhnte Haustiere, keine heiligen Wesen. Hauskatzen wurden erst Jahrhunderte später zu heiligen Tieren, als die ägyptische Zivilisation bereits im Niedergang begriffen war, innerlich gespalten und von außen bedrängt. Als Herodot im 5. Jahrhundert vor Christus Ägypten besuchte, beschrieb er es als „eben nicht tierreich".[44] Nach so vielen Jahrhunderten der Landwirtschaft und Jagd waren die meisten Großtiere verschwunden oder in königlichen Jagdgattern eingesperrt. Vielleicht erklärt der Mangel an charismatischen Wildtieren, warum etwa zu dieser Zeit die Göttin Bastet recht abrupt von einer Löwin zur Hauskatze wurde.[45] Dieser Wandel zeugt von der Zähmung eines ganzen Landstrichs.

Seit etwa 332 vor Christus regierte der Makedonier Alexander der Große Ägypten. Sein Tod im Jahre 323 vor Christus markiert den Beginn der Herrschaft der makedonisch-griechischen Ptolemäer über das Land, die einige Jahrhunderte währen sollte. Ihre recht kurze, bewegte Regierungszeit war von religiösen Unruhen und Hysterie geprägt; damals erlangten die ägyptischen Tierkulte plötzlich große Bedeutung. Bastet und ihre Hauskatzen – ihre Verwandten aus Fleisch und Blut – ließen die Krokodile und Ibisse und übrigen heiligen Tiere schnell hinter sich und wurden zum wohl beliebtesten Kultobjekt.[46] Interessanterweise hatten die griechischen Herrscher keine besondere Vorliebe für Katzen, doch sie unterstützten – oder, wie Malek vermutet, manipulierten geschickt – diese Entwicklung in der ohnehin von Tierkulten geprägten ägyptischen Religion. Der Handel mit Priesterämtern war für die Regierung eine praktische Geldquelle[47], und der Bastetkult ließ eine ganze Pilgerindustrie mit Herbergsbetreibern, Wahrsagern und Kunsthandwerkern entstehen, die Katzenstatuen schufen, welche selbst Grumpy Cat vor Neid erblassen ließen.

Zentrum des Bastetkults war die Stadt Bubastis im Nildelta. Dort fanden besonders rauschende Feierlichkeiten statt, zu denen Besucher aus dem ganzen Land per Schiff in die Stadt kamen. Auf ihrem Höhepunkt wurden diese Feste – sozusagen Katzen-Raves, bei denen die Anhänger des Kults tanzten und sich die Kleider vom Leib rissen – von schätzungsweise 700 000 Menschen besucht, einem großen Teil der ägyptischen Bevölkerung.[48] Bastet waren auch extravagante Tempel geweiht, darunter einer genau im Mittelpunkt von Bubastis, umgeben von 30 Meter breiten Kanälen mit Nilwasser. Einigen ihrer Tempel waren regelrechte Katzenheime angeschlossen, wo die Priester unzählige Hauskatzen aufzogen. Die normalen Hauskatzen des Reiches sonnten sich in Bastets Ruhm, und angeblich bemühte sich Ägypten sogar, Katzen aus anderen Ländern freizukaufen und wieder ins Land zu holen.

Neben den wirtschaftlichen Vorteilen gefiel es der ägyptischen Regierung vermutlich auch, dass der Katzenkult und ähnliche Erscheinungen die zunehmende Zerrissenheit der Gesellschaft verschleierten. Die gemeinsame Verehrung dieser vertrauten Wesen und der ihnen verwandten Götter bewirkte, so Malek, eine Art nationale Verwurzelung und gab den Ägyptern unter der Fremdherrschaft eine eigene Identität.

Möglicherweise waren Katzen damals wie heute für jedermann zu haben, eine unbeschwerte Ablenkung, angenehm für jedermann und auch besänftigend. Die chaotische, feindselige und in verschiedene Lager zersplitterte Gesellschaft Ägyptens in der Spätantike erinnert mich sogar ein wenig an das Internet von heute.

So wie die Internetkatzen heute für einen Zerfall der Kultur stehen, wurde auch die Bewunderung der Ägypter für Katzen als intellektuelle und spirituelle Schwäche angegriffen: Antike Autoren äußerten sich oft „abschätzig über die ungewöhnliche Tierbesessenheit der Ägypter", so die Ägyptologin und Archäologin Salima Ikram.[49] Diese Kritik war nicht ganz unbegründet, denn gelegentlich schienen sich manche Ägypter mehr um Katzen zu kümmern als um ihre Mitmenschen. Wenn eine Katze eines natürlichen Todes starb, rasierten sich die Menschen aus Trauer die Augenbrauen ab, und die Tötung einer Katze wurde zu einem Kapitalverbrechen. Einem Bericht des Geschichtsschreibers Diodor zufolge wurde ein Römer, der Ägypten besuchte und versehentlich eine Katze getötet hatte, von einer Horde Katzenliebhaber umgebracht. Zudem mumifizierten die Ägypter ihre Katzen auch kunstvoll. Ein sehr früher Katzenbalsamierer äußerte die Hoffnung, sein Tier werde „ein unvergänglicher Stern am Himmel".[50]

In unserer Zeit ist dieser Wunsch nicht ungewöhnlich – allerdings verewigen wir unsere Tiere heute eher durch digitales Hochladen denn durch Einbalsamieren. Insbesondere Facebook ist heute das, was früher die Grabmalereien waren, eine idealisierte, zweidimensionale Darstellung unseres Wandelns auf Erden. Online, so denken wir gern, muss niemand sterben, und das sollen uns die Tiere womöglich beweisen. Mit leichtem Schaudern erfuhr ich, dass mehrere prominente Internetkatzen – von denen ich naiverweise vermutet hatte, sie würden in irgendeinem entfernten Wohnzimmer vor sich hin schnurren – wahrhaftig „unvergängliche Sterne" waren. Keyboard Cat, deren Videos sich vor allem in den 2000er-Jahren großer Beliebtheit erfreuten, weilt bereits seit 1987 nicht mehr unter den Lebenden. Happy Cat starb vor etwa zehn Jahren, kurz nachdem „I Can Haz Cheezburger" ihn unsterblich gemacht hatte. Colonel Meow erlag Anfang 2014 einem Herzleiden und hat seitdem seine Fangemeinde fast verdoppelt; jeden Tag kommen neue „Freunde" und „Likes" hinzu.

„Er ist sozusagen der Tupac Shakur der Katzen", sagte mir Anne Marie Avey, seine Besitzerin. „Vielen seiner Fans ist gar nicht bewusst, dass er nicht mehr lebt." Sie stoßen bis heute an seinem Geburtstag mit Scotch an und amüsieren sich über alte Fotos mit neuen Bildunterschriften.

Doch es gibt eine weitere, sogar noch augenfälligere Ähnlichkeit zwischen den ersten Katzenliebhabern und uns. Sie hat weniger mit der privilegierten Behandlung nach dem Tod zu tun als vielmehr damit, wie viele der ägyptischen Hauskatzen starben.

Als Archäologen die antiken Katzenmumien mit Röntgenstrahlen durchleuchteten, entdeckten sie, dass viele keine ausgewachsenen Katzen, sondern junge Kätzchen enthielten und dass diese gewaltsam getötet worden waren.[51] Sie hatten gebro-

chene Genicke und eingeschlagene Schädel. Vielleicht waren sie nur gezüchtet worden, um getötet zu werden und in Massen als mumifizierte Leichname bei den Bastet-Feierlichkeiten im Frühling als Votivgaben zu dienen. Diese groß angelegten Tötungen waren möglicherweise auch ein primitiver (und natürlich zum Scheitern verurteilter) Versuch, die Katzenpopulation zu verringern.[52]

Inwieweit die Bastet-Pilger über diese geschäftsmäßigen Tötungen Bescheid wussten oder diese billigten, ist nicht bekannt. Doch mich als Gelegenheits-Katzenanbeterin erinnern die Bilder von vor Jahrtausenden erdrosselten ägyptischen Kätzchen an ein Foto, von dem ich erst vor Kurzem meinen Blick abwenden musste. Es zeigte jenen flauschigen Haufen toter Katzen und Kätzchen, die das morgendliche Euthanasie-Tagewerk eines einzigen Tierheims in Kalifornien darstellten.

Wir töten in viel größeren Massen als die alten Ägypter; allein in den USA entledigen wir uns alljährlich Millionen von Katzen und verbrennen ihre Kadaver. Ich habe sie nie als Opfertiere betrachtet, aber in gewisser Weise sind sie vielleicht genau das – der verborgene Preis für unser fast spirituelles Vergnügen an unseren samtpfotigen Gefährten.

Die Vergötterung und die Ablehnung durch Menschen existieren auf gefährliche Weise nebeneinander, besonders wenn es um Tiere geht. Ganz gleich, wie sehr wir etwas „lieben", es kann immer sein, dass wir es trotzdem zerstören. Und das hat schwerwiegende Auswirkungen auf unseren Umgang mit Tieren, die nicht so knuddelig oder so angenehme Gesellschaft oder solche Überlebenskünstler sind wie Hauskatzen. Letztlich stehen unsere Haustiere zunehmend für die Haltung, die wir gegenüber der immer weiter verdrängten Natur einnehmen.

In diesem Buch habe ich immer wieder betont, wie wichtig es ist, ein Tier wie die Katze als das zu betrachten, was es wirklich ist – kein Spielzeug, sondern ein kraftvoller Organismus mit einer Strategie und einer Geschichte. Tun wir dies, erkennen wir auch uns selbst und all das, wozu wir imstande sind – unsere typische Mischung aus Sanftmut und Grausamkeit sowie unseren grenzenlosen, oft unbedachten Einfluss auf unsere Umwelt. Erkennen wir dies nicht, werden zahllose Lebensformen auf diesem Planeten untergehen.

Die Hauskatzen jedoch wird das nicht anfechten, so wie ihnen auch die Verdrängung ihres Kults durch das Christentum im 4. Jahrhundert nach Christus nichts anhaben konnte, als die Bastet-Tempel zerstört und ihre Priester umgebracht wurden. Immerhin stammt die Vorstellung von den sieben Leben einer Hauskatze aus dem alten Ägypten.

Selbst die mumifizierten Katzen überdauerten ihre Opferung: Britische Archäologen des 19. Jahrhunderts gruben sie 1000 Jahre später aus Massengräbern aus und verschickten sie tonnenweise heim nach England, wo sie als Dünger für die Landwirtschaft verwendet werden sollten – und dies just zu dem Zeitpunkt, als der Kult um Rassekatzen begann und die großen Löwenjäger nach der Safari heimkamen, um Tee zu trinken.

Hauskatzen werden also so lange erfolgreich sein, wie wir erfolgreich sind, vielleicht auch länger. Zugleich würde es sie ohne uns nicht geben, und wenn sie auch nicht unsere Kreationen sind, so sind sie doch unsere Kreaturen. Vielleicht trifft es der Begriff „Vertraute" ganz gut.

Und im Gegensatz zu uns sind sie immer unschuldig.

Da haben die einen Weiber Klappern in den Händen und klappern, andere flöten die ganze Fahrt hindurch; die übrigen Weiber und Männer singen und klatschen in die Hände. […] Und wenn sie in Bubastis anlangen, feiern sie das Fest mit großen Opferungen; und es geht mehr Rebenwein bei diesem Fest auf, als im ganzen übrigen Jahre zusammen.

(Herodot, ca. 450 v. Chr.)[53]

Ist dies Brooklyn oder Bubastis? Im Club herrscht verwirrende Dunkelheit. Menschliche Silhouetten mit Katzenohren und langen Schwänzen huschen vorüber. Manche Leute tragen die Halsbänder ihrer verstorbenen Katzen um das Fußgelenk und mit Katzenasche gefüllte Anhänger um den Hals. Jeder scheint Alkoholhaltiges zu trinken, vielleicht Rebenwein, und futtert kunstvolle Pirogen oder hereingeschmuggelte vegane Kekse, während alle darauf warten, dass das Festival beginnt. Eine Girlband namens *Supercute!* kreischt sich durch ein Set, mit Klappern in den Händen. Die Fans recken sich auf Zehenspitzen und suchen nach Lil Bub, jener modernen Grinsekatze, die hier irgendwo sein muss. Mal sieht man ihr Grinsen, mal nicht.

Das Internet Cat Video Festival ist nichts anderes als eine Montage von Online-Katzenvideos. Sein Logo ist eine brüllende Katze, der MGM-Löwe im Miniformat. Wie die Bastet-Feierlichkeiten am Nil ist es ständig im Fluss – Stationen seiner Tournee waren schon London, Sydney und Memphis (in Tennessee, nicht Ägypten).

Ich sehe bei dem Festival nur eine einzige echte Katze, ein blasses, elegantes Geschöpf namens Parsnip, das wie ein Geist auf jemandes Schulter sitzt. Parsnip betrachtet das Treiben teilnahmslos, und niemand scheint sie zu beachten.

„Anders als der Mensch, der seine früheren Daseinsformen vergisst“, schreibt Carl Van Vechten, erinnert sich allein die Katze „wahrhaftig und über viele Generationen hinweg“.[54]

„Wo-sind-die-Katzen! Wo-sind-die-Katzen!“, skandiert die angetrunkene Menge.

Die jungen Frauen beenden ihren Gesang und keiner verlangt eine Zugabe. Die eigentliche Show beginnt.

Danksagung

Die Geschichte der kleinen Hauskatze hat einige überraschend große Fragen aufgeworfen, und ich bin den Dutzenden Wissenschaftlern, Aktivisten und Enthusiasten – jenen, die in diesem Buch mit Namen genannt werden, und vielen anderen mehr –, die geduldig ihre Ergebnisse und ihre Ansichten mit mir geteilt haben, zu außerordentlichem Dank verpflichtet.

Mein Dank geht an Karyn Marcus, meine Lektorin, die das Manuskript gezähmt hat, und an Megan Hogan für die folgende Pflege. Dank auch an Scott Waxman, meinem Agenten, für sein Vertrauen und seine Unterstützung.

Elisabeth Quill, E. A. Brunner, Stephen Kiehl, Michael Ollove, Patricia Snow, Maureen Tucker, Steven Dong, Judith Tucker und Charles Douthat haben alle wichtige Hinweise gegeben und Lynn Garrity steuerte ihre großartigen Recherchefähigkeiten bei.

Mark Strauss, deine weisen Worte und schlauen Katzenzitate kamen genau zur rechten Zeit. Terence Monmaney, danke für deine Kommentare und die Ermutigungen zu diesem Buch, und für deine Unterweisungen und vielen redaktionellen Tipps, die du mir über die Jahre gegeben hast.

Ich danke Michael Caruso und den anderen Redakteuren am *Smithsonian*, die mir so viele Möglichkeiten geboten haben, und all die weiteren großartigen Redakteure und Lehrer, darunter Carey Winfrey, Laura Helmuth, Jean Marbella, der verstorbenen Mary Corey, Will Doolittle, Andrew Botsford, Marjorie Guerin, Robert Cox und Kathleen Wassall.

Mein größter Dank aber gilt meiner Familie, insbesondere meinem süßen und außergewöhnlichen Ehemann Ross, und unseren drei Kindern Gwendolyn, Eleanor und – jetzt ganz frisch – Nicholas. Wer weiß, was sein erstes Wort sein wird?

Anmerkungen

Einleitung

1 David Wilkes, Inderdeep Bains, Tom Kelly und Abul Taher, „On the prowl again! Teddy the ‚mystery lion of Essex' is out and about, but this time the ginger tom cat doesn't need a police escort", *Daily Mail*, 27. August 2012; John Stevens, Hannah Roberts und Larisa Brown, „Here kitty, kitty: Image of ‚Essex Lion' that sparked massive police hunt is finally revealed as officers call off the search and admit sightings were probably of a ‚large domestic cat'", *Daily Mail*, 26. August 2012.

2 Mehr zu diesem Phänomen finden Sie auf *britishbigcats.org* oder in Michael Williams und Rebecca Lang, *Australian Big Cats: An Unnatural History of Panthers* (Hazelbrook, NSW, Australia: Strange Nation Publishing, 2010).

3 Max Blake, Darren Naish, Greger Larson et al., „Multidisciplinary investigation of a ‚British big cat': a lynx killed in southern England c. 1903", *Historical Biology: An International Journal of Paleobiology* 26, Nr. 4 (2014): 442–448.

4 Erica Goode, „Lion Population in Africa Likely to Fall by Half, Study Finds", *New York Times*, 26. Oktober 2015.

5 Philip J. Baker, Carl D. Soulsbury, Graziella Iossa und Stephen Harris, „Domestic Cat (Felis catus) and Domestic Dog (*Canis familiaris*)", in *Urban Carnivores: Ecology, Conflict, and Conservation*, ed. Stanley D. Gehrt, Seth P. D. Riley und Brian L. Cypher (Baltimore: Johns Hopkins University Press, 2010), 157.

6 Einschließlich Streunern und Heimtieren umfasst die gesamte US-amerikanische Hauskatzenpopulation etwa zwischen 100 und 200 Millionen Exemplare. Um diese Zahl zu halten, müssten bei einer durchschnittlichen Lebenserwartung von 12 Jahren jeden Tag 22.000 bis 44.000 Junge geboren werden.

7 Corrine Ramey, „'Tis the Season for ASPCA's Kitten Nursery", *Wall Street Journal*, 24. Juli 2015. Über 2000 Kätzchen werden pro Jahr in einem einzigen Katzenasyl in New York City aufgenommen. Dagegen berichtet der World Wildlife Fund, dass es in freier Wildbahn nur noch 3200 Tiger gibt, www.worldwildlife.org/species/tiger.

8 John Bradshaw, *Die Welt aus Katzensicht. Wege zu einem besseren Miteinander – Erkenntnisse eines Verhaltensforschers*. Übers.: Bettina von Stockfleth (Stuttgart: Franckh-Kosmos, 2015). Baker et al. gehen von einem bescheideneren Verhältnis von drei Katzen zu zwei Hunden aus; andere Quellen nennen noch immensere Katzenzahlen.

9 E. Fuller Torrey und Robert H. Yolken, „*Toxoplasma* oocysts as a public health problem", *Trends in Parasitology* 29, Nr. 8 (2013): 380–384.

10 Die APPA geht von 95,6 Millionen Heimkatzen aus. *American Pet Products Association 2013–2014 Survey*: 169.

11 Aus Interviews with Paula Flores, Global Head of Pet Care Research bei Euromonitor International.

12 Baker et al., „Domestic Cat", 160.

13 International Union for the Conservation of Nature's 100 Worst Invasive Species list, www.issg.org/database/species/search.asp?st=100ss.

14 „Historic Analysis Confirms Ongoing Mammal Extinction Crisis", Wildlife Matters (Winter 2014): 4–9.

15 Jared Owens, „Greg Hunt calls for eradication of feral cats that kill 75m animals a night", *Australian*, 2. Juni 2014.

16 David Grimm, *Citizen Canine: Our Evolving Relationship with Cats and Dogs* (New York: Public Affairs, 2014), 153, 266–267.

17 Matt Flegenheimer, „9 Lives? M.T.A. Takes No Chances with Cats on Tracks", *New York Times*, 29. August 2013.

[18] Hal Herzog, *Some We Love, Some We Hate, Some We Eat: Why It's So Hard to Think Straight About Animals* (New York: Harper Perennial, 2010), 6.
[19] Carl Zimmer, „Parasites Practicing Mind Control", New York Times, 28. August 2014.
[20] Henry S. F. Cooper, „The Cattery", in *The Big New Yorker Book of Cats* (New York: Random House, 2013), 187.
[21] Christopher A. Lepczyk, Cheryl A. Lohr und David C. Duffy, „A review of cat behavior in relation to disease risk and management options", *Applied Animal Behaviour Science* 173 (Dezember 2015): 29–39. Diese Studie verweist darauf, dass Katzen über 1000 verschiedene Arten fressen.
[22] „Andean Cat", International Society for Endangered Cats Canada, www. wildcat-conservation.org/wild-cats/south-america/andean-cat/.
[23] Michael J. Montague, Gang Li, Barbara Gandolfi et al., „Comparative analysis of the domestic cat genome reveals genetic signatures underlying feline biology and domestication", *Proceedings of the National Academy of Sciences* 111 (Dezember 2014): 17230–17235.
[24] Diane K. Brockman, Laurie R. Godfrey, Luke J. Dollar und Joelisoa Ratsirarson, „Evidence of Invasive *Felis silvestris* Predation on *Propithecus verreauxi* at Beza Mahafaly Special Reserve, Madagascar", *International Journal of Primatology* 29 (Februar 2008): 135–152.
[25] Christopher A. Lepczyk, Angela G. Mertig und Jianguo Liu, „Landowners and cat predation across rural-to-urban landscapes", *Biological Conservation* 115 (Februar 2004): 191–201.
[26] Carlos A. Driscoll, David W. Macdonald und Stephen J. O'Brien, „From wild animals to domestic pets, an evolutionary view of domestication", *Proceedings of the National Academy of Sciences* 106, suppl. 1 (Juni 2009): 9971–9978.
[27] Stanley D. Gehrt, „The Urban Ecosystem", in Gehrt et al., *Urban Carnivores*, 3.
[28] Rund 35 Prozent der Heimkatzen kommen als Streuner in einen Haushalt – dies ist die häufigste Art, Katzenhalter zu werden. Dagegen werden nur 6 Prozent der Hunde als Streuner aufgelesen. *APPA Survey*: 64, 171.

Katakomben

[1] Viele der in diesem Kapitel verwendeten Informationen stammen aus Interviews mit dem Löwenbiologen Craig Packer von der University of Minnesota und mit Kris Helgen vom National Museum of Natural History.
[2] Rund zwei Drittel aller Katzenarten sind in den vier obersten Gefährdungskategorien der Roten Liste aufgeführt. Die anderen leben heute in der Regel in Gebieten, die viel kleiner sind als ihre frühere natürliche Verbreitung; David W. Macdonald, Andrew J. Loveridge und Kristin Nowell, "*Dramatis personae*: an introduction to the wild felids," in *Biology and Conservation of Wild Felids*, Hrsg. David Macdonald und Andrew Loveridge (Oxford: Oxford University Press, 2010), 15.
[3] Emily Sawicki, "Untagged Mountain Lion Kitten Killed," *Malibu Times*, 23. Januar 2014.
[4] Alexa Keefe, "A Cougar Ready for His Closeup," *National Geographic*, 14. November 2013, http://proof.nationalgeographic.com/2013/11/14/a-cougarready-for-his-closeup/.
[5] Zusätzlich zu Macdonald et al. "*Dramatis personae*," siehe zum Thema Carnivorie: Mel Sunquist und Fiona Sunquist, *Wild Cats of the World* (Chicago: University of Chicago Press, 2002); Elizabeth Marshall Thomas, *The Tribe of Tiger: Cats and Their Culture* (New York: Pocket Books, 1994, deutsch: *Das geheime Leben der Katzen*, Rowohlt, 1996); Alan Turner, *The Big Cats and Their Fossil Relatives: An Illustrated Guide to Their Evolution and Natural History* (New York: Columbia Uni-

versity Press, 1997); David Quammen, *Monster of God: The Man-Eating Predator in the Jungles of History and the Mind* (New York: W. W. Norton 2003; deutsch: *Das Lächeln des Tigers; Von den letzten menschenfressenden Raubtieren der Welt.* List, 2006).

6 Sunquist, *Wild Cats of the World*, 5.

7 Thomas, *Tribe of Tiger*, 19.

8 ebenda, xi.

9 In Sunquist, *Wild Cats of the World*, 6.

10 Thomas, *Tribe of Tiger*, 23–24.

11 Turner, *The Big Cats*, 30.

12 Macdonald, "*Dramatis personae*," 4–5.

13 Sunquist, *Wild Cats of the World*, 286, und Thomas, *Tribe of Tiger*, 47.

14 Turner, *The Big Cats*, 15.

15 Todd K. Fuller Stephen DeStefano und Paige S. Warren, "Carnivore Behavior and Ecology, and Relationship to Urbanization," in *Urban Carnivores: Ecology, Conflict, and Conservation*, Hrsg. Stanley D. Gehrt, Seth P. D. Riley und Brian L. Cypher (Baltimore: Johns Hopkins University Press, 2010):16.

16 Rob Dunn, "What Are You So Scared of? Saber-Toothed Cats, Snakes, and Carnivorous Kangaroos," Slate.com, 15. Oktober 2012.

17 John Noble Wilford, "Skull Fossil Suggests Simpler Human Lineage," *New York Times*, 17. Oktober 2013.

18 Donna Hart und Robert W. Sussman, *Man the Hunted: Primates, Predators, and Human Evolution* (New York: Westview Press, 2005), 170–80.

19 Joseph Bennington-Castro, "Are Humans Hardwired to Detect Snakes?" io9.com, 29. Oktober, 2013.

20 Joseph Bennington-Castro, "Monkeys Remember ‚Words' Used by Their Ancestors Centuries Ago," io9.com, 30. Oktober 2013.

21 Wildlife Conservation Society, "Wild cat found mimicking monkey calls," *Science Daily*, 9. Juli 2010.

22 Alfonso Arribas und Paul Palmqvist, "On the Ecological Connection Between Sabre-tooths and Hominids: Faunal Dispersal Events in the Lower Pleistocene and a Review of the Evidence for the First Human Arrival in Europe," *Journal of Archaeological Science* 26, no. 5 (1999): 571–85.

23 Leslie C. Aiello und Peter Wheeler, "The Expensive-Tissue Hypothesis: The Brain and the Digestive System in Human and Primate Evolution," *Current Anthropology* 36, no. 2 (1995): 199–221.

24 Nikhil Swaminathan, "Why does the Brain Need So Much Power?" *Scientific American*, 29. April 2008.

25 Diese Pattsituation besteht in einigen überlebenden Jäger-und-Sammler-Gesellschaften bis heute, wie in Thomas, *Tribe of Tiger*, 124, beschrieben.

26 Harriet Ritvo, *The Animal Estate: The English and Other Creatures in the Victorian Age* (Cambridge, MA: Harvard University Press, 1989), 208.

27 Justin D. Yeakel, Mathias M. Pires, Lars Rudolf et al., "Collapse of an Ecological Network in Ancient Egypt," *Proceedings of the National Academy of Sciences* 111, no. 40 (2014): 14472–77; Patrick F. Houlihan, *The Animal World of the Pharaohs* (London: Thames & Hudson, 1996), 45.

28 Ausführlich dargestellt ist der globale Niedergang des Löwen in Quammen, *Monster of God*, 24–29.

29 Craig Packer, "Rational Fear: As human populations expand and lions' prey dwindles in eastern Africa, the poorest people – and the hungriest lions – pay the price," *Natural History*, Mai 2009, 43–47.

30 *The Beast in the Garden: A Modern Parable of Man and Nature* von David Baron (New York: W. W. Norton, 2004) bietet einen ausgezeichneten Schnappschuss zum Thema Großkatzen-Prädation in einer modernen amerikanischen Vorstadt.

[31] Eine Liste von Heilmitteln aus Tigerteilen findet sich in "Tiger in Crisis: Promoting the Plight of Endangered Tigers and the Efforts to Save Them," www.tigersincrisis.com/traditional_medicine.htm.

[32] Für Näheres zum "Flintstone dinner" mit Löwenfleisch, siehe Phila-Foodie, "Yabba-Dabba-Zoo!–Zot's Flintstone Dinner," 7. Juli 2008, philafoodie.blogspot.com/2008/07/yabba-dabba-zoo-zots-flintstonedinner. html.

[33] Euromonitor data; Jason Overdorf, "India: Leopards stalk Bollywood," *GlobalPost*, 20. März, 2013; Arvind Joshi, "Cats, Unloved in India," *India Times*. pets.indiatimes.com/articleshow.cms?msid=1736285885

Katzenwiege

[1] Brian L. Peasnall, „Intricacies of Hallan Çemi", *Expedition Magazine* 44 (März 2002).

[2] Außerordentlich hilfreich waren auch Gespräche mit dem Archäologen Reuven Yeshurun, der die Füchse von Hallan Çemi erforscht.

[3] Maria Joana Gabucio, Isabel Caceres, Antonio Hidalgo et al., „A wildcat (*Felis silvestris*) butchered by Neanderthals in Level O of the Abric Romani site (Capellades, Barcelona, Spain)", *Quaternary International* 326 (2014): 307–318; Jacopo Crezzini, Francesco Boschin, Paolo Boscato und Ursula Wierer, „Wild cats and cut marks: Exploitation of *Felis silvestris* in the Mesolithic of Galgenbühel/Dos de la Forca (South Tyrol, Italy)", *Quaternary International* 330 (April 2014): 52–60.

[4] Laura R. Prugh, Chantal J. Stoner, Clinton W. Epps et al., „The Rise of the Mesopredator", *Bioscience* 59 (2009), 779–791.

[5] Katrin Bennhold, „Forget the Hounds. As Foxes Creep In, Britons Call the Sniper", *New York Times*, 6. Dezember 2014.

[6] Melinda A. Zeder, „Pathways to Animal Domestication", in *Biodiversity in Agriculture: Domestication, Evolution and Sustainability*, ed. Paul Gepts, Thomas R. Famula, Robert L. Bettinger et al. (New York: Cambridge University Press, 2012), 227–259.

[7] „Counting Chickens", *Economist*, 27. Juli 2011, http://www.economist.com/blogs/dailychart/2011/07/global-livestock-counts.

[8] James Gorman, „15.000 Years Ago, Probably in Asia, the Dog Was Born", *New York Times*, 19. Oktober 2015; James Gorman, „Family Tree of Dogs and Wolves Is Found to Split Earlier Than Thought", *New York Times*, 21. Mai 2015.

[9] Carlos A. Driscoll, Nobuyuki Yamaguchi, Stephen J. O'Brien und David W. Macdonald, „A Suite of Genetic Markets Useful in Assessing Wildcat (*Felis silvestris* ssp.)-Domestic Cat (*Felis silvestris catus*) Admixture", *Journal of Heredity* 102, suppl. 1 (2011): S. 87–90.

[10] Charles Darwin, *The Variation of Animals and Plants Under Domestication*, vol. 1 (Teddington: Echo Library, 2007), 32–35.

[11] Carlos A. Driscoll, David W. Macdonald und Stephen J. O'Brien, „From wild animals to domestic pets, an evolutionary view of domestication", *Proceedings of the National Academy of Sciences* 106, suppl. 1 (June 2009): 9971–9978.

[12] Zu einigen Theorien siehe Juliet Clutton-Brock, *A Natural History of Domesticated Mammals* (Cambridge: Cambridge University Press, 1999), 136–137.

[13] Carlos A. Driscoll, Marilyn Menotti-Raymond, Alfred L. Roca et al., „The Near Eastern Origin of Cat Domestication", *Science* 317 (Juli 2007): 519–523.

[14] ebenda

[15] Chee Chee Leung, „Cats eating into world fish stocks", *Sydney Morning Herald*, 26. August 2008.

[16] Zeder, „Pathways to Animal Domestication", 232.

[17] John Bradshaw, *Die Welt aus Katzensicht. Wege zu einem besseren Miteinander – Erkenntnisse eines Verhaltensforschers*. Übers.: Bettina von Stockfleth (Stuttgart: Franckh-Kosmos, 2015).

[18] David Macdonald, Orin Courtenay, Scott Forbes und Paul Honess, „African Wildcats in Saudi Arabia", in *The Wild CRU Review: The Tenth Anniversary Report of the Wildlife Conservation Research Unit at Oxford University*, ed. David Macdonald und Françoise Tattersall (Oxford: University of Oxford Department of Zoology, 1996).
[19] Evan Ratliff, „Taming the Wild", *National Geographic*, März 2011; Lyudmila N. Trut, „Early Canid Domestication: The Farm-Fox Experiment", *American Scientist*, März–April 1999.
[20] Michael J. Montague, Gang Li, Barbara Gandolfi et al., „Comparative analysis of the domestic cat genome reveals genetic signatures underlying feline biology and domestication", *Proceedings of the National Academy of Sciences* 111 (Dezember 2014): 17230–17235.
[21] Adam S. Wilkins, Richard W. Wrangham und W. Tecumseh Fitch, „The ‚Domestication Syndrome' in Mammals: A Unified Explanation Based on Neural Crest Cell Behavior and Genetics", *Genetics* 197 (July 2014): 795–808.
[22] Carlos A. Driscoll, Juliet Clutton-Brock, Andrew C. Kitchener und Stephen J. O'Brien, „The Taming of the Cat", *Scientific American*, Juni 2009; James A. Serpell, „Domestication and History of the Cat", in *The Domestic Cat: The Biology of Its Behaviour*, 2. ed., ed. Dennis C. Turner und Patrick Bateson (Cambridge: Cambridge University Press, 2000), 186.
[23] Perry T. Cupps, *Reproduction in Domestic Animals* (New York: Elsevier, 1991), 542–544.
[24] Zeder, „Pathways to Animal Domestication", 232–236.
[25] Helmut Hemmer, *Domestikation. Verarmung der Merkwelt* (Braunschweig: Vieweg, 1983), 88
[26] Wilkins et al., „The ‚Domestication Syndrome' in Mammals".
[27] Montague et al., „Comparative analysis of the domestic cat genome".
[28] Bradshaw, *Die Welt aus Katzensicht*, 53.
[29] Nicholas Nicastro, „Perceptual and Acoustic Evidence for Species-Level Differences in Meow Vocalizations by Domestic Cats (Felis catus) and African Wild Cats (Felis silvestris lybica)", Journal of Comparative Psychology 118 (2004): 287–296. (Cambridge: Cambridge University Press, 2000), 186.
[30] Mel Sunquist und Fiona Sunquist, *Wild Cats of the World* (Chicago: University of Chicago Press, 2002), 106.
[31] Darwin, *The Variation of Animals and Plants Under Domestication*, vol. 1, 35.

Wenn die Katze im Haus ist, tanzen die Mäuse

[1] Im Jahr 2012 gab es in den USA 95,6 Millionen Heimkatzen und 83,3 Millionen Hunde. *APPA Survey*, 7.
[2] David Grimm, *Citizen Canine: Our Evolving Relationship with Cats and Dogs* (New York: Public Affairs, 2014), 29–30.
[3] Juliet Clutton-Brock, *A Natural History of Domesticated Mammals* (Cambridge: Cambridge University Press, 1999), 59.
[4] „A Brief History of the Greyhound", Grey2K USA, www.grey2kusaedu.org/ pdf/ history.pdf.
[5] Grimm, *Citizen Canine*, 220.
[6] Clutton-Brock, *Natural History*, 511–54.
[7] www.mastiffweb.com/history.htm.
[8] Bud Boccone, „The Maltese, Toy Dog of Myth and Legend", American Kennel Club, akc.org/akc-dog-lovers/maltese-toy-dog-myth-legend/.
[9] Harriet Ritvo, *The Animal Estate: The English and Other Creatures in the Victorian Age* (Cambridge, MA: Harvard University Press, 1989), 93–94.

10 Grimm, *Citizen Canine*, 209–212.
11 Taylor Temby, „Therapy dogs brought to Aurora Theater Trial", 9news.com, 14. Juni 2015.
12 Grimm, *Citizen Canine*, 212.
13 Sarah Yang, „Wildlife biologists put dogs' scat-sniffing talents to good use", *Berkeley News*, 11. Januar 2011.
14 Cat Warren, *What the Dog Knows: The Science and Wonder of Working Dogs* (New York: Simon & Schuster, 2013), 235.
15 Grimm, *Citizen Canine*, 224.
16 ebenda
17 Mel Sunquist und Fiona Sunquist, *Wild Cats of the World* (Chicago: University of Chicago Press, 2002), 102.
18 Muriel Beadle, *The Cat: A Complete Authoritative Compendium of Information About Domestic Cats* (New York: Simon & Schuster, 1977), 89.
19 James A. Serpell, „Domestication and History of the Cat", in *The Domestic Cat: The Biology of Its Behaviour*, 2. ed., ed. Dennis C. Turner und Patrick Bateson, (Cambridge: Cambridge University Press, 2000), 184.
20 Beadle, *The Cat*, 83.
21 Marilyn A. Menotti-Raymond, Victor A. Davids und Stephen J. O'Brien, „Pet cat hair implicates murder suspect", *Nature* 386 (April 1997): 774.
22 „Cat caught carrying marijuana into Moldovan prison", *Associated Press*, 18. Oktober 2013.
23 Beadle, *The Cat*, 90.
24 Weltweit werden jährlich etwa 4 Millionen Katzen verzehrt (im Vergleich zu 13 bis 16 Millionen Hunden); siehe Anthony L. Podberscek, „Good to Pet and Eat: The Keeping and Consuming of Dogs and Cats in South Korea", *Journal of Social Issues* 65 (Juli 2009): 615–632.
25 Steve Friess, „A Push to Stop Swiss Cats from Being Turned into Coats and Hats", *New York Times*, 1. April 2008.
26 Jun Hongo, „Cat Hair Is Festive for Japanese Craft Aficionados", *Wall Street Journal*, 18. April 2014.
27 Brad Scriber, „Why Do 16th-Century Manuscripts Show Cats With Flaming Backpacks?", *National Geographic*, 11. März 2014, http://news.nationalgeographic.com/news/2014/03/140310-rocket-cats-animals-manuscript-artillery-history/.
28 Emily Anthes, *Frankensteins Katze. Wie Biotechnologen die Tiere der Zukunft schaffen*. Übers.: Monika Niehaus-Osterloh (Berlin: Springer Spektrum, 2014), 189–190.
29 Donald W. Engels, *Classical Cats: The Rise and Fall of the Sacred Cat* (London: Routledge, 1999), 1.
30 Abigail Tucker, „Crawling Around with Baltimore Street Rats", Smithsonian.com, 18. November 2009.
31 Einige dieser Fotos wurden veröffentlicht in James E. Childs, „Size-Dependent Predation on Rats (*Rattus norvegicus*) by House Cats (*Felis catus*) in an Urban Setting", *Journal of Mammalogy* 67 (Februar 1986): 196–199. Einige Forschungsergebnisse wurden 20 Jahre später bestätigt: Gregory E. Glass, Lynne C. Gardner-Santana, Robert D. Holt, Jessica Chen et al., „Trophic Garnishes: Cat-Rat Interactions in an Urban Environment", *PLOS ONE* (Juni 2009).
32 Gilad Bino, Amit Dolev, Dotan Yosha et al., „Abrupt spatial and numerical responses of overabundant foxes to a reduction in anthropogenic resources", *Journal of Applied Ecology* 47 (Dezember 2010): 1262–1271.
33 Yaowu Hu, Songmei Hu, Weilin Wang et al., „Earliest evidence for commensal processes of cat domestication", *Proceedings of the National Academy of Sciences* 111 (Januar 2014): 116–120.

34 Katherine C. Grier, *Pets in America: A History* (2006; repr., Orlando: Harcourt, 2006), 45.
35 Beadle, *The Cat*, 95–96.
36 Cole C. Hawkins, William E. Grant und Michael T. Longnecker, „Effect of house cats, being fed in parks, on California birds and rodents", *Proceedings 4th International Urban Wildlife Symposium*, eds. W. W. Shaw, L. K. Harris und L. VanDruff (2004): 164–170.
37 Mehr über Wanderratten findet man in: Robert Sullivan, *Rats: Observations on the History & Habitat of the City's Most Unwanted Inhabitants* (New York: Bloomsbury, 2004).
38 Engels, *Classical Cats*, 156–162.
39 Diese Tradition wird nach wie vor (symbolisch) im belgischen Ypern bei der Parade *Kattenstoet* gepflegt, http://www.kattenstoet.be/en/page/499/welcome.html.
40 Bei unserem Interview sagte Kenneth Gage, dass eine Teilschuld möglicherweise bei Menschenflöhen zu suchen sei. Eine andere Theorie findet sich in „Rats and fleas off the hook: humans actually passed Black Death to each other", *The Week*, 30. März 2014, http://www.theweek.co.uk/health-science/57918/rats-and-fleas-hook-humanspassed-black-death-each-other.
41 Kenneth L. Gage, David T. Dennis, Kathy A. Orioski et al., „Cases of Cat-Associated Human Plague in the Western US, 1977–1998", *Clinical Infectious Diseases* 30 (2000): 893–900.
42 Serpell, „Domestication and History of the Cat", 188.
43 „Cat Allergy", von der Website des American College of Allergies, Asthma and Immunology, www.acaai.org.
44 Serpell, „Domestication and History of the Cat", 188.
45 Philip J. Baker, Carl D. Soulsbury, Graziella Iossa und Stephen Harris, „Domestic Cat (*Felis catus*) and Domestic Dog (*Canis familiaris*)", in *Urban Carnivores: Ecology, Conflict, and Conservation*, ed. Stanley D. Gehrt, Seth D. Riley und Brian L. Cypher (Baltimore: Johns Hopkins University Press, 2010), 168.
46 Michael J. Montague, Gang Li, Barbara Gandolfi et al., „Comparative analysis of the domestic cat genome reveals genetic signatures underlying feline biology and domestication", *Proceedings of the National Academy of Sciences* 111 (Dezember 2014).
47 Hal Herzog, *Some We Love, Some We Hate, Some We Eat: Why It's So Hard to Think Straight About Animals* (New York: Harper Perennial, 2010), 39–41; John Archer, „Pet Keeping: A Case Study in Maladaptive Behavior", in *The Oxford Handbook of Evolutionary Family Psychology*, ed. Catherine A. Salmon und Todd K. Shackelford (Oxford: Oxford University Press, 2011), 287–288.
48 John Bradshaw, *Die Welt aus Katzensicht. Wege zu einem besseren Miteinander – Erkenntnisse eines Verhaltensforschers*. Übers.: Bettina von Stockfleth (Stuttgart: Franckh-Kosmos, 2015), 301.
49 Herzog, *Some We Love*, 92.
50 ebenda, 40–41.
51 Elizabeth Marshall Thomas, The Tribe of Tiger: Cats and Their Culture (New York: Pocket Books, 1994), 104.
52 Karen McComb, Anna M. Taylor, Christian Wilson und Benjamin D. Charlton, „The cry embedded within the purr", *Current Biology* 19, Nr. 13 (2009): R507–508.
53 Alan Turner, *The Big Cats and Their Fossil Relatives: An Illustrated Guide to Their Evolution and Natural History* (New York: Columbia University Press, 1997), 96–98.
54 Bradshaw, *Die Welt aus Katzensicht*, 176.
55 Abigail Tucker, „The Science Behind Why Pandas Are So Damn Cute", *Smithsonian*, November 2013.

56 Sunquist, *Wild Cats of the World*, 9.
57 Aus einem Interview mit Adam Wilkins von der Humboldt-Universität in Berlin.
58 Jennifer A. Kingson, „Cool for Cats", *New York Times*, 18. Dezember 2013.
59 James A. Serpell und Elizabeth S. Paul, „Pets in the Family: An Evolutionary Perspective", in *The Oxford Handbook of Evolutionary Family Psychology*, 303–305.
60 Archer, „Pet Keeping: A Case Study in Maladaptive Behavior", 293.

Die Katze lässt das jagen nicht

1 Ein Überblick über die Naturschutzmaßnahmen findet sich in U.S. Fish and Wildlife Service, Southeast Region, South Florida Ecological Services Office, „South Florida Multi-Species Recovery Plan, Recovery for the Key Largo Woodrat", 14. August 2009.
2 Siehe Diagramm in Christopher A. Lepczyk, Nico Dauphine, David M. Bird et al., „What Conservation Biologists Can Do to Counter Trap-Neuter-Return: Response to Longcore et al.", *Conservation Biology* 24, Nr. 2 (2010): 627–629.
3 Geschätzte 60 bis 100 Millionen nennt David A. Jessup, „The welfare of feral cats and wildlife", *Journal of the American Veterinary Medical Association* 225 (November 2004): 1377–1383. Die American Society for the Prevention of Cruelty to Animals geht von geschätzten 70 Millionen aus, www.aspca.org/animal-homelessness/shelter-intake-and-surrender/pet-statistics.
4 Eine Auswahl bietet Tabelle 1 in S. Pearre und R. Maass, „Trends in the prey size-based trophic niches of feral and House Cats *Felis catus* L.", *Mammal Review* 28, Nr. 3 (1998): 125–139.
5 Eine Auswahl bietet Frank B. McMurry und Charles C. Sperry, „Food of Feral House Cats in Oklahoma, a Progress Report", *Journal of Mammalogy* 22, Nr. 2 (1941): 185–190.
6 Carl Van Vechten, *The Tiger in the House: A Cultural History of the Cat* (1920; repr., New York: New York Review of Books, 2007), 11.
7 Diane K. Brockman, Laurie R. Godfrey, Luke J. Dollar und Joelisoa Ratsirarson, „Evidence of Invasive *Felis silvestris* Predation on Propithecus verreauxi at Beza Mahafaly Special Reserve, Madagascar", *International Journal of Primatology* 29 (Februar 2008), 135–152.
8 Félix M. Medina, Elsa Bonnaud, Eric Vidal et al., „A global review of the impacts of invasive cats on island endangered vertebrates", *Global Change Biology* 17, Nr. 11 (2011): 3503–3510.
9 Austin Ramzy, „Australia Deploys Sheepdogs to Save a Penguin Colony", *New York Times*, 3. November 2015.
10 „Historic Analysis Confirms Ongoing Mammal Extinction Crisis", *Wildlife Matters* (Winter 2014): 4–9.
11 „Australian official calls cats ‚tsunamis of violence and death'", *Atlanta Journal-Constitution*, 1. August 2015.
12 Scott R. Loss, Tom Will und Peter P. Marra, „The impact of free-ranging domestic cats on wildlife of the United States", *Nature Communications* (Dezember 2013), http://www.nature.com/ncomms/journal/v4/n1/full/ncomms2380.html.
13 Anna M. Calvert, Christine A. Bishop, Richard D. Elliot et al., „A Synthesis of Human-related Avian Mortality in Canada", *Avian Conservation & Ecology* 8, Nr. 2, Artikel 11 (2013).
14 Jessup, „The welfare of feral cats and wildlife".
15 Kerrie Anne T. Loyd, Sonia M. Hernandez, John P. Carroll, Lyler J. Abernathy und Greg J. Marshall, „Quantifying free-roaming domestic cat predation using animal-borne video cameras", *Biological Conservation* 160 (April 2013): 183–189.
16 www.youtube.com/watch?v=iwAmesMywFo.

17 Seth Judge, Jill S. Lippert, Kathleen Misajon, Darcy Hu und Steven C. Hess, „Videographic evidence of endangered species depredation by feral cat", *Pacific Conservation Biology* 18, Nr. 4 (2012): 293–296.
18 Details zum Programm bei Association of Zoos & Aquariums, 2009 Edward H. Bean Award application, www.aza.org/uploadedFiles/Membership/Honors_and_Awards/bean09-disney.pdf.
19 Aus dem Logbuch von Kapitän Cook, www.captaincooksociety.com/home/detail/225-years-ago-april-june-1777.
20 Val Lewis, *Ships' Cats in War and Peace* (Shepperton-on-Thames, UK: Nauticalia, 2001), 106.
21 John Bradshaw, *Die Welt aus Katzensicht. Wege zu einem besseren Miteinander – Erkenntnisse eines Verhaltensforschers*. Übers.: Bettina von Stockfleth (Stuttgart: Franckh-Kosmos, 2015), 130–131.
22 Lewis, *Ships' Cats*, 103.
23 Donald W. Engels, *Classical Cats: The Rise and Fall of the Sacred Cat* (London: Routledge, 1999), 13.
24 Carlos A. Driscoll, Juliet Clutton-Brock, Andrew C. Kitchener und Stephen J. O'Brien, „The Taming of the Cat", Scientific American, Juni 2009.
25 Eine umfangreiche Zusammenfassung der nachägyptischen Verbreitung der Katzen bietet Engels, 48–138.
26 Bradshaw, *Die Welt aus Katzensicht*, 99.
27 Kathleen Walker-Meikle, *Medieval Cats* (London: The British Library Publishing, 2011), 34–36.
28 Bradshaw, *Die Welt aus Katzensicht*, 105.
29 Neil B. Todd, „Cats and Commerce", *Scientific American*, November 1977.
30 Engels, *Classical Cats*, 166.
31 Joseph Stromberg, „Starving Settlers in Jamestown Colony Resorted to Cannibalism", Smithsonian.com, 30. April 2013.
32 Reginald Bretnar, „Bring Cats! A Feline History of the West", *The American West*, November–Dezember 1978, 32–35, 60.
33 ebenda
34 Ian Abbott, „Origin and spread of the cat, *Felis catus*, on mainland Australia, with a discussion of the magnitude of its early impact on native fauna", Wildlife Research 29, Nr. 1 (2002): 51–74.
35 Lewis, *Ships' Cats*, 111.
36 Lewis, *Ships' Cats*, 107.
37 David Cameron Duffy und Paula Capece, „Biology and Impacts of Pacific Island Invasive Species. 7. The Domestic Cat (*Felis catus*)", *Pacific Science* 66, Nr. 2 (2012): 173–212.
38 Abbott, „Origin and spread of the cat".
39 ebenda
40 Duffy und Capece, „Biology and Impacts of Pacific Island Invasive Species".
41 Kapitän Cooks Logbuch, http://www.captaincooksociety.com/home/detail/225-years-ago-april-june-1777.
42 Duffy und Capece, „Biology and Impacts of Pacific Island Invasive Species".
43 Abbott, „Origin and spread of the cat".
44 Ian Abbott, „The spread of the cat, *Felis catus*, in Australia: re-examination of the current conceptual model with additional information", *Conservation Science Western Australia* 7, Nr. 2 (2008): 1–17.
45 Megan Gannon, „Don't Just Blame Cats: Dogs Disrupt Wildlife, Too", Live-Science.com, 21. Februar 2013.
46 Melinda A. Zeder, „Pathways to Animal Domestication", in *Biodiversity in Agriculture: Domestication, Evolution and Sustainability*, ed. Paul Gepts, Thomas

R. Famula, Robert L. Bettinger et al. (New York: Cambridge University Press, 2012), 238–239.

47 Perry T. Cupps, *Reproduction in Domestic Animals* (New York: Elsevier, 1991), 542–544.

48 Engels, *Classical Cats*, 8.

49 R. J. Van Aarde, „Distribution and density of the feral house cat *Felis catus* on Marion Island", *South African Journal of Antarctic Research* 9 (1979): 14–19.

50 Bradshaw, *Die Welt aus Katzensicht*, 152.

51 Elizabeth Marshall Thomas, *The Tribe of Tiger: Cats and Their Culture* (New York: Pocket Books, 1994), 7.

52 Interview mit Christopher Lepczyk über aktuelle Forschung.

53 Jeff A. Horn, Nohra Mateus-Pinilla, Richard E. Warner und Edward J. Heske, „Home range, habitat use, and activity patterns of free-roaming domestic cats", *Journal of Wildlife Management* 75, Nr. 5 (2011): 1177–1185.

54 „Stopping the slaughter: fighting back against feral cats", *Wildlife Matters* (Summer 2012–2013): 4–8.

55 Philip J. Baker, Susie E. Molony, Emma Stone, Innes C. Cuthill und Stephen Harris, „Cats about town: is predation by free-ranging pet cats *Felis catus* likely to affect urban bird populations?", *Ibis* 150, suppl. s1 (August 2008): 86–99.

56 Olof Liberg, Mikael Sandell, Dominique Pontier und Eugenia Natoli, „Density, spatial organization and reproductive tactics in the domestic cat and other felids", in *The Domestic Cat: The Biology of its Behaviour*, 2. ed, ed. Dennis C. Turner und Patrick Bateson (Cambridge: Cambridge University Press, 2000), 121–124.

57 Victoria Sims, Karl Evans, Stuart E. Newson, Jamie A. Tratalos und Kevin J. Gaston, „Avian assemblage structure and domestic cat densities in urban environments", *Diversity and Distributions* 14 (März 2008): 387–399.

58 Frank Courchamp, Michel Langlais und George Sugihara, „Rabbits killing birds: modelling the hyperpredation process", *Journal of Animal Ecology* 69 (2000): 154–164.

59 „Guam Rail", U.S. Fish & Wildlife Service, Pacific Islands Fish and Wildlife Office, www.fws.gov/pacificislands/fauna/guamrail.html.

60 Leon van Eck, „The Kerguelen Cabbage", Genetic Jungle, 25. Mai 2009, www.geneticjungle.com/2009/05/kerguelen-cabbage.html.

61 ebenda

62 Dominique Pontier, Ludovic Say, François Debis et al., „The diet of feral cats (*Felis catus* L.) at five sites on the Grande Terre, Kerguelen archipelago", *Polar Biology* 25 (2002): 833–837.

63 Mark Twain, *Post aus Hawaii*. ed. und übers.: Alexander Pechmann (Hamburg: mare, 2011), 22.

64 Seth Judge, „Crouching Kittens, Hidden Petrels", pacificislandparks.com. 23. Oktober 2010, http://pacificislandparks.com/2010/10/23/crouching-kitten-hidden-petrels/.

65 Ted Williams, „Felines Fatales", *Audubon Magazine*, September/Oktober 2009.

66 Elizabeth Kolbert, „The Big Kill", *New Yorker*, 22. Dezember 2014.

67 Atticus Fleming, „Chief executive's letter", *Wildlife Matters* (Sommer 2012–2013): 2.

68 Abbott, „Origin and spread of the cat".

69 Elizabeth A. Denny und Christopher R. Dickman, *Review of cat ecology and management strategies in Australia: A report for the Invasive Animals Cooperative Research Centre* (Sydney: University of Sydney, 2010), http://www.pestsmart.org.au/wp-content/uploads/2010/03/CatReport_web.pdf.

70 „The Feral Cat (*Felis catus*)", Australian Government, Department of Sustainability, Environment, Water, Population and Communities, www.environment.gov.au/system/files/resources/34ae02f7-9571-4223-beb0-13547688b07b/files/cat.pdf.

[71] Denny und Dickman, *Review of cat ecology*.
[72] „Stopping the Slaughter: fighting back against feral cats".
[73] Die vollständigen Angaben bieten John C. Z. Woinarski, Andrew A. Burbidge und Peter L. Harrison, *The Action Plan for Australian Mammals 2012* (Collingwood, Victoria, Australia: CSIRO Publishing, 2014).
[74] Aus einem E-Mail-Interview mit John Woinarski.
[75] Duffy und Capece, „Biology and Impacts of Pacific Island Invasive Species".
[76] „Restoring mammal populations in northern Australia: confronting theferal cat challenge". *Wildlife Matters* (Winter 2014): 10–11.
[77] „Easter Bilby", en.wikipedia.org/wiki/Easter_Bilby.
[78] Brian Williams, „Feral cats wreak havoc in raid on ‚enclosed' refuge for endangered bilbies", *Courier-Mail*, 19. Juli 2012; John R. Platt, „3,000 Feral Cats Killed to Protect Rare Australian Bilbies", ScientificAmerican.com, 28. März 2013.
[79] Siehe zum Beispiel Colin Bonnington, Kevin J. Gaston und Karl L. Evans, „Fearing the feline: domestic cats reduce avian fecundity through trait-mediated indirect effects that increase nest predation by other species", *Journal of Applied Ecology* 50 (Februar 2013): 15–24.
[80] Felix M. Medina, Elsa Bonnaud, Eric Fidal und Manuel Nogales, „Underlying impacts of invasive cats on islands: not only a question of predation", *Biodiversity and Conservation* 23 (Februar 2014): 327–342.
[81] Nico Dauphiné und Robert J. Cooper, „Impacts of Free-ranging Domestic Cats (*Felis catus*) on Birds in the United States: A Review of Recent Research with Conservation and Management Recommendations", *Proceedings of the Fourth International Partners in Flight Conference: Tundra to Tropics* (2009): 205–219.
[82] R. Scott Nolen, „Feline leukemia virus threatens endangered panthers", *JAVMA News*, 15. Mai 2004.
[83] Medina et al., „Underlying impacts".
[84] Williams, „Feral cats wreak havoc".
[85] Natalie Angier, „That Cuddly Kitty is Deadlier Than You Think", *New York Times*, 29. Januar 2013.
[86] Aus einem Interview mit Michael Hutchins.
[87] D. Algar, N. Hamilton, M. Onus, S. Hilmer et al., „Field trial to compare baiting efficacy of Eradicat and Curiosity baits", (2011), Austrialian Government, Department of the Environment, www.environment.gov.au/system/files/resources/d242c6f1-d2ab-43de-a552-61aaaf79c92c/files/cat-bait-wa.pdf.
[88] Government of South Australia, Kangaroo Island Natural Resources Management Board, „Case Study: Feral cat spray tunnels trials on Kangaroo Island", www.pestsmart.org.au/wp-content/uploads/2013/11/FCCS2_cat-tunnel-trials.pdf.
[89] Ginny Stein, „Tasmanian farmers and environmentalists team up to eradicate feral cat threat", abc.net.au, 2. November 2014.
[90] Manuel Nogales, Eric Vidal, Félix M. Medina, Elas Bonnaud et al., „Feral Cats and Biodiversity Conservation: The Urgent Prioritization of Island Management", *BioScience* 63, Nr. 10 (2013): 804–810.
[91] John P. Parkes, Penny Mary Fisher, Sue Robinson und Alfonso Aguirre-Muñoz, „Eradication of feral cats from large islands: an assessment of the effort required for success", *New Zealand Journal of Ecology* 38, Nr. 2 (2014): 307–314.
[92] Steve Chawkins, „Complex effort to rid San Nicolas Island of cats declared a success", *Los Angeles Times*, 26. Februar 2012.
[93] Nogales et al., „Feral Cats and Biodiversity Conservation".
[94] Dana M. Bergstrom, Arko Lucieer, Kate Kiefer, Jane Wasley et al., „Indirect effects of invasive species removal devastate World Heritage Island", *Journal of Applied Ecology* 46 (2009): 73–81.

[95] Elizabeth Svoboda, „The unintended consequences of changing nature's balance", *New York Times*, 7. November 2009.
[96] Steffen Oppel, Brent M. Beaven, Mark Bolton, Juliet Vickery und Thomas W. Bodey, „Eradication of Invasive Mammals on Islands Inhabited by Humans and Domestic Animals", *Conservation Biology* 25, Nr. 2 (2011): 232–240.

Die Katzenlobby

[1] Siehe dazu besonders den Vergleich zu Indien, in Brian Palmer: *Are No-Kill Shelters Good for Cats and Dogs?* Slate.com, 19. Mai 2014
[2] ASPCA: *Shelter Intake and Surrender: Pet Statistics*, www.aspca.org/animal-homelessness/shelter-intake-and-surrender/pet-statistics
[3] *Cat Fatalities and Secrecy in U.S. Pounds and Shelters*, Alley Cat Allies, www.alleycat.org/resources/cat-fatalities-and-secrecy-in-u-s-pounds-and-shelters/
[4] *Save The Birds*, Alley Cat Allies, www.alleycat.org/page.aspx-?pid=1595
[5] Elizabeth Holtz: *Trap-Neuter-Return Ordinances and Policies in the United States: The Future of Animal Control*, in: *Law & Policy Brief* (Bethesda, MD: Alley Cat Allies, 2004)
[6] *A Quarter Century of Cat Advocacy*, in: *Alley Cat Action* 25, Nr. 2 (Winter 2015)
[7] Pers. Mitteilung (E-Mail) von Eugenia Natoli, einer italienischen Katzenforscherin.
[8] Katherine C. Grier: *Pets in America: A History* (Austin: Harcourt, 2006), S. 160–233
[9] ebenda, S. 197
[10] ebenda, S. 184
[11] ebenda, S. 30
[12] ebenda, S. 45
[13] ebenda, S. 335–336
[14] ebenda, S. 87
[15] Im Jahr 1930 importierten die USA alljährlich über 800.000 Vögel (ebenda, S. 318, 334). Siehe dazu auch das NPR-Interview mit Grier: Vikki Valentine: *From Canaries to Rocks: A Hardy Pet Is a Good Pet*. NPR.org, 16. Mai 2007, http://www.npr.org/templates/story/story.php?storyId=10216089
[16] Grier: *Pets in America*, S. 279 (s. Anm. 8)
[17] ebenda, S. 277
[18] ebenda, S. 380
[19] ebenda, S. 133
[20] ebenda, S. 282
[21] Katherine T. Kinkead: *A Cat in Every Home*, in: *The Big New Yorker Book of Cats* (New York: Random House, 2013), S. 91
[22] Ellen Perry Berkeley: *Maverick Cats: Encounters with Feral Cats* (Shelburne, VT: New England Press, 2001), S. 16–17
[23] Paul Ford: *The Birth of Kitty Litter*, Bloomberg.com, 4. Dezember 2014
[24] Pers. Mitt. im Interview mit Paula Flores, Leiterin der Pet Care Research beim Marktforscher Euromonitor International
[25] Outdoor Cats: Frequently Asked Questions: *Why Are Outdoor Cats Considered a Problem?* Humane Society of the United States, http://www.humanesociety.org/issues/feral_cats/qa/feral_cat_FAQs.html
[26] ebenda
[27] Wayne Pacelle: *A Blueprint for Ending Euthanasia of Healthy Companion Animals*, Humane Society of the United States, blog.humanesociety.org/wayne/2013/09/ending-euthanasia-healthy-pets-california.html
[28] Grier: *Pets in America*, S. 277–279 (s. Anm. 8)
[29] Kate Hurley: *Making the Case for a Paradigm Shift in Community Cat Management* (Teil 1) Maddie's Fund, www.maddiesfund.org/making-the-case-for-community-cats-part-one.htm

30 Lisa Grace Lednicer: *Is it more humane to kill stray cats, or let them fend alone?*, in: *Washington Post Magazine*, 6. Februar 2014

31 Nancy Barber: *Calif. Woman Fixes and Feeds 24 Cat Colonies*. Pawnation.com, 22. Januar 2014

32 Ein Beispiel finden Sie unter *Coyotes, Pets, and Community Cats: Protecting feral cat colonies*, Humane Society of the United States, http://www.humanesociety.org/animals/coyotes/tips/coyotes_pets.html

33 *Be Prepared for Disasters*, Alley Cat Allies, http://www.alleycat.org/disastertips

34 Grier: *Pets in America*, S. 294–295 (siehe Anm. 8)

35 Melissa Milgrom: *The Birding Effect*, in: *Nature Conservancy*, Mai/Juni 2013

36 American Bird Conservancy, Educational Brochures: *Cats, Birds and You*. https://abcbirds.org/program/cats-indoors/

37 American Bird Conservancy, Educational Brochures: *Trap, Neuter, Release (TNR): Bad for Birds,Bad for Cats*. https://abcbirds.org/program/cats-indoors/

38 Benjamin R. Freed: *Nico Dauphine Sentenced for Attempting to Kill Feral Cats*, in: DCist.com, 15. Dezember 2011; Bruce Barcott: *Kill the Cat That Kills the Bird?*, in: *New York Times Magazine*, 2. Dezember 2007

39 Christine Haughney: *Writer, and Bird Lover, at Center of a Dispute About Cats Is Reinstated*, in: *New York Times*, 26. März 2013

40 Christopher A. Lepczyk, Nico Dauphine, David M. Bird et al.: *What Conservation Biologists Can Do to Counter Trap-Neuter-Return: Response to Longcore et al.*, in: *Conservation Biology* 24, Nr. 2 (2010), S. 627–629

41 Travis Longcore, Catherine Rich und Lauren M. Sullivan: *Critical Assessment of Claims Regarding Management of Feral Cats by Trap-Neuter-Return*, in: *Conservation Biology* 23, Nr. 4 (2009), S. 887–894

42 Robert J. McCarthy, Stephen H. Levine und J. Michael Reed: *Estimation of effectiveness of three methods of feral cat population control by use of a simulation model*, in: *Journal of the American Veterinary Medical Association* 243, Nr. 4 (2013), S. 502–511

43 Sue Manning: *AP-Petside.com Poll: 7 in 10 pet owners: Shelters should kill only animals too sick or aggressive for adoption*, Associated Press, 5. Januar 2012

44 *American Pet Products Association 2013–2014 Survey*, 6

45 Annie Gowen: *Wild Cats at Chantilly Trailer Park To Be Trapped, Probably Killed*, in: *Breaking News* (Blog), *Washington Post*, 12. März 2008

46 Annie Gowen: *Deal Reached to Keep Feral Cats*, in: *Breaking News* (Blog), *Washington Post*, 15. März 2008

47 Alley Cat Allies, Advocacy Toolkit, https://www.alleycat.org/resources/advocacy-toolkit/

48 *Laureen Harper interrupted by Toronto activist at cat video festival*, CBC News, 18. April 2014, http://www.cbc.ca/news/canada/toronto/laureen-harper-interrupted-by-toronto-activist-at-cat-video-festival-1.2614936

49 In Auszügen bis vor Kurzem nachlesbar bei Christie Keith, *Michigan Mayor Taunts Cat Lovers on Twitter*, Petconnection.com, 13. Februar 2014

50 Hurley, *Making the Case for a Paradigm Shift in Community Cat Management* (s. Anm. 29)

51 Philip H. Kass: *Cat Overpopulation in the United States*, in: Irene Rochlitz (Hrsg.): *The Welfare of Cats* (Dodrecht: Springer Netherlands, 2007), S. 119

52 McCarthy et al., *Estimation of effectiveness of three methods of feral cat population control* (siehe Anm. 42)

53 Andrew Giambrone: *District May Target Feral Cats as Part of Wildlife Action Plan*, *Washington City Paper*, 1. September 2015

54 McCarthy et al., *Estimation of effectiveness of three methods of feral cat population control* (siehe Anm. 42)

CAT-Scan

[1] Jaroslav Flegr, Joseph Prandota, Michaela Sovičková und Zafar H. Isarili, "Toxoplasmosis – A Global Threat. Correlation of Latent Toxoplasmosis with Specific Disease Burden in a Set of 88 Countries," *PLOS ONE* (März 2014).

[2] Centers for Disease Control and Prevention, "Parasites – Toxoplasmosis (*Toxoplasma* infection)," www.cdc.gov/parasites/toxoplasmosis/.

[3] Carl Zimmer, *Parasite Rex: Inside the Bizarre World of Nature's Most Dangerous Creatures* (New York: Atria, 2000), 195.

[4] Holly Yan, "Brain-eating amoeba kills 14-year-old star athlete," CNN.com, 31. August 2015.

[5] Dolores E. Hill, J. P. Dubey, Rachel C. Abbott, Charles van Riper III und Elizabeth A. Enright, *Toxoplasmosis*, Circular 1389 (Reston: U.S. Geological Survey, 2014), 10.

[6] João M. Furtado, Justine R. Smith, Rebens Belfort, Jr. und Kevin L. Winthrop, "Toxoplasmosis: A Global Threat," *Journal of Global Infectious Diseases* 3, no. 3 (2011): 281–84.

[7] J. P. Dubey, "History of the discovery of the life cycle of *Toxoplasma gondii*," *International Journal for Parasitology* 39, no. 8 (2009): 877–82; J. P. Dubey, "Transmission of *Toxoplasma gondii* – From land to sea, a personal perspective," in *A Century of Parasitology: Discoveries, Ideas and Lessons Learned by Scientists Who Published in The Journal of Parasitology, 1914–2014*, John Janovy, Jr. und Gerald W. Esch, Hrsg. (Chichester, UK: Wiley-Blackwell 2016), 148.

[8] Marion Vittecoq, Kevin D. Lafferty, Eric Elguero et al., "Cat ownership is neither a strong predictor of *Toxoplasma gondii* infection, nor a risk factor for brain cancer," *Biology Letters* 8, no. 6 (2012): 1042.

[9] Hill et al., *Toxoplasmosis*, 56.

[10] Nancy Briscoe, J. G. Humphreys und J. P. Dubey, "Prevalence of *Toxoplasma gondii* Infections in Pennsylvania Black Bears, *Ursus americanus*," *Journal of Wildlife Diseases* 29, no. 4 (1993): 599–601.

[11] S. C. Crist, R. L. Stewart, J. P. Rinehart und G. R. Needham, "Surveillance for *Toxoplasma gondii* in the white-tailed deer (*Odocoileus virginianus*) in Ohio," *Ohio Journal of Science* 99, no. 3 (1999): 34–37.

[12] Dubey, "History of the Discovery."

[13] Judith Isaac-Renton, William R. Bowie, Arlene King et al., "Detection of *Toxoplasma gondii* Oocysts in Drinking Water," *Applied and Environmental Microbiology* 64, no. 6 (1998): 2278–80.

[14] J. P. Dubey und J. L. Jones, "*Toxoplasma gondii* infection in humans and animals in the United States," *International Journal for Parasitology* 38, no. 11 (2008): 1257–78.

[15] Ian Sample, "Public health warning as cat parasite spreads to Arctic beluga whales," *Guardian*, 14. Februar 2014.

[16] Tovi Lehmann, Paula L. Marcet, Doug H. Graham, Erica R. Dahl und J. P. Dubey, "Globalization and the population structure of *Toxoplasma gondii*," *Proceedings of the National Academy of Sciences* 103, no. 30 (2006): 11423–28.

[17] Ich danke Vern Carruthers von der University of Michigan für die Erklärung von *Toxoplasm's* Aktivitäten im menschlichen Körper, zudem Mikhail Pletnikov von der Johns Hopkins University und Wendy Ingram von der University of California, Berkeley.

[18] M. Berdoy, J. P. Webster und D. W. Macdonald, "Fatal Attraction in rats infected with Toxoplasma gondii," *Proceedings of the Royal Society B* 267, no. 11452 (2000): 1591–94; Zimmer, *Parasite Rex*, 92–94.

[19] Clémence Poirotte, Peter M. Kappeler, Barthelemy Ngoubangoye, Stéphanie Bourgeois, Maick Moussodji und Marie J. E. Charpentier, "Morbid attraction to leopard

urine in *Toxoplasma*-infected chimpanzees," *Current Biology* 26, no. 3 (2016), R98-R99.

20 Vinita J. Ling, David Lester, Preben Bo Mortensen et al., "*Toxoplasma gondii* Seropositivity and Suicide rates in Women," *The Journal of Nervous and Mental Disease* 199, no. 7 (2011): 440–44.

21 David Lester, "*Toxoplasma gondii* and Homicide," *Psychological Reports* 111, no. 1 (2012): 196–97.

22 Jaroslav Flegr, "Effects of *Toxoplasma* on Human Behavior," *Schizophrenia Bulletin* 33, no. 3 (2007): 757–60.

23 "Toxo: A Conversation with Robert Sapolsky," Edge, 2. Dezember 2009, edge.org/conversation/robert_sapolsky-toxo.

24 C. Kreuder, M. A. Miller, D. A. Jessup et al., "Patterns of Mortality in Southern Sea Otters (*Enhydra lutris nereis*) from 1998–2001," *Journal of Wildlife Diseases* 39, no. 3 (2003): 495–509.

25 Hill et al., *Toxoplasmosis*, 23.

26 Kathleen McAuliffe, "How Your Cat is Making You Crazy," *Atlantic*, März 2012.

27 Jaroslav Flegr, Pavlina Lenochová, Zden'k Hodný und Marta Vondrová, "Fatal Attraction Phenomenon in Humans – Cat Odour Attractiveness Increased for *Toxplasma*-Infected Men While Decreased for Infected Women," *PLOS Neglected Tropical Diseases* (November 2011).

28 Patrick House, "The Scent of a Cat Woman," Slate.com, 3. Juli, 2012.

29 Karla Adam, "Cat wars break out in New Zealand," *Guardian*, 21. Mai, 2013.

30 Matthew Theunissen, "Disease carried by cats not so ‚trivial' – researchers," *New Zealand Herald*, 29. Januar, 2013.

31 E. Fuller Torrey und Robert H. Yolken, "*Toxoplasma* oocysts as a public health problem," *Trends in Parasitology* 29, no. 8 (2013): 380–84.

32 E. Fuller Torrey und Judy Miller, *The Invisible Plague: The Rise of Mental Illness from 1750 to the Present* (New Brunswick, NJ: Rutgers University Press, 2007), 332–33.

33 E. Fuller Torrey und Robert H. Yolken, "Could Schizophrenia Be a Viral Zoonosis Transmitted From House Cats?" *Schizophrenia Bulletin* 21, no. 2 (1995): 167–71.

34 R. H. Yolken, F. B. Dickerson und E. Fuller Torrey, "Toxoplasma and schizophrenia," *Parasite Immunology* 31, no. 11 (2009): 706–15.

35 "Schizophrenia–Fact Sheet," Treatment Advocacy Center, "Eliminating Barriers to the Treatment of Mental Illness," www.treatmentadvocacycenter. org/problem/consequences-of-non-treatment/schizophrenia.

36 Eine ausgezeichnete Literaturübersicht bietet "Toxoplasma-Schizophrenia Research," Stanley Medical Research Institute, www.stanleyresearch.org/patient-and-provider-resources/toxoplasmosis-schizophrenia-research/.

37 Kevin D. Lafferty, "Look what the cat dragged in: do parasites contribute to human cultural diversity?" *Behavioural Processes* 68 (2005): 279–82; Patrick House, "Landon Donovan Needs a Cat," Slate.com, 1. Juli 2010.

38 Y. M. Al-Kappany, C. Rajendran, L. R. Ferreira et al., "High Prevalence of Toxoplasmosis in Cats from Egypt: Isolation of Viable *Toxoplasma gondii*, Tissue Distribution, and Isolate Designation," *Journal of Parasitology* 96, no. 6 (2010): 1115–18.

39 Rabat Khairat, Markus Ball, Chun-Chi Hsieh Chang et al., "First insights into the metagenome of Egyptian mummies using next-generation sequencing," *Journal of Applied Genetics* 54, no. 3 (2013): 309–25.

Alles für die Katz'

1 "Pet Industry Market Size & Ownership Statistics," American Pet Products Association, www.americanpetproducts.org/press_industrytrends.asp.

[2] Katherine C. Grier, *Pets in America: A History* (2006; Reprint, Orlando: Harcourt, 2006), 22, 102, 122, 377.

[3] Kathleen Szasz, *Petishism? Pets and their People in the Western World* (New York: Holt, Rhinehart and Winston, 1968), 193.

[4] 2012 Euromonitor data.

[5] Carl Van Vechten, *The Tiger in the House: A Cultural History of the Cat* (1920; Reprint., New York: New York Review of Books, 2007), 14.

[6] APPA Survey, 174.

[7] Jennifer L. McDonald, Mairead Maclean, Matthew R. Evans und Dave J. Hodgson, "Reconciling actual and perceived rates of predation by domestic cats," *Ecology and Evolution* 5, no. 14 (Juli 2015): 2745–53; Natalie Angier, "That Cuddly Kitty is Deadlier Than You Think," *New York Times*, 29. Januar 2013.

[8] Manuela Wedl, Barbara Bauer, Dorothy Gracey et al., "Factors influencing the temporal patterns of dyadic behaviours and interactions between domestic cats and their owners," *Behavioural Processes* 86, no. 1 (2011): 58–67.

[9] Erika Friedmann, Aaron Honori Katcher, James L. Lynch und Sue Ann Thomas, "Animal Companions and One-Year Survival of Patients After Discharge From a Coronary Care Unit," *Public Health Reports* 95, no. 4 (1980): 307–12.

[10] Marty Becker, *The Healing Power of Pets: Harnessing the Amazing Ability of Pets to Make and Keep People Happy and Healthy* (New York: Hyperion, 2002, deutsch: *Heilende Haustiere*, riva, 2007), 64.

[11] James A. Serpell, "Domestication and History of the Cat," in *The Domestic Cat: The Biology of Its Behaviour*, 2. Auflage, Hrsg. Dennis C. Turner und Patrick Bateson (Cambridge: Cambridge University Press, 2000), (Im Gegensatz dazu mochten weniger als 3 Prozent der Befragten keine Hunde.)

[12] John Bradshaw, *Cat Sense: How the New Feline Science Can Make You a Better Friend to Your Pet* (New York: Basic Books, 2013, 235; deutsch: *Die Welt aus Katzensicht. Wege zu einem besseren Miteinander – Erkenntnisse eines Verhaltensforschers*. Übers.: Bettina von Stockfleth; Stuttgart: Franckh-Kosmos, 2015, 368–369).

[13] Erika Friedmann und Sue A. Thomas, "Pet Ownership, Social Support, and One-Year Survival After Acute Myocardial Infarction in the Cardiac Arrhythmia Suppression Trial (CAST)," *American Journal of Cardiology* 15 (Dezember 1995): 1213–17. (Hal Herzog und Alan Beck wiesen mich bei Interviews freundlicherweise auf dieses Themengebiet hin.)

[14] G. B. Parker, Aimee Gayed, C. A. Owen und Gabriella A. Heruc, "Survival following an acute coronary syndrome: A pet theory put to the test," *Acta Psychiatrica Scandinavica* 121, no. 1 (2010): 65–70.

[15] Judith M. Siegel, "Stressful Life Events and Use of Physician Services among the Elderly: The Moderating Role of Pet Ownership," *Journal of Personality and Social Psychology* 58, no. 6 (1990): 1081–86.

[16] Mieke Rijken und Sandra van Beek, "About Cats and Dogs: Reconsidering the Relationship Between Pet Ownership and Health Related Outcomes in Community-Dwelling Elderly," *Social Indicators Research* 102 (July 2011): 373–88.

[17] Erika Friedmann, Sue A. Thomas, Heesook Son, Deborah Chapa und Sandra McCune, "Pet's Presence and Owner's Blood Pressures during the Daily Lives of Pet Owners with Pre- to Mild Hypertension," *Anthrozoös* 26 (Dezember 2013): 535–50.

[18] Ingela Enmarker, Ove Hellzén, Knut Ekker und Ann-Grethe Berg, "Health in older cat and dog owners: The Nord-Trondelag Health Study (HUNT)-3 study," *Scandinavian Journal of Public Health* 40 (Dezember 2012): 718–24.

[19] K. Robin Yabroff, Richard P. Troiano und David Berrigan, "Walking the Dog: Is Pet Ownership Associated with Physical Activity in California?" *Journal of Physical Activity and Health* 5 (März 2008): 216–28.

[20] Penny L. Berstein und Erika Friedmann, "Social behaviour of domestic cats in the human home," in *The Domestic Cat: The Biology of its Behaviour*, 73.
[21] Atusko Saito und Kazutaka Shinozuka, "Vocal recognition of owners by domestic cats (*Felis catus*)," *Animal Cognition* 16, no. 4 (2013): 685–90.
[22] Jan Hoffman, "The Look of Love Is in the Dog's Eyes," *New York Times*, 16. April 2015.
[23] Bradshaw, *Cat Sense*, 132. (deutsch: 219, 327).
[24] ebenda, 199 (deutsch: 316).
[25] N. Courtney und Deborah Wells, "The discrimination of cat odours by humans," *Perception* 31 (2002): 511–12.
[26] Bradshaw, *Cat Sense*, xiv. (deutsch: 13).
[27] In Janet Alger und Steven Alger, *Cat Culture: The Social World of a Cat Shelter* (Philadelphia: Temple University Press, 2002), 17.
[28] In "Cats Do Control Humans, Study Finds," LiveScience.com, 13 Juli, 2009.
[29] Sarah Ellis, "Human classification of context-related vocalisations emitted by known and unknown domestic cats (*Felis catus*)" (aus der Literatur der The Arts & Sciences of Human-Animal Interaction Conference 2012).
[30] Bernstein und Friedmann, 78.
[31] Giuseppe Piccione, Simona Marafioti, Claudia Giannetto, Michele Panzera und Francesco Fazio, "Daily rhythm of total activity pattern in domestic cats (*Felis silvestris catus*) maintained in two different housing conditions," *Journal of Veterinary Behavior* 8, no. 4 (2013): 189–94.
[32] Melissa R. Shyan-Norwalt, "Caregivers' Perceptions of What Indoor Cats Do ‚For Fun,' " *Journal of Applied Animal Welfare Science* 8, no. 3 (2005): 199–209.
[33] APPA survey, 169. (Die durchschnittliche Zahl von Katzen pro Haushalt beträgt 2,11.)
[34] J. L. Stella und C. A. T. Buffington, "Individual and environmental effects on health and welfare," in *The Domestic Cat*, 196.
[35] Maryann Mott, "Coughing Cats May Be Allergic to People, Vets Say," *National Geographic News*, 25. Oktober 2005.
[36] Stella und Buffington, "Individual and environmental effects on health and welfare,"197.
[37] "Stroking could stress out your cat," University of Lincoln, 7. Oktober 2013, www.lincoln.ac.uk/news/2013/10/772.asp.
[38] "Understanding Cat Aggression Toward People," SPCA of Texas, http:// www.spca.org/document.doc?id=38.
[39] Stuart Tomlinson, "Aggravated cat is subdued by Portland police after terrorizing family," *Oregonian*, 10. März 2014.
[40] James Vlahos, "Pill-Popping Pets," *New York Times Magazine* 13. Juli, 2008.
[41] D. Ramos und D. S. Mills, "Human directed aggression in Brazilian domestic cats: owner reported prevalence, contexts and risk factors," *Journal of Feline Medicine and Surgery* 11, no. 10 (2009): 835–41.
[42] Jasper Copping, "Cats suffering from ‚Tom and Jerry' syndrome," *Telegraph*, 1. Dezember 2013.
[43] In Stella and Buffington, "Individual and environmental effects on health and welfare," 188.
[44] ebenda, 198.
[45] "New Furniture," Feliway, www.feliway.com/uk/What-causes-cat-stress-oranxiety/New-Furniture-and-redecorating.
[46] "Preparing Your Pet For Baby's Arrival," www.ddfl.org/sites/default/files/behavior-babyprep.pdf.
[47] "The Indoor Cat Initiative," www.vet.ohio-state.edu/assets/pdf/education/courses/vm720/topic/indoorcatmanual.pdf.

[48] Jackson Galaxy und Kate Benjamin, *Catification: Designing a Happy and Stylish Home for Your Cat (and You!)* (New York: Jeremy P. Tarcher/Penguin, 2014), 2–3.
[49] ebenda, 42.
[50] ebenda, 175.
[51] ebenda, 171.
[52] ebenda, 208–209.
[53] Lorraine Plourde, "Cat Cafés, Affective Labor, and the Healing Boom in Japan," *Japanese Studies* 34, no. 2 (2014): 115–33.
[54] ebenda
[55] ebenda
[56] "The Sunshine Home Frequently Asked Questions," www.thesunshinehome.com/faq.html#question08.

Der schöne Schein

[1] Ryan Garza, *Big cat has northeast Detroit neighborhood on edge*, Video der *Detroit Free Press*, www.youtube.com/watch?v=ciY29m9ZaWw
[2] Katherine C. Grier, *Pets in America: A History* (Austin: Harcourt, 2006), S. 33
[3] Harriet Ritvo: *The Animal Estate: The English and Other Creatures in the Victorian Age* (Cambridge, MA: Harvard University Press, 1989), S. 116
[4] Charles Darwin: *The Variation of Animals and Plants Under Domestication*, Bd. 1 (Teddington: Echo Library, 2007), S. 33–34; deutsch: *Das Variiren der Thiere und Pflanzen im Zustande der Domestication* (Stuttgart: E. Schweizerbart'sche Verlagsbuchhandlung E. Koch, 1868) Bd. 1, Kap. 1, S. 57
[5] Frances Simpson: *The Book of the Cat* (London: Cassell, 1903), S. viii; online abzurufen unter: archive.org/stream/bookofcatsimpson00simprich/bookofcatsimpson00simprich_djvu.txt
[6] Harrison Weir: *Our Cats and All About Them* (Turnbridge Wells: R. Clements, 1889), S. 3
[7] ebenda, S. 5
[8] Simpson, *The Book of the Cat,* S. 58 (siehe Anm. 5)
[9] Sarah Hartwell: *A History of Cat Shows in Britain*, messybeast.com/showing.htm
[10] Ritvo, *The Animal Estate*, S. 120 (siehe Anm. 3)
[11] Grier, *Pets in America*, S. 49 (siehe Anm. 2)
[12] John Jennings: *Domestic and Fancy Cats: A Practical Treatise on Their Varieties, Breeding, Management, and Disease* (London: L.U. Gill, 1901), S. 10
[13] Simpson, *The Book of the Cat,* S. 98 (siehe Anm. 5)
[14] Hartwell (Teil 3; siehe Anm. 9)
[15] Hartwell (Teil 3; siehe Anm. 9)
[16] APPA Survey, S. 62
[17] Philip J. Baker, Carl D. Soulsbury, Graziella Iossa und Stephen Harris: *Domestic Cat (*Felis catus*) and Domestic Dog (*Canis familiaris*)*, in: Stanley D. Gehrt, Seth P. D. Riley und Brian L. Cypher (Hrsg.): *Urban Carnivores: Ecology, Conflict, and Conservation* (Baltimore: Johns Hopkins University Press, 2010), S. 158; J. D. Kurushima, M. J. Lipinski, B. Gandolfi et al.: *Variation of cats under domestication: genetic assignment of domestic cats to breeds and worldwide random-bred populations*, in: *Animal Genetics* 44, Nr. 3 (2013): S. 311–324
[18] Sarah Hartwell: *Breeds and Mutations Timeline*, Messybeast.com/breed-dates.htm
[19] *A Cat Fight Breaks Out Over a Breed*, in: *New York Times*, 23. Juli 1995
[20] *Thrill-seeking Savannahs Threaten Owner's Skydiving Gear*, unter AnimalPlanet.com, www.animalplanet.com/tv-shows/my-cat-from-hell/videos/thrill-seeking-savannahs-threaten-owners-skydiving-gear/
[21] Sarah Hartwell: *Domestic X Wild Hybrids*, Messybeast.com

[22] Joan Miller: *Wild Cat-Domestic Cat Hybrids – Legislative and Ethical Issues* (Bericht anlässlich der Jahrestagung der CFA 2013), 24. Januar 2013, http://cfa.org/Portals/0/documents/minutes/20130628-transcript.pdf (S. 119 im pdf)

[23] *What Is a Hybird Cat: Domestic Bengal Policy*, Wildcat Sanctuary, http://www.wildcatsanctuary.org/education/species/hybrid-domestic/what-is-a-hybrid-domestic/

[24] Ben Baugh: *Cat Sanctuary home to a variety of hybrids*, in: *Aiken Standard*, 12. Januar 2014

[25] Kelly Bayliss: *Boo is Back! Missing African Savannah Cat Found Safe*, http://www.nbcphiladelphia.com/news/local/Boo-is-Back-Missing-African-Cat-Captured-281016662.html

[26] John C. Z. Woinarski, Andrew A. Burbidge und Peter L. Harrison: *The Action Plan for Australian Mammals 2012* (Collingwood/Australien: CSIRO Publishing, 2014)

[27] Diane K. Brockman, Laurie R. Godfrey, Luke J. Dollar und Joelisoa Ratsirarson: *Evidence of Invasive* Felis silvestris *Predation on* Propithecus verreauxi *at Beza Mahafaly Special Reserve, Madagascar*, in: *International Journal of Primatology* 29 (Februar 2008), S. 135–152

[28] Ian Abbott: *Origin and spread of the cat,* Felis catus*, on mainland Australia, with a discussion of the magnitude of its early impact on native fauna*, in: *Wildlife Research* 29, Nr. 1 (2002): S. 51–74

[29] Brian Switek: *How evolution could bring back the sabercat*, unter: io9, 4. Oktober 2013, http://io9.gizmodo.com/how-evolution-could-bring-back-the-sabercat-1441270558

[30] Michael Mendl und Robert Harcourt: *Individuality in the domestic cat: origins, development and stability*, in: Dennis C. Turner und Patrick Bateson (Hrsg.) *The Domestic Cat: The biology of its behaviour*, 2. Aufl. (Cambridge: Cambridge University Press, 2000), S. 53 (deutsch: *Die domestizierte Katze: eine wissenschaftliche Betrachtung ihres Verhaltens* [Zürich: Rüschlikon und Stuttgart: Müller, 1988])

[31] *2013 Pet Obesity Statistics*, Association for Pet Obesity Prevention, unter www.petobesityprevention.org/2013-pet-obesity-statistics/

[32] Alla Katsnelson: *Lab animals and pets face obesity epidemic*, unter Nature.com, 24. November 2010

[33] Ellen Kienzle und Reinhold Bergler: *Human-Animal Relationship of Owners of Normal and Overweight Cats*, in: *Journal of Nutrition* 136, Nr. 7 (2006), S. 1947S–1950S

[34] Dennis Turner: *The human-cat relationship*, in: Turner und Bateson, S. 196–197 (siehe Anmerkung 30)

[35] Hal Herzog: *Some We Love, Some We Hate, Some We Eat: Why It's So Hard to Think Straight About Animals* (New York: Harper Perennial, 2010), S. 6 (deutsch: Wir streicheln und wir essen sie: unser paradoxes Verhältnis zu Tieren. [München: Hanser, 2012])

Die Vergötterten

[1] Katie Van Syckle: *Grumpy Cat*, in: *New York*, 29. September 2013

[2] Liat Clark: *Google's Artificial Brain Learns to Find Cat Videos*, in: WiredUK, Wired.com, 26. Juni 2012

[3] Rhiannon Williams: *Cat photos more popular than the selfie*, in: *Telegraph*, 19. Februar 2014

[4] *Feral cat phone app launch*, unter abc.net.au, 1. Dezember 2013; App „Feral Cat Hunter", Download unter http://download.cnet.com/Feral-Cat-Hunter/3000-20416_4-76034817.html

[5] Nidhi Subbaraman: *Inventor of World Wide Wide Web Surprised To Find Kittens Took It Over*, unter nbcnews.com, 12. März 2014
[6] Leah Shafer: *I Can Haz an Internet Aesthetic?!? LOLCats and the Digital Marketplace*, Vortrag im Rahmen der Northeast Popular Culture Association Conference (2012)
[7] Radha O'Meara: *Do Cats Know They Rule YouTube? Surveillance and the Pleasures of Cat Videos*, in: *M/C Journal* 17, Nr. 2 (2014)
[8] Lauren Gawne und Jill Vaughan: *I Can Haz Language Play: The Construction of Language and Identity in LOLspeak*, in: *Proceedings of the 42nd Australian Linguistic Society Conference* (2011)
[9] Clay Shirky: *How cognitive surplus will change the world*, eine *Ted Talk*-Niederschrift, Juni 2010, www.ted.com/talks/clay_shirky_how_cognitive_surplus_will_change_the_world/transcript?language=en
[10] Suzanne Choney: *Why are cats better than dogs (according to the Internet)?* Today.com, 28. April 2012
[11] In: Kate M. Miltner: *Srsly Phenomenal: An Investigation into the Appeal of LOLCats*, Dissertation der London School of Economic, 2011; https://dl.dropboxusercontent.com/u/37681185/MILTNER%20DISSERTATION.pdf
[12] Josh Constine: *Facebook Data Scientists Prove Memes Mutate and Adapt Like DNA*, techcrunch.com, 8. Januar 2014
[13] Tom Chatfield: *Cute cats, memes and understanding the internet*, BBC.com, 23. Februar 2012
[14] Katie Rogers: *Twitter Cats to the Rescue in Brussels Lockdown*, in: *New York Times*, 23. November 2015
[15] *LOLCats*, bei KnowYourMeme, knowyourmeme.com/memes/lolcats
[16] Lily Hay Newman: *If You're a Wanted Cybercriminal, Maybe Don't Make Your Cat's Name Your Password*, Slate.com, 13. November 2014
[17] Adrian Chen: *Unmasking Reddit's Violentacrez, The Biggest Troll on the Web*, Gawker.com, 12. Oktober 2012
[18] Kate M. Miltner: *„There's no place for lulz on LOLCats": The role of genre, gender, and group identity in the interpretation and enjoyment of an Internet meme*, in: *First Monday* 19, Nr. 8 (2014)
[19] John Tozzi: *Bloggers Bring in the Big Bucks*, Bloomberg.com, 16. Juli 2007
[20] *Happy Cat*, bei Know Your Meme, knowyourmeme.com/memes/happy-cat
[21] Barbara Herman: *Ben Huh Interview: Meet the Cat Philosopher Behind „I Can Has Cheezburger?"*, in: *International Business Times*, 3. November 2014
[22] Jenna Wortham: *Once Just a Site With Funny Cat Pictures, and Now a Web Empire*, in: *New York Times*, 13. Juni 2010
[23] Lilian Weng, Filippo Menczer und Yong-Yeol Ahn: *Virality Prediction and Community Structure in Social Networks*, in: *Nature Scientific Report* (August 2013)
[24] Arnold Arluke und Lauren Rolfe: *The Photographed Cat: Picturing Human-Feline Ties, 1890–1940* (Syracuse: Syracuse University Press, 2013), S. 2
[25] Daniel Engber: *The Curious Incidence of Dogs in Publishing*, Slate.com, 5. April 2013
[26] Will Oremus: *Finally, a Browser Extension That Turns Your Friends' Babies into Cats*, in: *Future Tense* (Blog), Slate.com, 3. August 2012
[27] Herman: *Ben Huh Interview* (siehe Anm. 21)
[28] Zitiert in Cyriaque Lamar: *Even in the 1870s, humans were obsessed with ridiculous photos of cats*, unter io9.com, 9. April 2012
[29] Derek Foster, B. Kirman, C. Lineh et al.: *„I Can Haz Emoshuns?" – Understanding Anthropomorphosis of Cats Among Internet Users*, in: *IEEE International Conference on Social Computing* (2011), S. 712–715
[30] Pers. Mitt. (E-Mail) von Derek Foster

[31] Sameer Hosany, Girish Prayag, Drew Martin und Wai-Yee Lee: *Theory and strategies of anthropomorphic brand characters from Peter Rabbit, Mickey Mouse and Ronald McDonald, to Hello Kitty*, in: *Journal of Marketing Management* 29, Nr. 1–2 (2013), S. 48–68
[32] Audrey Akcasu: *Hello Kitty now makes 90% of her money abroad*, unter en.rocketnews24.com, 3. Januar 2014
[33] Hosany et al.: *Theory and strategies of anthropomorphic brand characters* (siehe Anm. 31)
[34] Zitiert in Christine R. Yano: *Pink Globalization: Hello Kitty's Trek Across the Pacific* (Durham: Duke University Press, 2013), S. 79
[35] Zitiert in Jessica Goldstein: *Why We Care So Much If Hello Kitty Is or Is Not a Cat*, in: *Think Progress*, 31. August 2014, http://thinkprogress.org/culture/2014/08/31/3477683/hello-kitty-interview
[36] Yano: *Pink Globalization*, S. 119 (siehe Anm. 34)
[37] Peter Larsen: *Hello Kitty, You're 30!*, in: *St. Petersburg Times*, 15. November 2004
[38] Camille Paglia: *Sexual Personae: Art and Decadence from Nefertiti to Emily Dickinson* (1990; Neuaufl. New York: Vintage Books, 1990), S. 66 (deutsch: *Die Masken der Sexualität*. München: dtv, 1995)
[39] Jaromir Malek: *The Cat in Ancient Egypt* (Philadelphia: University of Pennsylvania Press, 1993), S. 22
[40] Patrick F. Houlihan: *The Animal World of the Pharaohs* (London: Thames & Hudson, 1996), S. 72–73 und 94
[41] Malek: *The Cat in Ancient Egypt*, S. 49–50 (siehe Anm. 39)
[42] ebenda, S. 51
[43] ebenda, S. 59
[44] Houlihan: *The Animal World of the Pharaohs*, S. 44–45 (siehe Anm. 40; deutsch zitiert nach *Herodot's von Halikarnaß Geschichte*, Stuttgart: Metzler, 1828. 2. Buch, Kap. 65, S. 226)
[45] Malek: *The Cat in Ancient Egypt*, S. 95–96 (siehe Anm. 39)
[46] ebenda, S. 73
[47] ebenda, S. 98
[48] ebenda
[49] Salima Ikram: *Divine Creatures: Animal Mummies*, in: Salima Ikram (Hrsg.): *Divine Creatures: Animal Mummies in Ancient Egypt* (Kairo: American University in Cairo Press, 2005), S. 8
[50] Malek: *The Cat in Ancient Egypt*, S. 124 (siehe Anm. 39)
[51] Alain Zivie und Roger Lichtenberg: *The Cats of the Goddess Bastet*, in: *Divine Creatures*, S. 117–118 (siehe Anm. 49)
[52] Malek: *The Cat in Ancient Egypt*, S. 133 (siehe Anm. 39)
[53] William Smith: *Dictionary of Greek and Roman Geography*, via Google Books, S. 452–453 (deutsch zitiert nach *Herodot's von Halikarnaß Geschichte*, 2. Buch, Kap. 60, S. 225; siehe Anm. 44)
[54] Carl Van Vechten: *The Tiger in the House: A Cultural History of the Cat* (1920; Neuaufl. New York: New York Review of Books, 2007), S. 363

Register